印后加工工艺及设备

（第三版）

主　编｜马静君　副主编｜沈国荣

编　著｜武吉梅　付婉莹　李　宁　马静君　沈国荣

文化发展出版社

Cultural Development Press

图书在版编目（CIP）数据

印后加工工艺及设备 / 马静君等编著. — 3版. — 北京：
文化发展出版社，2020.5
ISBN 978-7-5142-2979-0

Ⅰ．①印… Ⅱ．①马… Ⅲ．①书籍装帧－高等职业教
育－教材 ②装订机械－高等职业教育－教材 Ⅳ.①TS88

中国版本图书馆CIP数据核字(2020)第052445号

印后加工工艺及设备（第三版）

主 　编：马静君　　　　　　　副 主 编：沈国荣
编 　著：武吉梅　付婉莹　李 宁　马静君　沈国荣

责任编辑：李 　毅　　　　　　责任校对：岳智勇
责任印制：邓辉明　　　　　　　责任设计：郭 　阳
出版发行：文化发展出版社（北京市翠微路2号 邮编：100036）
网 　址：www.wenhuafazhan.com
经 　销：各地新华书店
印 　刷：天津嘉恒印务有限公司

字 　数：388千字
印 　张：16.625
印 　次：2021年3月第3版　　2021年3月第15次印刷
定 　价：58.00元
ＩＳＢＮ：978-7-5142-2979-0

◆ 如发现印装质量问题请与我社发行部联系　发行部电话：010-88275710

前言

PREFACE

　　印刷品是科学、技术和艺术的综合产品，为了满足人们对印刷产品外观的要求，需要对印刷品进行精加工。印后加工作为印刷系统工程（印前处理、印刷、印后加工）中的重要组成部分，在整个印刷过程中处在最后一个环节。它是提升产品档次，使产品突现视觉效果，实现商品功能增值的主要手段。尤其在市场经济、品牌包装的今天，书刊印刷、包装印刷、纸制品加工，绝大部分是通过印后加工来实现个性化消费，提升品质并增加其功能的。例如，印品表面光泽度、图文立体感、特殊光泽处理、表面耐磨、防潮等都可通过印后加工来实现。因此，印刷品通过印后加工处理后能使其增强功能，同时也提高了产品的附加值，从而使产品更具有竞争力。

　　《印后加工工艺及设备》教材意在让学生认识印后加工的工艺和流程，同时掌握印后加工设备的特点，机械的工作原理，以及相应机械结构的使用调节和一些故障解决的方法。为适应高职高专教学的特点，本教材采用项目引导和任务驱动为一体的指导思想进行编写，具体由十五个项目构成本教材的主要内容，印刷品表面整饰加工着重讲述了覆膜、上光、烫印、印刷品表面特殊加工、复合加工；印刷品的成型加工则对模切压痕和书刊装订做了分析和讨论。全书在编写过程中力求做到对常用印后加工工艺、材料和设备进行详细和系统的论述，同时针对印后加工常见的故障做了分析并提出了相应的解决方法。为便于大家学习和理解，我们在有关项目的设备部分安排了一些视频、动画内容，供大家观看。

　　在《印后加工工艺及设备》的教学过程中，为了使学生对所学内容有直观的认识和更进一步的理解，建议安排几次印刷厂及印后加工机械制造厂家的参观实践，其中印刷厂应包括书刊印刷厂和包装印刷企业。在印刷厂和印后加工机械制造厂家的认知实践过程中，应着重加强对印后加工工艺的清楚认识，同时应对主要印后加工设备的用途、结构特点及有关机构的调节有更全面、深入的掌握。在印刷厂和印后加工机械制造厂家的认知实践中，需要安排相应的思考题并完成一份实践报告。

本书对目前印后加工知识做了系统的分析和论述，同时力求做到理论与实际应用的结合，具有较强的实用性。本书可作为高职高专类院校及中等专业学校印刷工程类专业的教学参考书，也可供广大印刷、包装行业的工程技术人员参考。

本书由马静君担任主编，沈国荣担任副主编。参与本书编写的人员有上海出版印刷高等专科学校马静君、沈国荣，西安理工大学武吉梅教授，上海耀科印刷机械有限公司教授级高级工程师李宁。全书由马静君统稿。

本书在编写过程中，得到了有关印后加工机械制造公司、印刷企业和技术人员的大力支持和帮助，在此表示衷心感谢！尤其要感谢上海紫光机械有限公司客户服务部杨松江经理、上海紫丹印务有限公司技术研发部彭翠玲技术员等同志。

限于编者的学识水平和资料收集有限，书中难免出现疏漏和错误，欢迎广大读者批评指正。

编者

2020 年 8 月

目录
CONTENTS

模块一 印刷品表面整饰加工

模块二　印刷品的成型加工

模块一　印刷品表面整饰加工

项目一　覆膜

学习目标：
1. 了解覆膜的作用和应用，掌握覆膜产品的组成。
2. 了解覆膜材料的组成和性能，能根据覆膜材料性能进行合理的选用。
3. 掌握覆膜工艺，并理解覆膜工艺所包含的具体内容。
4. 熟悉覆膜设备的基本结构，掌握覆膜设备的使用和工作要求。

任务一　认识覆膜

　　覆膜工艺是将涂有黏合剂的塑料薄膜覆盖在印刷品表面，经加热、加压处理，使印刷品与塑料薄膜紧密结合在一起，成为纸塑合一成品的印后加工技术。覆膜又称贴塑。覆膜一般都是在印刷以后的印品上采用整体加膜的工艺，工艺方式比较单一。

（一）覆膜的原理与作用

　　覆膜工艺实际上属复合工艺中的纸/塑复合工艺，是一种干式复合。覆膜时，黏合剂涂布装置将胶黏剂均匀地涂在塑料薄膜表面，经干燥装置干燥后，由复合装置对塑料薄膜与印刷品进行热压复合，最后获得纸塑合一的产品，其断面如图1-1所示。

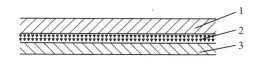

图 1-1　印品覆膜后断面图

1- 塑料薄膜；2- 黏合剂；3- 印刷品

　　覆膜产品的黏合牢度取决于薄膜、印刷品与胶黏剂之间的黏合力，它是胶黏剂分子对薄膜和印刷品表面的扩散和渗透的结果，而温度和压力是获得良好扩散和渗透的重要条件。在覆膜过程中，胶黏剂的黏合力直接影响到覆膜产品的质量。

　　在印刷品表面覆盖一层透明塑料薄膜，使其具有耐摩擦、耐潮湿、耐光、防水和防污的功能，不仅保护了印刷品，延长了使用寿命，而且还提高了印刷品的观赏性。如果复合的是透明亮光薄膜，则使印刷品光彩夺目，显得富丽堂皇；如果复合的是亚光薄膜，会呈现一种古朴、典雅的艺术效果。

　　可见，印刷品经过覆膜能起到保护和增加印刷品光泽的作用，还可使图文的颜色更鲜艳，更富有立体感的视觉艺术效果。

（二）覆膜的特点与应用

覆膜工艺按所采用的原料及设备的不同，可分为即涂覆膜工艺与预涂覆膜工艺。即涂覆膜工艺是指在工艺操作时先在薄膜上涂布黏合剂，然后再热压，完成纸塑合一的工艺过程。这种覆膜需要在覆膜设备上安装黏合剂涂布设备，先涂布黏合剂，然后将薄膜与印刷品黏合，最后烘干，完成覆膜。而预涂覆膜工艺是将黏合剂先涂布在塑料薄膜上，经烘干收卷后，在无黏合剂装置的设备上进行热压，完成覆膜工艺过程。预涂覆膜由于覆膜时省略了黏合剂调配及涂布、烘干等工艺流程，不存在溶剂对薄膜的溶胀和对油墨的分解，不会出现黏合剂二次软化产生失粘和对薄膜溶胀而出现起泡、胶膜等问题。对油墨的干燥程度要求也不严格。不需要清洗涂胶机构等部件，具有操作方便、生产灵活、无毒害、不污染环境等优点。

覆膜是印刷品表面整饰加工技术之一，它广泛应用于书刊、画册、封面、各种证件、广告说明书的表面整饰以及各种纸制包装制品的表面装潢处理。

任务二 掌握覆膜材料

覆膜材料主要由黏合剂、塑料薄膜和承印材料组成。要获得高质量的覆膜产品，就必须对覆膜工艺进行深入研究，这里对覆膜材料的黏合剂和塑料薄膜做一下系统的介绍。

（一）覆膜用黏合剂

黏合剂又称胶黏剂，它是覆膜加工中的重要材料。黏合剂是用来把两个同类或不同类的物体，依靠黏附和内聚等作用紧密连接在一起的材料。

1. 黏合剂的分类和组成

（1）黏合剂的分类

黏合剂的种类繁多，同时具有多种分类方法，常用的分类可按化学成分和形态进行。按化学成分可分类成无机黏合剂，有机黏合剂（包括天然系有机黏合剂和合成系有机黏合剂）；按形态可分为水溶液型、溶液型、无溶剂型、乳液型、固态型等。

（2）黏合剂的组成

黏合剂通常由几种材料配制而成，一般由主体材料和辅助材料组成。

①主体材料

主体材料是黏合剂的主要成分，能起到黏合作用。作为主体材料的物质有合成树脂、合成橡胶、天然高分子物质以及无机化合物。

黏合剂的黏合力及其他物理化学性能主要由组分中主体材料所决定。黏合剂与被粘材料产生黏合力的首要条件是黏合剂能润湿被粘材料，并且要求黏合剂具有一定的流动性。因此，主体材料要有良好的黏附性和润湿性。主体材料的结晶性是对黏合性能影响较大的因素之一，适当的结晶性可以提高主体材料本身的内聚强度和初粘力，因而有利于黏合。主体材料的极性对黏合力有很大影响，黏合力与黏合剂中主体材料分子化合物基团的极性的大小和数量成正比，但是如果极性基团过多又因其相互作用往往会约束其链段的扩散活动能力，从而降低黏合力。主体材料的分子量大小及其分布对粘接强度有一定影响。对于某一种类的聚合物来讲，只有当聚合度在一定范围内，或者是缩聚后有一定范围的分子量时，才能既有良好的黏附性又有较好的内聚强度。

②辅助材料

辅助材料是黏合剂中用以改善主体材料性能或便于施工而加入的物质。常用的有固化剂、增塑剂、填料和溶剂等。

A. 固化剂

固化剂是一种可以使低分子聚合物或单体经化学反应，生成高分子化合物或使线型高分子化合物交联成体型高分子化合物的物质。它是黏合剂中最主要的辅助材料，它直接或者通过催化剂与主体材料进行反应，固化结果把固化剂分子引进树脂中，使分子间距离、形态、热稳定性、化学稳定性等都发生显著变化。因此，固化剂的选择应就黏合剂主体材料的品种和性能要求而定，加入量也要严格控制。

B. 增塑剂

增塑剂是一种能降低高分子化合物玻璃化温度和熔融温度，改善胶层脆性，增进熔融流动性的物质。

增塑剂加入黏合剂中能"屏蔽"高分子化合物的活性基因，减弱分子间力，从而降低分子间的相互作用。增塑剂还可以增加高分子化合物的韧性、延伸率和耐寒性，降低其内聚强度。黏合剂用增塑剂主要有邻苯二甲酸酯类、磷酸酯类、己二酸酯类等。

C. 填料

填料是一种黏合剂组分中不和主体材料起化学反应，但可以改变其性能，降低成本的固体材料。在黏合剂中使用填料是为了降低固化过程的收缩率，或是赋予黏合剂某些特殊性能以适应使用要求。此外有的填料还会降低固化过程的放热量，提高黏合剂层的抗冲击韧性及机械强度等。常用的填料主要是无机化合物，如金属粉末、金属氧化物、矿物质等。

D. 溶剂

一般用于配制黏合剂的溶剂都是低黏度的液体，不同的黏合剂选用的溶剂不同。溶剂的主要作用就是降低黏合剂的黏度，便于涂布，另外溶剂还能增加黏合剂的润湿能力和分子活动能力，提高黏合剂的流平性，避免黏合剂层厚薄不匀。

黏合剂所用溶剂极性的大小，不但影响主体材料与被粘物的结合，也是与主体材料互溶性好坏的标志。一般应选择与黏合剂主体材料极性相同或相近的低黏度液体为溶剂，通常极性相同的物质具有良好的相溶性，因此，某一高分子材料的良性溶剂必然是与其极性相同或相近的液体。用良性溶剂配制的黏合剂不但易于涂布，而且主体材料分子在良性溶剂中是舒展的，容易移动，有利于提高黏合力。在黏合剂组分中，溶剂是一个暂时性组分，它在粘接过程中要挥发掉。但溶剂挥发速度的快慢能影响粘接强度。溶剂挥发过快，一方面会使黏合剂层表面结膜，内部溶剂来不及挥发逸出；另一方面溶剂挥发过程是吸热反应过程，挥发过快使黏合剂层表面温度降低而凝结水汽，影响粘接质量。若溶剂挥发太慢，则需延长干燥时间，影响工效。所以在选择溶剂时一般要选择挥发速度适当的溶剂或快、慢相混合的溶剂。化学溶剂品种繁多，配制黏合剂的溶剂有脂肪烃、芳香烃、酯类、酮类、醇类等。

E.其他辅助材料

为了满足某些特殊要求，在黏合剂中还需要加入其他一些组分，如防老化剂、增黏剂、引发剂、促进剂、乳化剂等。

2. 覆膜对黏合剂的要求

用于覆膜的黏合剂除必须具有一般黏合剂的基本性能外，同时还必须具备适合覆膜工艺的特殊性能。如对黏合剂黏度、固含量、黏合强度、干燥时间、表面张力值等各项指标，都有较高的要求，另外还必须满足以下特殊要求：

（1）无色透明，不影响印刷品图文的色彩。不因日晒和覆膜后的印刷品长期存放而返黄、变色。

（2）能在纸张、油墨层及塑料薄膜表面形成良好的润湿、扩散，并对其具有良好的粘接性能和持久的黏合力。

（3）有较好的耐油墨性，不会因受印刷品上油墨层中石油溶剂的侵蚀，而引起图文颜色的改变和黏合力下降。

3. 黏合剂性能对覆膜质量的影响

黏合剂性能对覆膜质量的影响，主要是指黏合剂内聚能、分子量和分子量分布以及黏合剂内应力、黏度值、表面张力等对黏合强度的影响。

（1）内聚能

覆膜用各类黏合剂一般都含有极性基因，即为极性结构。分子极性的大小可以用分子的内聚能密度反映出来。

黏合剂主体材料极性基因对黏合影响很大，黏合剂的黏合强度与黏合剂主体材料的基因的极性大小和数量多少成正比。吸附理论认为黏合剂的极性越强，其黏合强度越大。但是，覆膜生产实践表明，这种观点只适用于高表面能被粘物的粘接。对于低能表面被粘物来说，黏合剂极性的增大往往会因其互相约束使链段的扩散能力减弱，导致黏合剂的润湿性能变差，而使黏合强度降低。覆膜生产中采用的塑料薄膜由于种类、产地、表面处理工艺不同，其表面能值也不相同，甚至有较大的差别。另外，印刷品表面的特性不同，表面能值也有很大的差异。因此对于不同印刷品的覆膜，应选用不同的黏合剂。

（2）分子量和分子量分布

黏合剂的分子量对黏合剂一系列性能起决定性的作用。一般情况下，黏合强度随分子量的增大而升高，升高到一定范围后逐渐趋向一个定值。如果分子量继续增大，由于黏合剂的润湿性能下降，黏合界面发生界面破坏而使黏合强度严重降低。黏合剂平均分子量相同而分子量分布情况不同时，其黏合强度也不相同。

（3）内应力

覆膜后的印刷品在固化的过程中，黏合剂层及整个黏合体系存在着内应力。内应力一般来源于三个方面：一是黏合剂层在固化过程中因体积收缩而产生的收缩应力；二是由于黏合体系，在受到热或冷却时产生的热应力；三是复合材料在复合过程中，由于牵引拉伸而使被粘物和黏合剂层的尺寸有较大的伸长，而形成的弹性应力。这三种内应力，一部分随黏合剂或被粘物分子运动而降低，但仍有一部分残留内应力，这部分内应力在黏合体系内的分布是不均匀的，在黏合界面的边缘，内应力比其他部位约高30%，在黏合界面的气孔，黏合剂漏涂处周围内应力较集中，特别是黏合剂对被粘物润湿不良时，上述现象更为明显。内应力的大小与复合材料基材和黏合剂的延伸率、塑性流动、热膨胀系数、黏合剂的层厚及表面状态有关。

（4）黏度及表面张力

黏合剂的黏度对黏合剂的流动性、润湿性、涂布均匀度等有重要影响。覆膜用黏合剂一般属溶剂型，应当对其涂布、干燥、复合等过程中黏度的变化给予考虑，使之在各个阶段都具有适当的黏度。

黏合剂的表面张力也是影响黏合剂的润湿及渗透的一个重要因素。若黏合剂的表面张力比被粘物小，或者说被粘物的表面张力比黏合剂大，就容易润湿，也就容易黏合。如不易黏合的聚乙烯薄膜，经电晕处理后临界表面张力由 3.1×10^{-2}N/m 增大到 3.8×10^{-2}N/m 以上，就变为易黏合的材料，并能获得理想的黏合强度。表面张力较低的黏合剂润湿性能好，易于涂布、渗透、扩散，适用范围较宽。对于某些难黏合的对象，在实际覆膜过程中，可采用黏合强度高的黏合剂，为使其达到适当的表面张力，则加入少量的表面活性剂，这样既改变了黏合剂的表面张力值，又可保证黏合剂的黏合强度。

4. 覆膜常用黏合剂

覆膜常用黏合剂有溶剂型、醇溶型、水溶型和无溶剂型等。

溶剂型黏合剂以 EVA 为主体树脂，属于热熔型。EVA 树脂处于熔融状态时，其表面张力较低，因此，与非极性的聚烯烃（如双向拉伸聚丙烯薄膜）有较好的黏合力，且透明，不影响图像色彩，不致受日光影响而变色，流动性好，便于涂布。但黏合剂中以芳香烃、石油烃等作为溶剂单独或混合作用，略有毒性。而且耐油墨性较差，易受油墨中石油溶剂的侵害。

醇溶型聚氨酯黏合剂的优势是适应醇溶性复合油墨的要求。因为醇溶油墨印刷后的残留溶剂是醇，醇要破坏酯溶性聚氨酯黏合剂中固化剂的性能，所以，用醇溶性油墨印后，再用酯溶性聚氨酯黏合剂复合时，如果油墨中的残留溶剂量大了，就往往造成剥离强度降低的不良后果，而用醇溶性聚氨酯黏合剂复合就可克服这一缺点。

水溶型黏合剂有两种：一种是水性聚氨酯，另一种是水性聚丙烯酸酯。它们的优点是以水代替有机溶剂，不存在燃烧爆炸的潜在危险，也没有对环境的污染和对操作人员的毒害危险，而且成本低。但是，这种黏合剂的性能差，粘液对被涂胶要黏合的基材的浸润性不佳，而影响到粘接力。另外水的热容量大，要烘干它就要消耗更多的能量，同样烘干 1mol 的物质水要比有机溶剂多消耗 20%～30% 的能量，生产速度有限，成本也就高。另外，水蒸气对钢铁造成严重锈蚀，导致设备的性能变差，甚至报废。

无溶剂型黏合剂基本上也是由双组分的聚氨酯黏合剂组成，其主剂和固化剂在室温下的黏度较高，是固态或半固态物质，有些仍具有流动性。在进行复合时，粘液涂到基材上后，不必再经烘道加热干燥。因为它本身没有任何溶剂，直接就可同另一种基材进行复合。

使用无溶剂黏合剂不存在废气排放的问题，也不存在残留溶剂的问题，不需要庞大复杂的加热鼓风、废气排风或废气处理装置，设备简单，可高速运转，每分钟达 400m 以上，上胶量少，能耗又少，维修费用较低，生产效率高，故效益非常显著。

（二）覆膜用塑料薄膜

塑料是以合成高分子或天然高分子化合物为基本成分，加入适当辅料，在加工过程中塑制成型，在常温下不变形的可塑性材料，通常由合成树脂、增塑剂、稳定剂、填料、染料组成。塑料薄膜一般具有透明、柔软、质量轻、强度大、无嗅、无味、气密性好、防潮、防水、耐热、耐寒、耐油脂、耐腐蚀等特点。由于塑料薄膜具有良好的特性，故已成为覆膜工艺中不可替代的覆膜材料。

1. 覆膜用塑料薄膜的性能要求

（1）厚度

薄膜的厚度直接关系到透光度、折光度、覆膜牢度、机械强度等方面，覆膜用塑料薄膜的厚度一般在 0.01 ~ 0.02 mm 之间较为合适。国内覆膜用塑料薄膜有 15μm、18μm 和 20μm 几种厚度，而国外 10μm 厚的塑料薄膜较为普遍。较薄的塑料薄膜覆膜效果要好一些，但太薄的塑料薄膜制造困难，机械强度较差。

（2）表面张力

用于覆膜的塑料薄膜必须经过电晕处理，电晕处理后的表面张力应达到 $40 \times 10^{-3} N/m$，使其具有较好的润湿性和黏合性能。

（3）透明度和色泽

用于覆膜的塑料薄膜透明度越高越好，以保证被覆盖的印刷品有最佳的清晰度。

（4）耐光性

耐光性是指塑料薄膜在光线长时间照射下变色的程度。用于覆膜的塑料薄膜应具有良好的耐光性，使其经过长期使用和存放不受光照影响，仍然透明如故。

（5）机械性能

塑料薄膜在覆膜中要经受机械力的作用，因此，必须使薄膜具有较高的机械强度和柔韧特性。塑料薄膜的机械强度主要用抗张强度、断裂延伸率、弹性模数、冲击强度和耐折次数等技术指标表示。

（6）尺寸稳定性

塑料薄膜的几何尺寸不稳定，伸缩率过大，不但覆膜操作时会出现麻烦，而且还会使产品产生皱纹、卷曲等质量问题。因此，塑料薄膜的几何尺寸要求要稳定。表示几何尺寸稳定性的技术指标有吸湿膨胀系数、热膨胀系数、热变形温度和抗寒性等。

（7）化学稳定性

在覆膜过程中，塑料薄膜要和一些溶剂、黏合剂及印刷品油墨层接触，因此，要求薄膜必须具有一定的化学稳定性而不受化学物质的影响。

（8）外观

覆膜用塑料薄膜表面要平整，无凹凸不平及皱纹。这样可以使黏合剂涂布均匀，提高覆膜质量。同时要求薄膜本身无气泡、缩孔、针孔、麻点等，膜面清洁，无灰尘、杂质、无油脂等。

（9）其他

塑料薄膜还需要厚薄均匀，横、纵向厚度偏差小；另外，复卷要整齐，两端松紧要一致。

2. 覆膜常用塑料薄膜

塑料薄膜的种类繁多，常用于覆膜的塑料薄膜主要有聚乙烯薄膜、聚丙烯薄膜、聚酯薄膜及新型双向拉伸聚丙烯薄膜，其中最常用的是双向拉伸聚丙烯薄膜。

（1）聚乙烯薄膜

聚乙烯简称 PE，聚乙烯薄膜一般用挤塑（成型）法或压延法生产，PE 薄膜无色无味、透明、无毒，水及化学品对它不产生影响，在常温下不溶于大部分溶剂。聚乙烯是惰性材料，很难进行黏合，故在覆膜前必须进行电晕等表面处理。PE 薄膜根据其密度大小可分为低密度聚乙烯，中密度聚乙烯和高密度聚乙烯。

（2）聚丙稀薄膜

聚丙稀简称 PP，聚丙稀薄膜按制法、性能和用途可分为吹塑型薄膜（IPP）、不拉伸的 T 型机头平膜（CPP）和双向拉伸薄膜（BOPP）。其中 BOPP 薄膜由于拉伸分子定向，机械强度、对折强度、韧性、气密性、防潮阻隔性、耐寒性、耐热性和透明度等都很优良，并且无毒无味，是覆膜应用最广泛的薄膜材料。

由于 BOPP 薄膜属非极性物质，使用前必须经电晕处理，以达到所需表面张力的要求。BOPP 薄膜贮存时间越长，电晕处理效果越差，黏合牢度也越差。时间过长，则需要重新进行电晕处理。

（3）聚酯薄膜

聚酯简称 PET，聚酯薄膜是一种透明度和光泽度都很好的薄膜材料。同时它具有以下的特点。

①机械强度大，其拉伸强度大约是聚乙烯的 5 ～ 10 倍，还具有挺度高和耐冲击力强等优点。

②耐热性好，熔点在 260℃，软化点在 230 ～ 240℃，在高温下收缩仍然很小，具有非常好的尺寸稳定性，在高温下长时间加热仍不影响其性能。

③耐油性，耐酸性好，不易溶解，有很好的耐酸性腐蚀力，能耐住有机溶剂、油脂类的侵蚀，但在接触强碱时易裂化。

④有良好的气体阻隔性和良好的异味阻隔性。

⑤透明度好，透光率在 90% 以上。

⑥对水蒸气的阻隔性能不及聚乙烯和聚丙稀。

⑦防止紫外线透过性较差。

⑧带静电高，印刷前应进行静电消除处理。

用于覆膜的聚酯薄膜也是双向拉伸的 PET 薄膜。

3. 覆膜用塑料薄膜的保存

覆膜用塑料薄膜的保存方法同样影响着覆膜质量。塑料薄膜一般为卷筒状，其保存应注意的事项如下。

（1）防止物理性破坏、损伤。由于塑料薄膜很薄，若表面出现损伤，会造成数层或几处的损伤。

（2）干燥及吸湿对塑料薄膜都是不利的，因此，要求薄膜保存场所要注意通风，防干燥、防潮湿，同时还应防止空气中的灰尘污染膜面。保存时最好用聚乙烯或其他材料将塑料薄膜包裹起来，这样可以防潮、防尘。另外，保存期间还应避免直射光线的暴晒。

（3）应按期使用。覆膜用塑料薄膜都是经过表面处理的，超过保存期限或在一定的时间内，表面处理结果会失效，这样就失去了预处理的作用，同时薄膜强度也会劣化。此外，薄膜中加入了一些辅助剂，这样薄膜经过一段时间的存放，部分辅助剂会从膜中渗出，向表面迁移，在膜面形成光滑的油层而降低表面张力，超过半年表面张力值会显著下降，因此，薄膜不宜存放太久。

任务三　掌握覆膜工艺

覆膜是一项综合性的技术，它涉及许多因素，如塑料薄膜、黏合剂、溶剂、印刷品表面墨层状况、机械控制以及环境条件等。要获得高质量的覆膜产品，就必须在工艺过程中控制上述诸因素的变化，并协调好它们之间的关系。

（一）覆膜工艺流程

覆膜工艺按所采用的原材料及设备的不同，可分为即涂覆膜工艺和预涂覆膜工艺。即涂覆膜工艺操作时先在薄膜上涂布黏合剂，然后再热压，这种工艺方法目前在国内普遍采用。预涂覆膜工艺是将黏合剂预先涂布在塑料薄膜上，经烘干收卷后，在无黏合剂涂布装置的覆膜设备上进行热压而完成的覆膜工艺过程。

1. 即涂覆膜工艺

即涂覆膜工艺，归纳起来主要有半自动操作和全自动操作两类。全自动操作从输纸开始，到涂胶、复合、分切、成品收齐均由机械完成。而半自动操作除上胶，热压复合由机械操作完成外，其他作业均由人工操作。这两种工艺方法尽管有上述差异，但是它们的工艺流程却是相同的。首先用辊涂装置将黏合剂均匀地涂布在塑料薄膜上，经过烘箱将溶剂蒸发掉，然后将印刷好的印刷品牵引到热压复合装置上，并在此将塑料薄膜和印刷品压合，完成复合，同时完成产品的复卷，进而进行产品的存放定型、分切，最后完成成品的检验工作。即涂覆膜工艺流程如下。

2. 预涂覆膜工艺

预涂覆膜工艺是一种 20 世纪 90 年代出现较新的覆膜工艺。它与即涂覆膜工艺相比，省略了黏合剂的调配、涂布、烘干等工艺过程。

预涂覆膜工艺是由专业厂家通过专用设备将热熔胶按设计定量、均匀地预先涂布在塑料薄膜上经烘干、收卷、包装后制成产品出售，印后加工企业在无黏合剂涂布装置的覆膜设备上进行热压，完成印刷品的覆膜加工。预涂覆膜工艺流程如下。

备料 → 覆膜放料 → 热压合 → 收卷 → 存放 → 分切 → 成品

印刷品输送

（二）印刷品与塑料薄膜覆膜前的处理

1. 印刷品覆膜前的处理

印刷品符合质量标准和客户要求进行覆膜处理是覆膜加工的前提。

覆膜车间相对湿度要符合要求。特别是纸张吸收空气中的水分和向空气中散发水分的能力较弱，环境湿度不合适，印刷品含水量不符合要求，覆膜后就会产生变形。印刷品过大的水分会导致覆膜过程中经热压释放出的水蒸气使局部产生不黏合现象。车间相对湿度一般控制在60%～70%，覆膜车间要保持较高的洁净度，如果环境灰尘飘移到黏合界面，会产生非黏合现象。

墨层厚度、渗入深度对覆膜也有影响，平版印刷对覆膜工艺较为理想。

印刷品油墨层过厚，黏合剂不能正常渗透油墨层，造成假性黏合或当时起泡。这时可调整黏合剂与溶剂的比例，增大黏合剂用量，增大压力、温度，促进黏合剂分子运动，使黏合剂尽可能透过油墨渗入纸张。一般这种情况压力控制在120～150kN/m，温度控制在65℃左右，黏合剂涂布厚度控制在6～8mm，干燥温度一般控制在45～75℃左右，中速风力。

印刷品油墨层过浅对覆膜没有影响，这时温度、压力均可适当降低一些。

印刷品中的粉状油墨，如金墨、银墨等，颗粒较粗，隔开黏合剂和纸张，影响黏合，黏合不牢。覆膜时可用干布轻擦印刷品表面，增大橡胶辊压力和加热温度，一般线压力控制在130～160kN/m左右，温度控制在65℃左右，黏合剂涂布厚度一般为6～8mm，涂布黏合剂的薄膜在通过烘道后有轻微粘手感为宜。

印刷品的油墨添加燥油可提高油墨干燥速度，但是油墨表面结成油亮光滑的低界面层，即晶化，覆膜时易使印刷品表面起泡，这时可印刷一层亮光浆破坏这种晶化。

印刷品纸张紧度较大，其平整度和光滑度较好，黏合剂渗透性小，覆膜后易产生脱膜起泡现象。这时可调低黏合剂配比浓度，橡胶辊线压力控制在140～170kN/m左右，加热温度控制在65～70℃，黏合剂涂层厚度控制在3～5mm。

印刷品纸张紧度较小，其平整度和光滑度较差，黏合剂渗透性强，黏合力高，黏合剂用量大。覆膜时，橡皮辊线压力一般控制在100～120kN/m左右，加热温度控制在55～65℃，黏合剂涂层厚度控制在5～7mm。

2. 塑料薄膜覆膜前的处理

塑料薄膜覆膜前一般都要进行表面处理，而塑料薄膜是否需要进行表面处理，主要取决于该种塑料薄膜的表面自由能、极性等因素，通常，若表面自由能低于 $3.3 \times 10^{-2} \sim 3.5 \times 10^{-2}$ N/m，则该种塑料薄膜就必须进行表面处理。由于用于覆膜的多数塑料薄膜属于非极性、低表面能的难黏合材料，此外由于弱表面层、清洁度差等因素影响，这类塑料薄膜材料在出厂前，生产厂必须对其进行表面处理，这一程序可使薄膜表面氧化，生成羰基、羧基等极性基团，并使薄膜表面洁净，从而提高膜面的自由能，增加有机溶剂、黏合剂对薄膜表面的润湿能力和黏附能力。经过表面处理的塑料薄膜其表面张力应该达到 37×10^{-2}N/m 或更大些，才能符合覆膜工艺要求。

对塑料薄膜表面的处理方法有数种，常用的有涂层处理法、化学处理法、电晕放电处理法以及光化学处理法等。

（1）涂层处理法

在塑料薄膜表面上涂布特定的涂料，以改变其表面吸附性能，涂料配方如表 1-1。将表 1-1 配方制成的涂料在塑料表面涂布后风干 10 秒后，用高压水银灯照 15 秒，固化后，即可提高薄膜表面的张力。

表 1-1　塑料覆膜涂料配方

成分	用量（份）	成分	用量（份）
异丙醇	60	四氢糠醇丙烯酸	10
甲苯	10	安息香乙醚	2
季戊四醇双丙烯戊酯			

（2）化学处理法

化学处理主要是用重铬酸钾－硫酸溶液或采用其他酸、强氧化剂对聚乙烯、聚丙烯等塑料薄膜表面进行洗涤处理，有去油、去污等作用，使薄膜表面产生极性基团，同时也使表面得到一定程度的粗化，与此同时，膜面还发生氧化作用，生成含氧极性基团，从而大大改善薄膜的表面能，改善表面的润湿性和印刷品的黏合性能。

化学处理方法效果较好，操作简便、经济，但处理液一般都具有化学侵蚀性而造成环境污染，因此不像电晕处理那样被广泛采用。

（3）电晕放电处理法

利用高频（实际上是中频）高压电源，在两极间产生一种电晕放电现象，将塑料薄膜在两个平板电极中间穿过，这种方法称电晕法，亦称电火花法。放电，使两极间的氧气电离，产生臭氧，促使塑料薄膜表面氧化而增加其极性，同时，电火花又会使材料表面产生大量微细的孔穴，表面能增加，从而加大其表面活性及机械连接性能，有利于薄膜的黏合。可以用电晕法处理的薄膜有聚乙烯、聚丙烯、聚氯乙烯、氟塑料，及其各种相应的共聚物。

电晕放电处理法的设备，主要是电源和电极两个部分，还有一些附属设施。目前，国内普遍采用的电源有晶体管高频高压电源（俗称晶体管冲击机）和可控硅高频高压电源（亦称可控硅高频发生器），前者用于小规格薄膜的表面处理，后者用于大规格薄膜的表面处理。电晕处理方法比较理想，具有处理时间短、速度快、无污染等优点，因而被广泛地采用。

（4）光化学处理法

光化学处理法是利用紫外线照射高聚物表面而引起化学变化，发生裂解、交联和氧化，达到改善膜面表面张力，提高润湿性和黏合性的目的。光化学处理法必须选择适当的紫外线波长和光敏剂，才能获得较好的处理效果。用光化学法处理与用电晕法处理薄膜表面所获得的化学可润湿性和可粘性的变化基本相同。

经过上述方法对薄膜表面的处理，薄膜表面产生了物理作用和发生了化学反应，所产生的物理作用，使薄膜表面粗糙，从而增加了比表面，使覆膜黏合剂容易流入粗糙的凹坑内，增加了粘接的接触面；发生的化学反应，使薄膜表面带有羰基和羧基等极性基团，提高了薄膜对其他材料的亲和性，即对黏合剂的亲和性，符合覆膜工艺的要求。

需要注意的是，塑料薄膜表面经电晕等方法处理后，处理面的表面张力显著提高，但很不稳定，随着放置时间的延长，表面张力会逐渐下降（但下降的速度是递减的），仍然有失效之弊，所以不应贮存过久，尽可能早日使用，这对保证覆膜质量是有利的。

（三）工艺参数对覆膜质量的影响

覆膜的工艺参数主要是指：烘干温度、复合温度、复合压力、黏合剂的涂布状况、机速、薄膜张力、定形、环境因素。

1. 烘干温度

为了改变黏合剂的某些物理性能，通常采用溶剂，如甲苯，醋酸酯等，将黏合剂稀释到含固量为20%～35%。溶剂在此只是一种暂时的成分，发挥完作用后需通过加热将其挥发，因此，薄膜在涂布黏合剂后，在覆膜操作时要进入覆膜机的烘干通道进行干燥处理，以除去黏合剂的溶剂。

覆膜黏合层的固化以黏合剂中的溶剂挥发与干燥为条件。黏合剂的干燥取决于溶剂挥发速度、烘干通道的温度与风速。当温度较高时，溶剂挥发速度较快，黏合力较强，覆膜的效果相对较好。反之，会降低黏合力，影响覆膜质量，如起皱、麻点、针孔、泛白与脱层。但是温度过高，也会造成一系列后果，如薄膜变形、起皱、收缩，还会降低黏合牢度。因此，设定烘干通道温度应综合考虑风速、机速、涂布量、溶剂挥发速度等因素。通常温度的范围为50～70℃。

2. 复合温度

覆膜工艺是通过复合辊加热、加压，在黏合剂的作用下，将薄膜覆在印刷品上，使之成为一体。因此，复合温度与复合压力对覆膜质量至关重要。目前，覆膜用的黏合剂多数是热熔型，具有一定的热塑性。如果复合温度过低，分子能量较低，机械结合力与物理化学结合力较弱，复合效果差。而复合温度过高，会使薄膜变形、收缩，使产品产生皱褶、卷曲及局部起皱，因此，复合温度应根据机型、压力、机速、印刷品表面状况及黏合剂与涂布量的不同而设定，一般是在70～90℃。

3. 复合压力

印刷品、黏合剂、薄膜各界面间的黏合力主要是机械结合力、物理化学结合力，压力可以促进黏合剂对薄膜与印刷品表面的良好润湿与扩散，同时可以使黏合剂分子与黏合材料分子距离足够小，使分子相互间的作用最充分。复合压力需根据复合条件的物性与其他工艺因素调节。压力过小的结果是黏合力小，复合效果差，压力过大容易使薄膜变形，产生皱褶。所以合适的压力同温度一样是重要条件。

4. 黏合剂的涂布状况

黏合剂的涂布要求薄而均匀，应在保证不欠胶与复合的前提下，涂层尽可能薄。涂层过厚造成的后果是干燥速度降低，透明度降低，产品起皱，而涂布过薄会因黏合力过低造成易剥离、脱层，涂布层的厚薄与纸张的表面特性及结构有关，纸张表面光洁，结构紧密，涂布层可适当薄些。通常铜版纸的覆膜，黏合剂涂布量控制在 $3 \sim 5g/m^2$，胶层厚度约为 5mm，而纸质粗糙的胶版纸等印刷品覆膜涂布量应适当加大。

5. 薄膜张力

塑料薄膜的张力控制也会影响覆膜质量。如果薄膜所受拉力太大，会拉伸变形，特别是在加热、干燥过程中容易产生延伸，产品经定形，分切后膜面会纵向起皱，但拉力过小，易使薄膜两端松弛，会导致产品起泡、不规则起皱等，调节的原则是使薄膜拉平直，松紧一致。

6. 定形

覆膜后的产品经固化，稳定后再进入放卷、分切的过程称为定形。黏合剂特别是聚氨酯类黏合剂，当溶剂挥发后反应并未结束，仍有其流动性，经热压、复合卷曲后的产品，在常温下仍继续进行化学反应，所以经过覆膜收卷的产品，应该经一段时间的静置后再分切，以保证质量稳定。

7. 机速

机速除了影响黏合剂的涂布厚度之外，更重要的是它决定着黏合剂的烘干速度。机速的设定应以涂布在塑料薄膜上的黏合剂充分烘干为标准。机速的控制要视机型、烘干道温度及黏合剂的涂布量不同而异。一般来说，烘干道温度高，速度则快些，烘干道温度低，速度应慢些。

（四）影响覆膜质量的主要因素

除温度、压力、速度（黏合剂涂布、印刷运行速度）等工艺参数外，影响覆膜质量的两个主要因素也不容忽视。

1. 印刷品墨层状况对覆膜质量的影响

印刷品墨层状况主要指纸张的性质、油墨性能、墨层厚度、图文面积以及印刷图文密度等，它们对覆膜质量的影响，主要是对印刷品与薄膜黏合强度的影响。

（1）墨层厚度

当印刷品墨层较厚、图文面积大时，导致油墨改变了纸张多孔隙的表面特性，封闭了许多纸张纤维毛细孔，阻碍了黏合剂的渗透和扩散，使得印刷品与塑料薄膜很难黏合，容易出现脱层、起泡等故障。因此，在进行工艺选择时，应选用胶印的方法印刷将要覆膜的产品，因为胶印产品的墨层较薄（约为 $1 \sim 2mm$）。

（2）油墨冲淡剂的作用

常用的油墨冲淡剂有白墨、维利油和亮光浆。其中白墨中有明显的粉质颗粒，与连结料结合不紧，印刷后，这些颜料颗粒会浮于纸面上，对黏合有阻碍作用。维利油是氢氧化铝和连结料轧制而成的，由于氢氧化铝质轻，印刷后往往浮在墨层表面，覆膜时使黏合剂与墨层之间形成隔离层，导致黏合不上或起泡。亮光浆是由树脂、干性植物油、催干剂等制成的，质地细腻、结膜光亮。它与共轭多键体萜烯树脂为主要成分的覆膜黏合剂具有相似的性质，它们具有良好的亲和作用，能将聚丙烯薄膜牢固地吸附于油墨表面。

（3）燥油的加放

油墨中加入燥油，可以加速印迹干燥，但燥油加放量大，容易使墨层表面结成油亮光滑的低界面层，黏合剂难以润湿和渗透，影响覆膜的牢度，因此，要控制燥油的加放量。

（4）喷粉

胶印采用喷粉的工艺方法来避免印刷品蹭脏，喷粉油墨层表面形成一层细小的颗粒。覆膜时黏合剂不是每处都与墨层黏合，而是与这些粉质黏合，形成假粘现象，严重影响覆膜质量。因此，要覆膜的产品，应避免使用喷粉技术，已喷粉的印刷品，应用干布逐张除去粉质。印品粘脏的本质起因在于油墨，针对这个问题，必须在工艺上对油墨进行改进，给油墨按比例加入10％的克粘剂，对防粘脏十分有效。油墨加入克粘剂后，不但防止了粘脏、不影响印品色相和色彩饱和度，而且使墨层更加鲜亮，网点更清晰，也更方便印后加工工序，如压光、覆膜、烫金等。克粘剂可替代燥油、喷粉等防粘脏材料。

（5）金、银墨印刷品

金、银墨是用金属粉末与连结料调配而成的。这些金属粉末在连结料中分布的均匀性和固着力极差，墨层干燥过程中很易分离出来。这些分离出来的金属粉末在墨层和黏合剂层之间形成了一道屏障，影响两界面的有效结合。这种产品放置一段时间后，会出现起皱、起泡等现象。因此，应避免金、银墨印刷品的覆膜。

（6）印刷品墨层干燥状况

在墨迹未完全干燥时覆膜，油墨中所含的高沸点溶剂极易使塑料薄膜膨胀和伸长，而这是覆膜后产品起泡、脱层的最主要原因。墨层的充分干燥，是保证覆膜质量的首要条件。对于印迹未干，又急于覆膜的产品，可将其置于烘箱内烘干。

2. 环境因素对覆膜质量的影响

环境因素主要是指覆膜车间的空气洁净度及相对湿度。如果车间的空气洁净度太低，塑料薄膜和印刷品表面受周围介质的污染严重，当介质中尘埃颗粒含量超过一定标准，在黏合剂涂敷和干燥过程中尘埃颗粒吸附在其表面，会形成不易察觉的隔离层。薄膜和印刷品经热压复合后，表面上看两者已实现了粘接，但实质上并未达到真正的黏合，这是因为吸附在薄膜胶层表面的尘埃隔离层破坏了形成黏合界面间机械结合力和物理化学结合力的基本条件，导致局部黏合力的减弱，甚至完全丧失。

覆膜车间的环境相对湿度的作用更具有普遍性。黏合剂与塑料薄膜及印刷品之间，随空气中相对湿度的变化而改变含水量。对湿度敏感的印刷品会因尺寸的变化而产生内应力。如印刷品纵向伸缩率为0.5％，BOPP薄膜纵向热收缩为4％，如果印刷品吸水量过大而伸长，和薄膜加热收缩之间造成内应力，会导致覆膜产品卷曲、起皱、黏合不牢。另外，在湿度较高的环境中，印刷品的平衡水分值也将改变，从空气介质中吸收的大量水分，在热压复合过程中将从表面释放出来，停滞于黏合界面，在局部形成非黏合现象。况且，印刷品平衡水分值的改变（从空气介质中吸湿或向空气介质中放湿）多发生在印刷品的边缘，使其形成荷叶边或紧边，在热压复合中都不易同薄膜形成良好的黏合而产生皱褶，使生产不能顺利进行。所以，应尽量保持覆膜操作环境洁净，并使相对湿度控制在60％～70％范围内。

（五）开窗覆膜工艺

开窗覆膜作为覆膜工艺在纸盒包装中的独特应用，除具有覆膜工艺的诸多优点外，还增加了商品在包装中的可视性功能。在丰富多彩的印刷图案中嵌以曲线优美的可视窗口，不但使包装更加精美，同时起到宣传美化商品、揭示商品身价的作用，成为实现和提高商品价值的一种有效手段。

1. 开窗覆膜产品对覆膜材料的要求

开窗覆膜包装产品除具有一般覆膜产品所具备的表面干净、平整、不模糊、光洁度好、无皱褶、无起泡等质量要求外，窗口部分的薄膜必须透明，以保证被包装商品的可视性，这是对开窗覆膜包装产品的基本要求，也是有别于一般覆膜产品的独特要求。即涂覆膜工艺所采用的 BOPP 塑料薄膜无色、无味、无毒、透明度好，而预涂覆膜工艺所采用的是预涂胶薄膜，由于预先已涂布了一层热熔胶胶黏剂，一般来讲，使得薄膜透明度较差。因此，从开窗覆膜包装产品的可视性要求来看，应多使用 BOPP 塑料薄膜。

2. 开窗覆膜产品的可视性要求与覆膜工艺的改进

开窗覆膜产品的可视性要求覆膜材料采用 BOPP 塑料薄膜，即采用即涂覆膜复合工艺。而该工艺在纸张与薄膜复合前需在 BOPP 塑料薄膜上涂胶黏剂，使 BOPP 塑料薄膜具有黏性且呈半透明状，显然这种状态的薄膜在窗口部分是不符合要求的。因此，有必要对传统即涂覆膜工艺进行改进，要求胶黏剂不能涂布于 BOPP 塑料薄膜上，覆膜前后始终保证窗口部分 BOPP 塑料薄膜透明。基于这一要求，覆膜工艺中采用了将胶黏剂涂布于印刷品上，然后再与 BOPP 塑料薄膜复合的办法。

3. 开窗覆膜工艺

（1）工艺流程

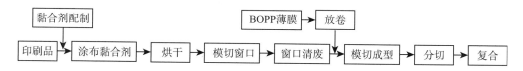

（2）印刷品

从工艺流程可以看到，开窗覆膜工艺是将胶黏剂涂布于印刷品上。在即涂覆膜工艺中通常采用溶剂型胶黏剂，该类胶黏剂需用芳香烃类、有机酯类溶剂调兑，而芳香烃类、有机酯类溶剂对印刷品上的油墨层有溶解作用，因此，要求印刷品墨层必须充分干燥，且墨层不宜太厚。印刷时尽可能采用快干亮光胶印油墨，控制油墨冲淡剂的使用，专色油墨应深墨薄印。另外，印刷过程中应尽量控制喷粉用量，以免给覆膜带来麻烦。

（3）涂布胶黏剂与烘干

一般的包装印刷厂均拥有上光设备，所以在印刷品上涂布胶黏剂可在上光机上进行，即将上光机涂布上光涂料改为涂布胶黏剂。在涂布胶黏剂工序中需要注意以下几点：

①控制胶黏剂的黏度

胶黏剂的黏度比上光涂料要高得多，胶黏剂的黏度过高，将降低胶黏剂的流平性和润湿性，容易发生涂布不均、涂层发花等问题。同时，过高的黏度极易使印刷品黏附在上光机涂布辊上，造成涂布困难。反之，胶黏剂黏度过低，虽然可使涂布均匀，但在烘干工序中胶黏剂中的溶剂不能充分挥发，使胶黏剂含固量降低，容易发生覆膜不牢固、脱膜、起泡等问题。同时容易使涂布胶黏剂后的印刷品相互粘连，造成印刷品损坏和模切窗口等工序中的操作困难。因此，在保证上光机正常输纸、胶黏剂涂布均匀的前提下，尽量使胶黏剂稠一些。

②控制好胶黏剂涂布厚度

涂布于印刷品上的胶黏剂含固量除受胶黏剂黏度影响外，主要由胶黏剂涂布厚度决定。胶黏剂的涂布量过小，涂布厚度过薄，黏合力则不足，产品容易发生剥离、脱膜等问题；胶黏剂的涂布量过大，涂布层过厚，将使胶黏剂中溶剂的挥发速度减慢，影响胶黏剂的干燥，产品放置一段时间后容易起泡。由吸附理论可知，胶黏剂涂层越薄，分子间距离越小，黏附力越大，BOPP 塑料薄膜与印刷品的黏结强度越高，覆膜质量越好。因此，在涂布胶黏剂操作中要掌握一个原则，即在保证涂布不欠胶和复合牢度的前提下，胶黏剂涂布厚度可适量薄一些。

由于开窗覆膜工艺是将胶黏剂涂布于印刷品上，纸张亦将吸收少量胶黏剂，其胶黏剂的涂布厚度应略大于传统即涂覆膜工艺。另外，对于不同质量的纸张，胶黏剂的涂布厚度也不一样，表面粗糙的纸张，胶黏剂可适当涂布厚一些。

③控制烘道温度

胶黏剂的干燥过程除受胶黏剂中溶剂的挥发速度、纸张的吸收速度影响外，主要由胶黏剂的黏度、胶黏剂的涂布厚度、烘道的温度决定。胶黏剂黏度低，胶黏剂涂层厚，烘道温度需高一些。若烘道温度过低，胶黏剂中溶剂不能充分挥发，将使 BOPP 塑料薄膜与印刷品的黏合力下降，影响覆膜牢度。在胶黏剂黏度、胶黏剂涂布厚度确定的前提下，经烘道干燥后的印刷品表面胶黏剂的干燥程度以手指按压胶黏剂层略感粘手为宜。

④防止粘连

经涂布胶黏剂并烘干的印刷品，必须竖放，少量搬运，以防止互相粘连。

（4）模切窗口与窗口清废

开窗覆膜工艺需要两次模切，第一次模切窗口，第二次模切成型。在模切窗口工序中，首先要求按窗口实际大小排制窗口模切刀版，然后在压痕机上模切窗口。由于此时印刷品表面已涂布胶黏剂，极易沾纸屑、纸毛，因此模切刀要锋利，模切刀的接缝要小，模切压力要均匀、适中、切透，以减少纸毛纸屑的产生。窗口清废工序要注意不要将纸毛、纸屑落在印刷品表面，以免影响覆膜质量。

（5）复合

复合操作既可在即涂型覆膜机上进行，也可在预涂型覆膜机上进行。复合温度、复合压力、复合速度是影响复合质量的三大因素。在压力一定的条件下，适当的温度有助于胶黏剂层处于熔融状态，分子运动加剧，提高分子的活化能，参加成键的分子数目增加，使 BOPP 塑料薄膜，印刷品与胶黏剂层界面间达到最大黏合力。尽管复合温度的提高有助于增加黏合强度，但温度过高会使薄膜收缩变形，导致产品皱褶、卷曲以及局部起泡。因此，复合温度的控制必须合理。通常情况下，表面粗糙、质地松软、定量高的纸张复合温度可偏高一点。

复合压力是使印刷品与 BOPP 塑料薄膜牢固黏合的外部作用力，适当的复合压力对保证覆膜产品质量至关重要。压力大些有助于提高 BOPP 塑料薄膜与印刷品的黏合牢度，但压力过大容易使 BOPP 塑料薄膜变形、皱褶，压力过小则黏合不牢。合理的复合压力以覆膜后印刷品与 BOPP 塑料薄膜黏合牢固且表面光滑平整为准。对表面粗糙、质地松软的纸张，复合压力可适当偏大一点。复合速度受复合温度、复合压力的制约。复合温度高、复合压力大，复合速度可快一些。复合速度快有助于提高生产力，但过快的复合速度将使纸塑复合瞬间变短，容易造成纸塑黏合不牢固、起泡等问题。

（6）模切成型

开窗覆膜产品一般都是包装盒，经复合、分切后的半成品需经第二次模切方能成型。即排制一块去除窗口的钢刀模切版，在压痕机上模切成型。

任务四 掌握覆膜质量要求和检测标准

（一）覆膜质量要求

覆膜对产品起到保护和美化作用，覆膜的印刷品一般要经过折叠、刮压、粘贴、烘烤、模切、压痕等加工，要受到各种物理、机械、化学作用，在这些条件下，覆膜产品不能出现质量故障。

覆膜产品的基本质量应达到如下要求。

1. 印刷品图案色彩保持不变，在日晒、烘烤、紫外线照射条件下，覆膜印刷品的图案色彩仍要保持不变。

2. 塑料薄膜与印刷品黏合平整、牢固，纸和薄膜不能轻易分开，揭开后纸张表面平滑度和油墨层将被破坏，折叠、压痕和烫书背等处纸膜不能分离。

3. 覆膜产品不准有气泡、分层、剥离。覆膜产品在分切、压痕、存放、包书、瓦楞裱糊、书籍堆放期间，在印刷多色版叠印的暗调位置、墨层较厚的实地位置，不能出现砂粒状、条纹状、蠕虫状、龟纹状的薄膜凸起现象。

4. 覆膜产品表面平整光洁，不能有皱纹、折痕或其他杂物混入。覆膜产品皱纹有膜皱、纸皱、纸膜共同皱、竖皱、横皱、斜皱等，出现任何皱纹和折痕均为不合格产品。

5. 覆膜产品不得卷曲。覆膜产品分切后，不能出现向薄膜方向卷曲，要保持平整状态。工艺条件调整不当或其他原因，严重时会使产品自动卷曲成圆筒状，纸张越薄，纸质疏松，湿度大，气温低，越易发生这种问题。

6. 不能出现出膜和亏膜。塑料薄膜应全面完整地覆盖于印刷品上面，薄膜边缘不得出于印刷品边缘或覆盖印刷品边缘不全，不使产品边缘有多余薄膜。

（二）覆膜质量检测标准

1991 年 7 月 1 日国家新闻出版署制定了覆膜质量检测标准，主要检测内容与要求如下。

1. 根据纸张和油墨性质的不同，覆膜的温度、压力、胶黏剂应适当。

2. 覆膜黏结牢固，表面干净、平整、不模糊、光洁度好、无皱褶、无起泡和粉箔痕。

3.覆膜后分割的尺寸准确，边缘光滑、不出膜、无明显卷曲，破口不超过 10mm。

4.覆膜后干燥程度适当，无粘坏表面薄膜或纸张现象。

5.覆膜后放置 6～20h，产品质量无变化。有条件的用温箱测试。

6.覆膜的环境应防尘、整洁，室内温度适当，涂胶装置部分应密封。

覆膜产品往往批量是很大的，由几千张到几万张，故产品质量不应忽视，在大批覆膜前，应按产品标准先做试样检测。覆膜质量检测标准大都可以通过目测检验出产品质量。对于黏合牢度等，可以采用下述简便方法测试并判断是否合格。开始试机覆膜时，抽出被检测样张，用手撕开塑料薄膜与印刷品的黏合层，若印刷品表面图像印迹随胶层一同转移到薄膜上来，则说明印刷品与薄膜黏合良好，为合格产品。有条件的单位，可在实验室内用拉力机进行测试。首先进行烘烤试验。将覆膜产品试样放入恒温箱内，以 60～65℃温度烘烤约 30min。若不起泡、不脱层、不起皱则为合格产品。然后进行水泡试验。将覆膜产品试样放入冷水中浸泡两小时，薄膜与印刷品若不分离则为合格。达到上述要求，方可投入大批生产。

任务五　掌握覆膜设备

要想获得理想的覆膜效果，不仅要求黏合剂、塑料薄膜和印刷品具有良好的黏合适性，更需要有相适应的覆膜设备。如图 1-2 所示为覆膜机外形图。

覆膜设备可分为即涂覆膜机和预涂覆膜机两大类。即涂覆膜机适用范围宽、加工性能稳定可靠，是目前国内广泛使用的覆膜设备。预涂覆膜机，无上胶和干燥部分，体积小、造价低、操作灵活方便，不仅适用大批量印刷品的覆膜加工，而且适用自动化桌面办公系统等小批量、零散的印刷品覆膜加工。

图 1-2　覆膜机外形图

（一）即涂覆膜机的工作原理及基本结构

1.即涂覆膜机的工作原理

即涂型覆膜机是将卷筒塑料薄膜涂敷黏合剂后经干燥，由加压复合部分与印刷品复合在一起的专用设备。即涂型覆膜机有全自动机和半自动机两种。各类机型在结构、覆膜工艺方面都有独到之处，但其基本结构及工作原理是一致的，主要由放卷、上胶涂布、干燥、复合、收卷五个部分以及机械传动、张力自动控制、放卷自动调偏等附属装置组成，如图 1-3 所示，为其工作原理图。

图中成卷的塑料安装在放卷架上，张力恒定的薄膜平展地输出，若分切后成卷的薄膜宽于被覆膜的印刷品，可用切边刀把多余的薄膜去掉，使薄膜宽度符合印刷品的要求后由匀胶辊将胶盘中的黏合剂均匀地涂布在薄膜的一个面上，经涂胶后的薄膜通过烘道进行烘干，然后与待覆膜的印刷品一起压合，在一定的温度和压力下，印刷品与涂胶的薄膜压合成纸塑复合制品后被收卷部分收卷，完成整个覆膜工作。

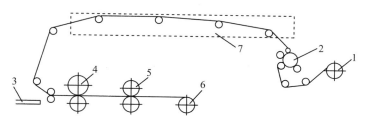

图 1-3　即涂型覆膜机结构简图

1- 放卷部分；2- 涂布部分；3- 印品输入台；4- 复合部分；5- 辅助层压部分；6- 复卷部分；7- 干燥通道

2. 即涂覆膜机的基本结构

（1）放卷部分

塑料薄膜的放卷作业要求薄膜始终保持恒定的张力。张力太大，易产生纵向皱褶，反之易产生横向皱褶，均不利于黏合剂的涂布及同印刷品的复合。为保持合适的张力，放卷部分一般设有张力控制装置，常见的有机械摩擦盘式离合器、交流力矩电机、磁粉离合器等。

（2）上胶涂布部分

薄膜放卷后经过涂辊进入上胶部分。涂布形式有滚筒逆转式、凹式、无刮刀直接涂胶以及有刮刀直接涂胶等。

①滚筒逆转式涂胶

滚筒逆转式涂胶属间接涂胶，是各机型采用最多的一种。结构原理如图 1-4 所示。

供胶辊从贮胶槽中带出胶液，刮胶辊、刮胶板可将多余胶液重新刮回贮胶槽。薄膜反压辊将待涂薄膜压向经匀胶后的涂胶辊表面，并保持一定的接触面积，在压力和黏合力作用下胶液不断地涂敷在薄膜表面。涂胶量可通过调节刮胶辊与涂胶辊、刮胶辊与刮胶板之间的距离来改变。

②凹式涂胶

凹式涂胶由一个表面刻有网纹的金属涂胶辊和一组薄膜分压辊组成，见图 1-5。

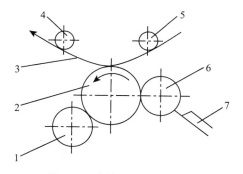

图 1-4　滚筒逆转式刮示意图

1- 供料辊；2- 涂胶辊；3- 塑料薄膜
4、5- 反压辊；6- 刮胶辊；7- 刮胶板

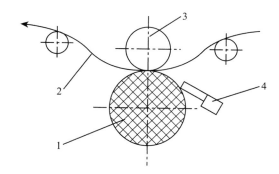

图 1-5　凹式涂胶示意图

1- 网纹涂胶辊；2- 塑料薄膜；
3- 反压辊；4- 刮胶刀

涂胶辊直接浸入胶液，随辊的转动从贮胶槽中将胶液带出，由刮刀刮去辊表面多余的

胶液。在压膜辊作用下，辊的凹槽中的胶液由定向运动的待涂薄膜带动并均匀地涂敷于薄膜表面。可通过调整涂布辊轴表面栅格网纹、黏合剂的特性值、压膜辊压力值等来控制涂胶量。

凹式涂胶的优点是能够较准确地控制涂胶量，涂布均匀；但是网纹辊加工困难、易损坏，需要经常清洗，另外涂布对黏合剂要求较高。

③无刮刀辊挤压式涂胶

涂胶辊直接浸入胶液，涂布时，涂胶辊带出胶液经匀胶辊匀胶后，靠压膜辊与涂胶辊间的挤压力完成涂胶，见图1-6。

挤压时，压力、黏合剂性能指标及涂布车速等决定胶层厚度。涂胶量通过调节涂胶辊与匀胶辊、涂胶辊与压膜辊之间的挤压力实现。因此，对各辊表面精度、圆柱度及径向跳动公差等都有较高的要求。

④有刮刀直接涂胶

涂胶辊直接浸入胶液，并不断转动，从胶槽中带动胶液，经刮刀除去多余胶液后，同薄膜表面接触完成涂胶。见图1-7。

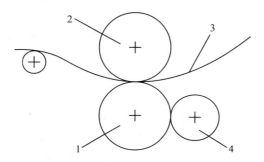

图1-6　无刮刀辊挤压式涂胶示意图

1-涂胶辊；2-压胶辊；3-塑料薄膜；4-加胶辊

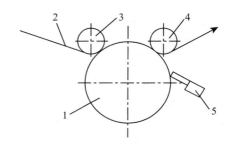

图1-7　有刮刀直接涂胶示意图

1-涂胶辊；2-塑料薄膜；3、4—反压辊；5-刮胶刀

有刮刀直接涂胶方式，在设计上要求刮刀须刮匀涂胶辊表面的胶液，即要求刮胶刀刃口直线度、涂胶辊表面精度相当高。刮胶刀一般由平整度高、光洁度和弹性好的不锈钢带制成。

（3）干燥部分

涂敷在塑料薄膜表面的黏合剂涂层中含有大量溶剂，有一定的流动性，复合前必须通过干燥处理。干燥部分多采用隧道式，依机型不同干燥道长度在1.5～5.5m。根据溶剂挥发机理，干燥道设计成三个区。

①蒸发区

该区应尽可能在薄膜表面形成素流风，以利于溶剂挥发。

②熟化区

根据薄膜、黏合剂性质设定自动温度控制区，一般控制在50～80℃，加热方式有红外线加热、电热管直接辐射加热等，自动平衡温度控制由安装在熟化区的热敏感元件实现。

③溶剂排除区

为及时排除黏合剂干燥中挥发出的溶剂，减少干燥道中蒸气压，该区设计有排风抽气装置，一般为风扇或引风机等。

（4）复合部分

主要由镀铬热压辊、橡胶压力辊及压力调整机械等组成。

①热压辊

热压辊为空心辊，内装电热装置，滚筒温度通过传感器和操纵台的仪器仪表来控制。热压辊的表面状态和热功率密度对覆膜产品质量有很大影响。一般覆膜工艺要求热压温度为 $60 \sim 80℃$，单位面积热流量 $2.5 \sim 4.5W/cm^2$。

②橡胶压力辊

将被覆产品以一定压力压向热压辊，使其固化粘牢。复合时的接触压力对黏合强度及外观质量有密切关系，一般为 $15.0 \sim 25.0MPa$。橡胶压力辊长期在高温下工作，又要保持辊面平整、光滑、横向变形小，抗撕性及剥离性良好，因而多采用抗撕性较好的硅橡胶。

③压力调整机构

用以调节热压辊和橡胶压力辊间的压力。压力调整机构可采用简单偏心机构、偏心凸轮机构、丝杠、螺母机构等；但为简化机械传动零部件，并提高压力控制精度，目前大都采用液（气）压式压力调整机构。

（5）印刷品输入部分

印刷品的输送有手工和全自动输入两种方式。全自动输入方式又分为气动与摩擦两种类型。气动式是在印刷品前端或尾部装上一排吸嘴，依靠吸嘴的"吸""放"和移动来分离、递送印刷品。摩擦式输入主要靠摩擦头往复移动或固定转动与印刷品产生摩擦，将印刷品由贮纸台分离出来，并向前输送；摩擦轮作间歇单向转动，每转动一次分离一张印刷品。

（6）收卷部分

覆膜机多采用自动收卷机构，收卷轴可自动将复合后的产品收成卷状。为保证收卷松紧一致，收卷轴与复合线速度必须同步，收卷时张力要保持恒定。随着收卷直径的增大，其线速度又必须与复合的线速度继续同步，一般机器采用摩擦阻尼改变收卷轴的角速度值达到上述要求。为提高工作效率，有些覆膜机还在收卷部分配有快速卸卷及成品分切装置。

（二）预涂覆膜机的工作原理及基本结构

1. 预涂覆膜机的工作原理

预涂型覆膜机由预涂塑料薄膜放卷、印刷品自动输入、热压区复合、自动收卷四个主要部分，以及机械传动、预涂塑料薄膜展平、纵横向分切、计算机控制系统等辅助装置组成。

图 1-8 为预涂型覆膜机工作原理图。

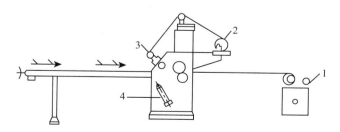

图 1-8　预涂型覆膜机工作原理图

1- 收卷；2- 预涂膜；3- 压合；4- 液压手柄

预涂黏合剂的塑料薄膜材料成卷筒状放在进卷机构的送膜轴上，开机前将预涂薄膜按规定前进方向经调节辊和导向辊等机构进入复合机构，这时从印刷品输入装置输入的纸张印刷品也一起进入复合机构，经过复合机构的热压辊和橡胶压辊进行热压合后，传送到收卷机构的收料轴上。收卷机构在电动机带动下，按调好的速度拉动已覆膜的印刷品，预涂膜也按上述路线向前输送。卷成卷筒的覆膜印刷品，经割膜成为单独覆膜产品。

覆膜机运行见视频1-2（覆膜机运行）和视频1-3（全自动高速多用途覆膜机运行），请扫描本页二维码观看。

视频 1-2

视频 1-3

2. 预涂覆膜机的基本结构

（1）放卷部分

它主要由塑料薄膜支撑架和薄膜张力控制系统组成。预涂膜卷筒放置在放卷机构的支撑架上用送膜轴支撑放卷。预涂膜在工作过程中必须保持恒定的张力，张力过大或过小都会影响覆膜质量。

（2）印刷品输入部分

自动输送机构能够保证印刷品在传输中不发生重叠并等距地进入复合部分，一般采用气动或摩擦方式实现控制，输送准确、精度高，在复合幅面小的印刷品时，同样可以满足上述要求。

（3）复合部分

包括复合辊组和压光辊组（图1-9）。复合辊组由加热压力辊、硅胶压力辊组成；热压力辊是空心辊，内部装有加热装置，表面镀有硬铬，并经抛光、精磨处理；热压辊温度由传感器跟踪采样、计算机随时校正；复合压力的调整采用偏心凸轮机构，压力可无级调节，原理简图如图1-10所示。

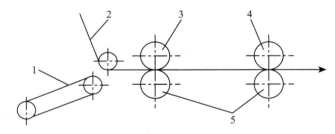

图 1-9　预涂覆膜机复合部分机构

1- 输纸部分；2- 预涂薄膜；3- 热压力辊；4- 压力辊；5- 硅胶压力辊

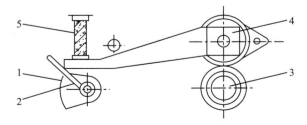

图 1-10　复合压力调整机构图

1- 离合凸轮；2- 手柄；3- 硅胶辊；4- 热压辊；5- 压簧

压光辊组与复合辊组基本相同，即由镀铬压力辊同硅胶压力辊组成，但无加热装置。压光辊组的主要作用是：预涂塑料薄膜同印刷品经复合辊组复合后，表面光亮度还不高，再经压光辊组二次挤压，从而使表面光亮度及黏合强度大为提高。

（4）传动系统

传动系统是由计算机控制的大功率步进电机驱动，经过一级齿轮减速后，通过三级链传动，带动进纸机构的运动和复合部分及压光机构的硅胶压力辊的转动。压力辊组在无级调节的压力作用下保持合适的工作压力。

（5）计算机控制系统

计算机控制系统采用微处理机，硬件配置由主机板、数码按键板、光隔离板、电源板、步进电机功率驱动板等组成。

覆膜机结构见视频 1-1（覆膜机结构视频），请扫描本页二维码观看。

视频 1-1

任务六 覆膜机使用和调节

（一）即涂覆膜机操作程序

1. 加温

开机前，先接通电源，开启机器滚筒加热，使滚筒温度升高到覆膜要求（一般为 50 ～ 65℃）。

2. 启动胶泵

开启胶泵开关，使胶液循环均匀。

3. 上膜

上膜时，一定要把塑料薄膜的处理面和胶辊接触。

4. 敲纸

将纸边经翻转敲压成等距离且呈扇形的挺而硬的折痕，称为敲纸。

（1）敲纸的目的

①提高纸张的机械强度。纸张叼口边和侧规边经敲压，应力增加，增强了挺硬度，减少压皱。

②提高纸张的平整度。有些纸张往两边或四边向上翘起或向下扣卷而不平，经敲纸使之平整，减少输纸故障。

（2）敲纸的工艺操作

用左手将一叠纸的纸角捻开，并折向对角按等距离移动，以右手向下敲压到纸的一半为止，再将一叠纸从横向捻开，以侧规位置距离为准压三条折痕，最后在拖梢边两侧各斜敲几条折痕。对于边缘呈荷叶边的纸张，要两面敲纸，先正面敲打一遍，再翻过来敲打一遍；"紧边"的纸张应先反着沿边缘敲打一遍，再把中间敲打一遍，以增强中间部位的支撑力。

5. 配制黏合剂

配制黏合剂时，一般要根据黏合剂对被黏物的适应范围，充分考虑便于涂布而初步确定与溶剂的对比浓度。另外，还要根据印刷品的油墨颜色深浅、墨量大小、套印次数、纸张疏密等情况来配制胶液。在印刷品油墨不干、色泽较深或纸张潮湿的情况下，配制黏合剂时，溶剂要少加一点。一般 1 份溶剂型胶黏剂要加兑 0.3 ～ 1 份溶剂，而 1 份乳液型胶黏剂要加兑 0.1 ～ 0.3 份水。不同纸张和不同印色数的印刷品，对黏合剂的涂布厚度有不同的要求。黏合剂浓度和厚度的设定必须保证各类印刷品对黏合剂涂布干基量的要求（见表 1-2）。

表 1-2　各类印刷品对黏合剂涂布干基量的要求

纸张种类	印刷色数	黏合剂用量 /（g/m²）	纸张种类	印刷色数	黏合剂用量 /（g/m²）
胶版纸	单	5	铜版纸	四	5.5
胶版纸	双	6	铜版纸	实地	6
胶版纸	三	6.5	白板纸	单	6
胶版纸	四	7	白板纸	双	6.5
胶版纸	实地	8	白板纸	三	7.5
铜版纸	单	4	白板纸	四	8.5
铜版纸	双	4.3	白板纸	实地	9
铜版纸	三	4.6			

6. 调节上胶辊与涂胶辊间的工作间隙

根据复合工艺的要求来调校两辊之间的工作间隙（一般情况下，间隙为 0.05mm）。调间隙时，把塞尺插入两辊之间，转动间隙调节螺钉。当塞尺在两辊之间颇有接触感，能抽动并稍有阻力时，则间隙合适；如果抽动轻松，表示间隙过大，此时可向逆时针方向慢慢地转动手轮，直至获得满意的间隙。反之，若阻力过大或抽不动，则表示间隙过小，可转动手轮调至手感正常即可。还须调校两辊左右两端的间隙相等，使两辊平行，才可保证涂胶均匀。松动齿轮箱上的蝶形螺母，转动调节螺钉，可使间隙相等，然后紧固蝶形螺母保持正常位置（见图 1-11）。

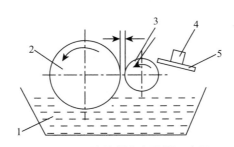

图 1-11　涂胶辊和上胶辊示意图

1- 胶液；2- 涂胶辊；3- 上胶辊；4- 刮胶板；5- 方轴

手轮端部装有刻度盘和指针，每小格读数为 0.01mm，每周读数为 1.5mm。当手轮转动 1 小格时，涂胶辊移动 0.01mm，其余类推。实际间隙的大小必须与刻度盘上指针所指的读数一致，否则，可调整指针的位置。机器壁上装有刻度尺，供粗调两辊间隙之用。

值得注意的是，禁止两辊互相接触和碰撞。工作时，等上胶辊底部浸泡在胶液里后，方能使两辊正常运转，以免损伤两辊表面。然后用手小心地转动刮胶刀方轴手柄，让刮胶刀慢慢地与涂胶辊贴合，这时可适当施加小压力，使其贴合效果更好，然后拧紧方轴固定螺钉以紧固方轴。刮胶刀片与上胶辊的贴合要平整，可调整方轴调节螺钉，使其贴合平整。最后紧固手轮轴上的压紧螺钉。停止工作时，上胶辊、刮胶刀及刀架必须与涂胶辊保持分开。

7. 打开烘道、收料、排风的开关

同时可把应添加机油、黄油的部位按规定要求加注机油、黄油，以保证润滑良好。

8. 检查纸张输送带前方小胶辊的间隙是否一致

如果不一致，则要调整小胶辊下方凸轮调整螺钉，以改变与导向光辊的间隙。调整小胶辊间隙时，可用一张长约15cm、宽约5cm的小纸条放在两辊之间，转动小胶辊下的调节螺钉，直到小纸条在两辊之间的左右两端和中间部位都有同样的接触感，并能较轻松地来回拉动时即为正确。如果印刷品纸张过厚或过薄时，则需要调整小胶辊间隙，这时可直接调整小胶辊间隙的调节手柄，然后用转动螺钉顶紧调节手柄。

9. 打压力、送膜、切边

打压力举升橡胶辊前，要先启动主机，等主机转动后再打压力，以保证橡胶辊轴承在受力均匀的状态下工作。压力要达到符合压合要求，不能过大或过小（带有压力装置的机器，压力一般为 10～15MPa）。压力过大时，不仅加剧机械的磨损，同时会造成覆膜产品皱褶、卷曲等；压力过小会影响黏合牢度。送膜时要正确使用电晕处理面，并应调整膜面松紧度一致。应注意，手要远离压合辊，以免被塑料薄膜带入机器。切边是用专门的装置在一端或两端同时对塑料薄膜的边缘进行切割，以保证正确的宽度，同时将切下的边条缠绕在收条辊上。

10. 调规矩

松开规矩固定螺钉，根据印刷品的幅面，两手同时向前推或向后推，保证纸张在输送带上的运行方向与热压滚筒保持垂直，平稳地进入复合热压机构，同时还要使塑料薄膜合适地压在印刷品上，既不虚膜又不跑边。

11. 检查机器

检查机器各部位运转是否正常，温度是否符合工艺要求，开关是否全开，待一切正常后，才能进行压胶。

12. 压胶

压胶是旋动压力装置，迫使薄膜平稳地与涂胶辊接触，以保证胶液均匀连续地涂布在塑料薄膜上。压胶时，要检查薄膜的运行情况和涂布情况。塑料薄膜在运行时要始终保持松紧一致，不出现局部涂不上的跳胶情况等。

13. 收卷

从机器热压复合滚筒出来的半成品要拉平、松紧一致。收卷辊不可过松或过紧，过松会收不齐，过紧则会缠皱。随着收卷辊直径逐渐加大，收卷辊控制机构要旋紧，以保证适当的摩擦力，使收卷轴正常运转，不致打滑。

14. 检查复合质量

要经常不断地检查成品的质量，随时观察薄膜的平展度、涂胶的均匀度、胶液的干燥程度、烘道和热压辊的温度、加压辊的压力及热压复合后的黏合牢度。根据黏合情况及时调整涂布的厚度、运转的速度及压力，既要防止放卷轴上的薄膜随使用量的消耗直径变小而引起线速度的变化，造成控制放卷摩擦力的不适当而薄膜会放松，还要注意收卷机构上收料直径随复合产品的缠绕增大而产生收卷摩擦力减少，造成收卷不正常。同时要补充胶液和检查续纸操作，巡视整个机组，以保证复合生产的有效进行。

15. 机器的润滑

机器的良好润滑是机器正常运转的保证。覆膜机需润滑的零部件种类包括：滚动轴承、滑动道轨、链条、齿轮和一般活动接触件等。应参照表 1-3，定期做好机器的润滑工作。

表 1-3　润滑表

序号	位置	名称	油类及牌号	加油周期
1	所有滚筒两端	滚动轴承	1#或2#钙基润滑脂	1次/月
2	加热滚筒两端	滚动轴承	1#或2#钙基润滑脂	1次/周
3	弯形胶辊心轴	滚动轴承	1#或2#钙基润滑脂	1次/季
4	收料机辊上膜机轴	滑动轴座	30#机油	1次/班
5	各活动部位	各活动件	30#机油	1次/班
6	齿轮传动	齿轮啮合处	1#或2#钙基润滑脂	1次/月
7	电动机轴承	滚动轴承	高速黄油	1次/年
8	涂胶辊和手轮两端	滑动轴承	30#机油	1次/班

（二）预涂覆膜机操作程序

预涂覆膜机使用预涂薄膜作为覆膜材料，覆膜时，省去了黏合剂配制、涂布和干燥过程。预涂覆膜机结构简单、操作方便、工艺简化。

1. 准备

检查机器各部件是否正常，进行开机前例行检查和润滑、清理。

2. 加温

接通电源，打开热压辊加热开关加温，加温时，将温度控制指示调节到适应工艺要求位置。

3. 上膜

根据需覆膜印刷品的尺寸，选择合适尺寸的预涂薄膜，把预涂薄膜装到送料轴适当的位置上固定。

4. 整理纸张

把印刷品在印刷、存放过程中发生的变形，整理平整，使纸张印刷品能平稳地进入并通过热压辊加压复合，不出现质量问题。

5. 调整规矩

保证印刷品在覆膜过程中不歪斜，不出膜，不跑边，规矩调节要正确。调规矩时，松开规矩架的紧固螺钉，同时前推或后拉，直到位置准确，薄膜与印刷品正好复合为准，调节后加以紧固。

6. 切边

使印刷品的宽度与薄膜的宽度相适应，如有露膜现象，需要切边。首先把切边刀放下，把多余的薄膜边条切下来，并缠绕在收边纸管上。

7. 穿膜

把进卷轴上的预涂薄膜穿过伸展辊、调膜光辊、弓形调整辊、导向辊和胶辊后进入主机。

8. 调膜

穿膜后，因每卷预涂薄膜松紧都不一致，要将预涂薄膜面调平。调平机构有三套，进卷部分可以前后左右移动，进行初调；机器顶部的调整辊可以前后上下调整；弓形调整辊可将薄膜展平。经过调整使预涂薄膜平整稳定进入复合机构。

9. 加压

主机启动后，对液压加压装置手动加压，使橡胶压辊通过两边滑道升起，与热压辊接触产生覆膜工艺需要的压力，一般为 100～120kN/m。橡胶压辊在热压辊的摩擦带动下转动。

10. 收卷

覆膜后，开动收卷装置，覆膜产品能够整齐地卷在空芯纸管上。

（三）覆膜操作注意事项

覆膜中，要经常不断地检查成品的质量，随时观察薄膜的平展度、涂胶的均匀度、胶液的干燥程度、烘道和热压辊的温度、加压辊的压力及热压复合后的黏合牢度，根据黏合情况及时调整涂布的厚度、运转的速度及压力。既要防止放卷轴上的薄膜随使用量的消耗直径变小而引起线速度的变化，造成控制放卷摩擦力的不适当而使薄膜带松弛；还要注意收卷机构上收料直径随复合产品的缠绕增大而产生收卷摩擦力减少，造成收卷不正常；同时要补充胶液和检查续纸的操作，巡视整个机组，以保证复合生产的有效进行。

压胶时，要检查薄膜的运行情况和涂布情况，塑料薄膜在运行时要始终保持松紧一致，避免出现局部涂不上的跳胶情况等。

收卷要注意从机器热压复合滚筒出来的半成品要拉平、松紧一致。收卷辊不可过松或过紧。过松会收不齐，过紧会缠皱。随着收卷轴直径逐渐加大，收卷轴控制机构要旋紧，以保证适当的摩擦力，使收卷轴正常运转，不致打滑。

任务七　覆膜常见故障及解决方法

1. 黏合不良

①黏合剂选择不当，涂胶量设定不当，配比计量有误。应重新选择黏合剂牌号和涂覆量，准确配制。

②稀释剂中含有消耗 NCO 基的醇和水，使主剂的羟基不反应。应使用高纯度（99.5%）的醋酸乙酯。

③印刷品表面有喷粉。应用布轻擦喷粉。

④印刷品墨层太厚。应增加黏合剂涂布量，增大压力。

⑤印刷品墨层未干或未干彻底。应先热压一遍再上胶；选择固体含量高的黏合剂；增加黏合剂涂布厚度；增加烘干道温度等。

⑥黏合剂被印刷油墨及纸张吸收，使涂覆量不足。应重新设定配方和涂覆量。

⑦塑料薄膜表面处理不够或超过适用期，使处理面失效。应更换塑料薄膜。

⑧压力偏小，车速较快，温度偏低。应提高覆膜温度和压力，适当降低车速。

2. 起泡

①印刷墨层未干。应先热压一遍再上胶；推迟覆膜时间，使其干燥彻底。

②印刷墨层太厚。应增加黏合剂涂布量，增大压力及复合温度。

③干燥温度过高，黏合剂表面结皮。应降低干燥温度。

④复合辊表面温度过高。应降低复合辊温度。

⑤薄膜有皱褶或松弛现象，薄膜不均匀或卷边。应改用合格薄膜，调整张力。

⑥薄膜表面裹入灰尘、杂质。应清除灰尘及杂质。

⑦黏合剂涂布不均匀、用量少。应提高涂覆量和均匀度。

⑧黏合剂浓度高、黏度大、涂覆不均匀。应用稀释剂降低黏合剂的浓度。

3. 涂覆不匀

①胶槽中的部分黏合剂固化。应更换或增添黏合剂。

②压力小。应加大复合压力。

③胶辊溶胀、变形。应更换胶辊。

④塑料薄膜厚度公差大。应更换薄膜，选用厚度公差小的薄膜。

⑤薄膜松弛。应调整牵引力。

4. 皱膜

①薄膜传送辊不平衡。应调整传送辊。

②薄膜两端松紧不一致或呈波浪边。应更换合格薄膜。

③胶层过厚，溶剂蒸发不彻底，影响了黏度，受压力滚筒挤压，纸张（印刷品）与薄膜之间产生滑动。应调整涂胶量，增加烘干道温度。

④电热辊与橡胶辊两端不平，压力不一致，线速度不等。应调整两个滚筒。

⑤拉力过小使薄膜走势不均匀，引起薄膜起皱。应调整拉力，使之正常。

⑥薄膜上涂料层表面不干，也会引起薄膜起皱。提高烘干温度可解决此问题。

⑦温度偏高进纸时也会引起薄膜起皱。在覆膜工艺中，加温的目的是使薄膜软化，使纸张与塑料薄膜相黏合。此时应采取风扇冷却、关闭电热丝或其他散热措施，以尽快使温度恢复正常。

5. 皱纸

覆膜用的纸张一般是铜版纸、胶版纸和白板纸等，覆膜时出现纸张起皱现象，一般有以下几种情况。

①车间的温度、湿度控制不当。相对湿度过高，纸张易吸潮起"荷叶边"，造成覆膜过程中纸张起皱。因此，必须严格控制车间的温度、湿度。

②环境温度过高或覆膜温度偏高，纸张就会"紧边"，造成纸张起皱。可用压板压平，覆膜前增加对纸张敲和揉的次数，并降低环境及覆膜温度。

③滚筒压力不均匀，造成覆膜过程中纸张起皱。遇到这种情况时，应先矫正滚筒压力，然后再开机操作。

④胶辊本身不平，造成覆膜中纸张起皱。应调换新的胶辊或将旧胶辊磨平再用。

⑤胶辊上有污物，造成覆膜时纸张起皱。应及时清洗胶辊，胶辊必须经常保持清洁。

⑥拉力过大，薄膜收卷撕裂，造成覆膜时纸张起皱。应适当调整拉力。

⑦输纸歪斜，造成覆膜时纸张起皱。必须认真操作，使输纸平服。

6. 覆膜后的印刷品又被带入机器

即涂覆膜机是塑料薄膜经过涂布（黏合剂）后与印刷品进行复合的。种种原因造成的纸与纸之间会有一些缝隙，部分没有完全固化的胶液会留在胶辊表面。在纸张衔接缝隙比较大时，覆膜后的印刷品又会因胶膜上残留的胶黏剂的粘接作用，在大胶辊的转动下反向被带入机器，造成一些质量事故。

纸与纸的缝隙较大时，还会给后面的分切工序带来诸多不便。为了避免以上故障的发生，可以在热压复合部分安装一个滑石粉盒，下面是一个海绵的滑石粉贮存槽，上面是一个转动辊。当覆膜印刷成品从上面通过时，可带动辊同时转动。布满网纹的转动辊会从贮存槽内不断带出滑石粉，自动均匀地涂在覆膜印刷品的背面，降低纸张缝隙之间薄膜上黏合剂的黏性，避免了可能发生的粘连，方便了割膜、裁切工序的操作。同时，滑石粉的微细颗粒对纸张毛细孔会产生堵塞，减缓纸张对空气中水分的吸收，降低覆膜成品纸张卷曲变形的可能性。

7. 产品上有雪花点

产生该故障的原因有以下几点。

①印刷品喷粉过多　印刷品喷粉过多，不能被胶黏剂完全溶解，覆膜产品上就会出现大面积雪花点。遇到这种情况，应该适当增大上胶量，或在覆膜前扫去印刷品上的喷粉。

②上胶量太小　上胶量太小，印刷品整个表面都会出现雪花点。解决方法是适当增大涂胶量。

③施压辊压力不合适　施压辊压力太大会把处于印刷品边缘的胶黏剂挤出，导致印刷品边缘出现雪花点；而压不实也会出现雪花点。解决方法是正确调整施压辊的压力。

④涂胶辊上有干燥的胶皮　涂胶辊上有干燥胶皮的地方上胶量较小，会使覆膜产品在此处出现雪花点。解决的方法是擦干净涂胶辊。

⑤施压辊上有胶圈　从印刷品边缘挤出的胶黏剂或从薄膜孔处挤出的胶黏剂，粘在施压辊上，时间久了就会形成干燥胶圈。后面的印刷品再覆膜时，就会在此出现微小雪花点。解决方法是要及时揩擦施压辊。

⑥胶黏剂中有杂质　如果周围环境中的灰尘太多，或胶黏剂中有干燥胶皮及切下的薄膜碎片，覆膜产品上就会有雪花点。所以，应当特别注意环境卫生，胶黏剂用不完应倒回胶桶内密封好，或在上胶前先过滤。

※ **思考题**

1. 什么是覆膜工艺?

2. 覆膜工艺分为哪几种?

3. 印刷品覆膜的作用是什么?

4. 覆膜对黏合剂的要求有哪些?

5. 覆膜常用的塑料薄膜主要有哪些?

6. 覆膜用塑料薄膜的保存应注意哪些事项?

7. 塑料薄膜覆膜前进行表面处理的方法有哪几种?

8. 影响覆膜质量的主要因素有哪些?

9. 覆膜车间的环境相对湿度对覆膜质量有什么影响?

10. 复合温度对覆膜质量有什么影响?

11. 覆膜产品质量检测的内容与要求是什么?

12. 即涂覆膜机由哪几部分组成?

13. 即涂覆膜机上胶涂布形式有哪几种?

14. 说明凹式涂胶的原理。

15. 预涂覆膜机的操作程序分为哪几步?

16. 根据覆膜认知实践完成一份实践报告,内容包括覆膜工艺和覆膜设备主要结构的调节。

项目二 上光

学习目标：

1. 熟悉上光的原理和特点。
2. 掌握上光材料，能根据不同的上光工艺合理地选用材料。
3. 掌握上光工艺，熟悉上光工艺对上光质量的影响。
4. 掌握印刷品上光质量要求及检验方法。
5. 了解上光设备的基本类型和特点，掌握上光设备基本结构。

任务一 认识上光

上光是印刷品表面的另外一种光泽处理技术，它是在印刷品表面涂布（或喷雾、印刷）一层无色透明涂料，经流平、干燥（压光）后在印刷品表面形成薄而匀的透明光亮层的加工工艺。根据上光工艺的要求，上光可分为整体上光和局部上光。整体上光就是在整张印品全幅面上涂覆上光油；局部上光则是在印品上需要上光的局部画面上涂覆上光油。而在上光工艺上，又可以分为红外上光和紫外上光。红外上光通常也叫作打底油，使用的上光材料是红外线干固的上光油。而紫外上光通常也叫作 UV 上光，使用的上光材料是紫外线干固的上光油。这种在印刷以后的印品上的涂层可以是亮光的也可以是亚光的。在使用红外上光工艺时，为提高涂层的光亮度，有时还采用压光工艺。因此，纸印刷品的上光加工，包括涂料上光、涂料压光和 UV 上光加工工艺。

（一）上光的原理及作用

印刷品上光的实质是通过上光涂料在印刷品表面的流平、压光，借以改变纸张表面呈现光泽的物理性质。上光工艺包括上光涂料的涂布和压光两项。涂料上光的工艺过程实际上是将涂料（俗称上光油）涂敷于纸印刷品表面流平干燥的过程。其干燥的方式常用有红外线干燥、紫外线干燥、热风干燥、微波干燥等。而涂料压光是先用普通上光机在纸印刷品表面涂敷压光涂料，待干燥后再到压光机上借助不锈钢光带热压，冷却后剥离的工艺。

由于上光的涂料薄层具有较高的透明性和平滑度，因而可在印刷品表面上呈现出美丽的光泽，是改善印刷品表面性能的一种有效方法。上光主要起到美观装饰、防潮、耐磨等作用，而局部上光有时也起到突出主题的作用。印刷品上光的作用综合起来，主要有以下几个方面。

1. 增强印刷品的外观效果

印刷品上光包括全面上光和局部上光，也包括光泽型上光、亚光型（无反射光泽）上光、珠光型上光等多种类型。无论哪一种上光，都可以提高印刷品的质感和外观效果，使印刷品的质感更加厚实丰满，色彩更加鲜艳明亮，增强印刷品的光泽和艺术效果，起到美化印刷品的作用。任何一种商品，其外观和包装都是十分重要的，包装印刷品经过上光处理后，能够提高产品档次，使产品更具有吸引力，增强消费者的购买欲。

2. 改善印刷品的使用性能

根据不同印刷品的特点，选择适宜的上光工艺及材料，可以明显改善印刷品的使用性能。例如，书刊是长效的信息载体，需要长期保存。经过上光处理后，可以防潮、防虫蛀、延长书刊的使用寿命。又如，扑克牌经过上光处理后，可以提高滑爽性和耐折性，改善使用性能。电池最怕潮湿，电池包装印刷品经过上光处理后，可以明显提高防潮性能。此外，许多装饰材料和包装物料，也需要通过上光处理来改善使用性能和实用价值。

3. 增进印刷品和商品的保护性能

各种上光涂料，都可以不同程度地起到保护印刷品和保护商品的作用。经过上光处理，一般均可提高印刷品的耐水性、耐化学性、耐摩擦性、耐热及耐寒性等，使包装产品具有防潮、防水、耐磨、防污以及防伪等保护性能，可以减少产品在运输、储存和流通过程中的损失。

4. 提升商品档次，增加附加值

包装印刷品经过局部上光或特效上光工艺处理，并与其他表面整饰（烫电化铝、压凹凸等）工艺技术相结合，可以提高印刷品的身价和提升商品的档次，生产厂商和印刷厂都可获得超过常规印刷的丰厚利润。有些装饰画、油画、摄影类复制印刷品，经过局部上光和特效上光工艺技术处理，增强了作品的艺术效果，印刷品可以提升为艺术品。

（二）上光的特点与应用

上光是继覆膜之后发展起来的又一种装饰和保护印刷品的印后加工工艺。与覆膜相比，上光具有以下特点：上光后的书籍封面不会卷曲上翘；上光后的纸印刷品可生物降解，不会产生像塑料薄膜那样的二次污染；能联机上光，在凹印机、胶印机和柔性版印刷机上增加上光装置后，可进行连线操作，提高加工精度和速度；局部上光可突出显示印刷品所要传递的信息；选用特殊的上光材料还能进行特殊效果的处理，如珠光、布纹、皱纹和雪花效果等。

上光加工被广泛应用于包装装潢、画册、大幅装饰、招贴画等印刷品的表面加工。很多用户通过上光工艺产生的特殊效果来维护和巩固品牌形象，尤其是在外贸出口产品的包装加工中获得了很大成效。

任务二　掌握上光材料

（一）上光涂料

1. 上光涂料的组成

上光涂料尽管种类很多，但是基本组成大体相同，都由主剂（成膜树脂）、助剂和溶剂等组成。主剂是上光涂料的成膜物质。印刷品上光后，膜层的品质及性能，如光泽度、耐折性、后加工适性等均与选择的主剂有关。以天然树脂为主剂的上光涂料，成膜后透明度差，易泛黄，易发生回粘现象。以合成树脂为主剂的上光涂料，成膜性好，光泽度和透明度高、耐磨、耐水、耐老化，而且后加工适应性强。

助剂是为改善上光涂料的性能而加入的一些辅助材料。为便于上光涂料的合成和涂布操作加入消泡剂；为改善主剂树脂的成膜性及增加膜层内聚强度加入固化剂；为提高膜层弹性，增强耐水、耐折性能加入增塑剂；为提高上光涂料的流平性及降低其表面张力加入表面活化剂等。助剂用量不宜多，约占总量的 $1\%\sim3\%$。

溶剂的作用是分散溶解稀释主剂和助剂。常用的溶剂有芳香类、酯类、醇类等。而上光涂料的毒性、气味、干燥、流平性等同溶剂的选用有关。芳香类溶剂蒸发热量低、挥发速度快、溶解性能高，但该类溶剂毒性较大；酯类溶剂溶解性能好、挥发速度快、成本低，但气味比较大；醇类溶剂在溶解性能、挥发速度上都不及以上两类，但无毒、无味，没有污染。如能用水作为上光涂料的溶剂，则成本最低，来源最广，对人体无危害，且不污染环境，故开发水性上光涂料有广阔前景。

目前使用的涂料种类较多，主要有氧化聚合型上光涂料、光固化型上光涂料、热固化型上光涂料、溶剂挥发型上光涂料几种。氧化聚合型上光涂料靠空气中的氧发生聚合反应而干燥成膜，对干燥源的要求不高，设备投资少；光固化型上光涂料是通过吸收辐射光能量，涂料分子内部结构发生聚合反应干燥成膜，其上光涂层的光泽度高，膜层的耐磨性、耐热性能较好，适用于高档次印品的上光；热固化型上光涂料依靠成膜树脂中高分子结构和涂料中的催化剂，遇热发生交联反应干燥成膜，固化快，生产效率高，适用于自动化上光加工；溶剂挥发型上光涂料依靠涂料中溶剂挥发干燥成膜，在涂布、干燥、成膜过程中具有较好的流平性，其加工性能和适用范围宽，适用于各种档次及大批量印品的上光。

2. 上光涂料的基本要求

理想的上光涂料除具备无色、无味、光泽感强、干燥迅速、耐化学药品等特性外，还应满足以下的基本要求。

①膜层透明度高、不变色。为使上光加工后的印刷品获得满意的效果，要求干燥后的膜层不仅能够呈现出原有印刷图文的光泽，而且能够在印刷品表面形成透明度高的膜层，这就要求上光涂料成膜后透明度高、性能稳定，不能因日晒或使用时间长而变色、泛黄。

②膜层具有一定的韧性和耐磨性。大多数上光的印刷品要求表面膜层具有一定的韧性。例如，书籍装帧中的护封、封面就要求表面膜层柔韧性要好，使用中不致因翻折而出现破损或干裂。上光涂层还必须具有一定的耐磨性，以适应上光产品的使用条件和后工序加工的工艺要求。例如，各类包装纸盒、各类书刊的封面的后工序加工一般由机械完成，在整个工艺加工中产品表面难免受到摩擦。因此，上光膜层必须具有耐磨性。

③具有一定的柔弹性。任何一种上光油在印刷品表面形成的亮膜必须保持较好的弹性，才能与纸张或纸板的柔韧性相适应，不致发生破损或干裂、脱落。

④膜层耐环境性能要好。上光后的印刷品有些用于制作各类包装纸盒，为能够对被包装产品起到好的保护作用，要求上光膜层耐环境性能一定要好。例如，食品、卷烟、化妆品、服装等商品的包装必须具备防潮、防霉的性能。另外，干燥后的膜层化学性能要稳定，不能因与环境中的弱酸或弱碱等化学物质接触而改变性能。

⑤对印刷品表面具有一定黏合力。印刷品由于受表面图文墨层积分密度值影响，表面

黏合适性大大降低，为防干燥后膜层在使用中干裂、脱膜，要求膜层粘着力强，并且对油墨及调墨用各类辅料均有一定的黏合力。

⑥流平性好、膜面平滑。印刷品承印材料种类繁多，加之印刷图文的影响，表面吸收性、平滑度、润湿性等差别很大，为使上光涂料在不同的产品表面都能够形成平滑的膜层，要求涂料流平性好，成膜后膜面平滑。

⑦印后加工适性宽。印刷品上光后，一般还需经过后工序加工处理，如模压加工、烫印电化铝加工等。因此，要求上光膜层印后加工适性要宽。例如，耐热性要好，烫印电化铝后，不能产生粘搭现象；耐溶剂性高，干燥后的膜层，不能因受后加工中黏合剂的影响而出现起泡、起皱和发粘现象。

（二）UV上光涂料

UV 是 Ultraviolet（紫外光）的缩写。UV上光涂料指在一定波长的紫外光照射下，能够从液态转变为固态的上光油和油墨。UV干燥上光油和油墨主要是由颜料、感光树脂、活性稀释剂、光引发剂及其他助剂组成。其反应机理是，在紫外光照射条件下，体系内光引发剂的游离基引发树脂中的不饱和双键，迅速发生链聚合反应，使上光涂料交联结膜固化。

UV上光涂料在印刷纸器、商标、图片、磁带封套等的光泽加工方面得到了广泛的应用，在国外，书刊杂志封面的光泽加工采用UV上光的也比较普遍。UV上光之所以被广泛采用是由其以下特点所决定的。

1. 空气污染小

由于UV上光油几乎不含溶剂，有机挥发物排放量极少，因此减少了空气污染，改善了工作环境，也减少了发生火灾的危险。

2. 固化速度快

上光油对油墨亲和力强，附着牢固，固化速度可达 60～120m/min。

3. 上光质量好

经UV上光工艺处理后的印刷品，色彩明显较其他加工方法鲜活亮丽，光泽丰满滋润，而且固化后的涂层滑爽耐磨，更具有耐药品性和耐化学性，稳定性好，能够用水和乙醇擦洗。

4. 成本低

UV上光油有效成分多，挥发少，所以用量省，一般铜版纸的上光油涂布量仅为4g/m²左右，成本为覆膜成本的60%左右。

5. 可以避免塑料覆膜工艺经常出现的缺陷

避免出现翘边、起泡、起皱、脱层等现象，UV上光产品不粘连，脱机后即可叠起堆放，有利于装订等后工序加工作业。

6. 可以再回收

如回收造纸，解决了塑料复合的纸基不能回收造纸而形成的环境污染难题。

UV上光涂料可用于整幅面上光，也可以用于局部上光。由于UV上光涂料价格相对高一些，故它较适合于图书封面和高档包装印刷品上光。

（三）水性上光涂料

水性上光涂料是以水基性上光油为主体的各种水性树脂涂料，包括专用上光机用水性光油、柔性版水性光油、凹版水性光油、水性磨光油（压光胶）以及水性薄膜复合胶黏剂等。水性上光涂料属于热塑型上光涂料，也属于分散型水基涂料，它主要由成膜物质、溶剂和助剂三部分组成。

1. 成膜物质

水性上光涂料的成膜物质是合成树脂和胶质。成膜物质影响和支配着深层的各种物理性能和膜层的上光品质，如光泽性、附着性、纸和油墨表面的保护耐磨性和抗水性等。

2. 溶剂

溶剂的主要作用是分散或溶解合成树脂及各类助剂。水性上光涂料的主要溶剂是水。与普通溶剂相比，水有明显不同的性能和一系列的优点，无色无味、无毒、无刺激气味、挥发性几乎为零，流平性相当好。

3. 助剂

助剂是为了改善水性上光涂料的理化性能和涂布工艺适性。助剂的种类很多，在使用时，应视上光涂料的种类而定，不同种类的上光涂料其助剂成分一般不同，但使用各类助剂的用量一般不应超过总量的 5%，否则将会影响上光涂料的加工适性。

新型的水性上光涂料性能稳定，干燥速度快，涂层透明、光泽好，耐磨性、耐水性、耐化学性、耐热性均达到比较满意的效果。其热封性和印后加工的适应性都比较好，而且运输方便、安全可靠。其广泛用于烟草、药品、食品、化妆品等商品包装，尤其是出口商品的包装。

（四）压光涂料

压光涂料与一般上光涂料一样，都是由成膜树脂、溶剂及少量助剂组成，但由于工艺特点的不同，压光树脂需要具备两个重要特点：一是能与纸张、油墨很好地结合，同时又要能在不锈钢抛光带上很容易地剥离；二是必须有很好的热塑性，在一定的温度和压力下能够软化，压缩变薄，有利于在经过适当冷却后能定形为镜面光泽。

任务三　掌握上光工艺

（一）上光工艺分类

上光市场是一个多元化的市场。由于印刷产品多样化（书刊、杂志、画册、商标、标签、样本、烟标包装、酒包装、药品包装、化妆品包装等），印刷工艺多元化（平印、凹印、凸印、丝网印刷），印刷材质存在差异（纸张、塑料薄膜），产品质量档次不同（高档产品、一般产品），环保要求不同（出口产品、内销产品）。因此，上光应根据上述不同情况和实际需要，选择上光工艺。

印刷品上光工艺，按其所采用的上光设备不同，可分为脱机上光（专用上光机上光、印刷机上光）工艺，印刷机组上光工艺和联机上光工艺；按上光效果，可分为整幅面上光，局部上光、消光（亚光）和特效上光；按干燥方式，可分为固体传导加热干燥和辐射加热干燥；按印刷品的输入方式，可分为自动上光（自动输纸）和半自动上光（人工输纸）；而根据上光涂料品种不同，则可分为溶剂型涂料上光工艺、涂料压光工艺、水性涂料上光工艺和 UV 涂料上光工艺。

（二）通用上光工艺

1. 常见上光工艺

上光油的涂布方式通常有以下三种方式。

（1）专用上光涂布机上光

目前应用最普遍的方法是采用专用上光涂布机涂布。上光涂布机安装有印刷品传输机构、涂布装置和干燥装置（包括红外、紫外等），适应上述各种类型上光油的涂布工艺，涂布中可实现涂布量的控制、涂布速度的控制、干燥能量的调节。因此涂布质量稳定可靠，适合各种档次印刷品（尤其是高档印刷品）的上光涂布加工，以及批量大、时效性强的印刷品的上光涂布。国内上光涂布机的生产技术成熟，有各种红外、紫外涂布机供应。

（2）印刷上光

印刷上光是指利用印刷机进行上光油的涂布。实际上是用上光油代替油墨，贮放在墨斗中，经输墨传递系统至印版，通过印版将上光油印至印刷品上，采用印刷机涂布上光可以不需购置专用上光涂布机，印刷机既可用作印刷，又可以用作上光涂布，一机两用，简便易行，适合于中、小型印刷厂上光涂布加工。印刷涂布上光时一般采用溶剂型上光油，因为该类上光油通过挥发干燥，干燥速度快，性能比较好。上光涂布时，印版采用实地版，根据被上光印刷品的不同要求，印刷一次或两次上光油，使印刷品表面获得一层比较均匀的上光油。在印刷涂布上光的过程中，由于采用的是溶剂型上光油，溶剂在上光的过程中极容易挥发，溶剂挥发后，导致上光油的黏度值增大，甚至发生结膜现象，严重影响上光处理的质量。因此在添加上光油时，每次加入的量应该以少为好，增加次数，避免发生上述问题。同时在印刷涂布时要勤搅拌贮料斗，勤擦洗橡皮布，避免发生结膜现象。如果印刷品为全开上光，印版上上光油层的面积应略小于印刷品，以防止涂布中粘脏。尤其是中途停机后再重新开机。

（3）喷刷上光

喷刷涂布分为喷雾上光涂布和涂刷上光涂布两种方法。这两种方法均为手工操作，具有操作方便、比较灵活的优点，适用于表面粗糙或凹凸不平的印刷品（如瓦楞纸板）或各类异形印刷品（包装纸盒）的上光涂布，但是涂布的速度比较慢、质量也不理想，适合于低档印刷品的上光涂布。

2. 通用上光质量要求

因为上光加工是为了增强印刷品的表面平滑度，并且起到保护印刷图文的作用，即上光可以增强油墨的耐光性能，增加油墨层防热和防潮能力，起到保护印迹、美化产品的作用。

（三）印刷上光常用工艺处理方法

印刷上光基本上属于印刷范畴，工艺处理与普通印刷工艺大致相同，一般不作特殊说明，但印刷上光的原料是无色透明的亮光浆，其印刷适性与普通油墨存在着差异，故印刷上光时，也要进行相应的工艺处理。

（1）墨辊的处理

罩印在印刷物图案表面的亮光浆，不应带有任何颜色，这样才能突出复制品原有的色彩，如果亮光浆稍有偏色，印品就会灰平，这样不仅没有给印品增加美感，反而影响了印品的质量。故印刷之前，必须将墨斗、传墨系统，以及印版系统全面反复清洗，直至无任何墨渍，即可上光。

（2）色序的处理

印刷上光的质量好坏与印刷品的色序有很大关系，选择正确合理的印刷色序，使油墨可以从里向外充分干燥，在良好干燥的印刷品上，再印刷亮光浆就不会有粘脏、掉色等弊病，并使原有印刷品色彩更鲜艳、更富有光泽。如果纸张印刷适性良好，不论是凸版印刷还是平版印刷，先印大面积底色、浅色，后印深色和小色块，最后印亮光油。这样印刷的油墨可以得到充分干燥，亮光浆再印上去，不仅附着力强，而且光泽度好。因为光泽层覆盖在彩色墨层的表面，使墨层表面更趋光滑平整，光线的反射由原来的"漫反射"变为"镜面反射"，从视觉上感觉到色彩鲜艳、质地饱满。如果纸张的印刷适性不好，出现拉毛、掉粉现象时，就需先印刷上光（俗称打底色），将纸毛拉掉，再以小色块、深色、浅色、大色块印刷，拉毛掉粉情况就会好得多，同时也不影响光泽度。因为先印刷上光不仅将纸毛拉掉，而且还将纸表面毛细孔封住，再印其他色块时，纸张印刷适性增强，拉毛掉粉现象就少多了。且此时油墨为氧化结膜性干燥和挥发性干燥，印品更富有光泽。

（3）墨量的处理

印刷上光的目的是使产品富有光泽，质地感增强。如果墨量小、墨层薄就达不到预期效果。掌握好墨斗的下墨量和印制的着墨量，是操作者印刷上光一定要注意的问题。因为亮光浆和亮光油皆属无色透明的油墨，操作者不可能像印刷有色油墨那样通过观察印品色彩的深浅来判断下墨量和着墨量的多少。根据实践经验，在印刷压力适中，水墨保持基本平衡的状态下，墨量一般通过观察墨辊在转动中拉出的亮丝的长短、疏密程度来判断。如果丝头长而密，说明下墨量相对大些，墨层厚实一些；如果丝头短而疏，说明下墨量小，墨层相对薄一些。还可以通过手指轻触印品表面，凭手感来估量膜层的厚薄，如果感觉"湿而不粘"，则说明膜层正常。墨量的大小对印刷质量影响很大，若膜层太厚且不及时充分干燥，则容易使印品粘连，分开时，会将印好的图文一并粘下来，出现重大质量事故。

（4）添加剂的处理

干燥情况的好坏直接影响印刷上光的效果。如果亮光浆在最后一道印刷，一般亮光浆或浆与油的混合体，需加放一定的干燥剂，加速亮光浆里的树脂与空气中氧气的氧化作用使亮光浆结膜而迅速干燥，保证印品快干，防止印品因黏性大、涂层厚出现互相黏着，而破坏其完整性。一般加放量占亮光浆的3%～4%为宜。如果亮光浆在第一道色序印刷，亮光浆就不需加放干燥剂，甚至不能用快干亮光浆，因为亮光浆或亮光油的干燥性能很好，很容易在印刷过程中干燥结膜。如果表面彻底结膜，再印其他色时就会出现"晶化"现象，油墨印不上去，就造成难以挽回的质量事故。亮光油的膜层容易出现泛黄倾向，影响印品白度，因此调配时，也因产品、纸张而异，适量为宜。

（5）纸张的处理

纸张质量与印刷上光的效果关系很大。被上光的材料，一般是质地较好、平滑度较高的铜版纸、白板纸、卡纸等。平滑度较高的纸经过上光加工后，表面光亮、图文更清晰、质量更优良。但是有的国产纸在印刷时掉毛、掉粉现象严重，若某种白板纸因黄、品、青印刷版全为网线满版，纸张掉粉糊版无法印刷，则可将纸张表面先进行上光处理，将纸毛拉掉，再印黄、品、青、黑，情况好转，掉毛、掉粉现象基本解决。

前面提到由于亮光浆较稠厚，容易出现粘纸现象。若小批量上光印刷，除需加入适量干燥剂，控制墨斗的下墨量和印品的着墨量外，上光后的印品还需晾格架错开，少量堆放，以减少相互黏着的可能性。若大量印刷，无法进行错开、少量堆放等处理，就需对纸张做好透风处理。产品印好后，根据季节、温湿度的情况，每间隔一定时间进行透风处理一次，一次不行，可进行两次。透风处理的目的是加速亮光浆的干燥速度，通过透风，使空气中的氧气与亮光浆中的树脂接触，加速氧化结膜。

（三）涂料压光工艺

1. 涂料压光工艺特点

印刷品涂布上光涂料之后，仅靠涂料自然流平性，干燥后还不能达到理想的光泽，对于一些光泽度较高的印刷品在上光涂布后通常还需要经过压光机压光。涂料压光工艺是采用涂敷热塑性压光涂料与压光机械相结合的上光方法，即用普通上光机先在纸印刷品上涂布压光涂料（磨光油），待干燥后再通过压光机上的不锈钢光带热压、过光、冷却、剥离，使印刷品表面的膜层形成镜面的高光泽效果。

压光工艺过程如下。

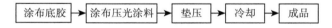

涂料压光适合高档商标包装产品、产品说明书、艺术图片、明信片等印刷品上光，也用于白卡纸、白板纸包装印刷品上光，以取代价格昂贵的玻璃卡纸印刷。经过涂料压光加工的印刷品光泽性强，表面平滑、细腻，不发粘返黄，具有防潮耐水等性能，成本也比较低，但工序多，生产效率较低。涂料压光产品的耐折、耐磨性虽不及纸塑复合加工产品，但却不会发生纸塑复合中常见的打折、起皱、起泡和脱层等现象。

涂料压光树脂经过热压定形形成的镜面膜层，不仅提高了光泽，而且在耐化学物理性能方面亦有相应较大的进步和提高。

2. 涂料压光工艺要求

涂料压光质量取决于印刷品的压光适性、压光涂料（磨光油）的选择和涂布以及压光工艺过程的温度控制、压力控制和速度控制。此外还必须注意光带的清洁和维护。

（1）印刷品的压光适性

印刷品的纸张性能和印刷油墨性能是影响涂料压光（磨光）质量的重要因素和基础条件。

①纸张性能的影响

纸张、纸板表面的平滑度和吸收性是影响涂料压光（磨光）效果和质量的重要因素。

平滑度高、结构致密、吸收性较小的纸张、纸板容易取得高质量的镜面光泽效果，而表面粗糙、结构疏松、吸收性强的纸张、纸板则会造成压光树脂（磨光油）被大量渗透吸收，涂布不匀，无法形成连续的成膜物涂层，出现发花及光泽效果很差的现象，严重影响压光效果。解决的办法是需要先涂布一层底胶，填充纸张、纸板的毛孔，然后再涂布压光树脂。对压光工艺来说，纸张、纸板的含水量（湿度）也非常重要，由于要经过热压，如果纸张、纸板的湿度过大或不均匀，就会在热压时发生打折、起皱，甚至会发生起泡、脱层等故障。所以要进行涂料压光（磨光）加工的印刷品，必须尽量保持干燥和湿度的均匀一致。

②油墨性能的影响

印刷品表面的油墨性能和状态也是直接影响涂料压光质量效果的重要因素之一。印刷油墨不干往往是出现压光质量问题的因素之一，它不仅会对压光树脂（磨光油）产生排斥，造成涂布不上或者涂布不匀和发花，还会造成热压过程起泡、脱层等故障。油墨晶化，油墨颗粒太粗，油墨中加入的燥油或撤黏剂太多，油墨中加入防粘成分（如甲基硅油等）过量以及喷粉后在油墨表面形成的粉尘等都会严重影响涂料压光产品的质量，上述现象都会影响涂料压光树脂（磨光油）的流平性，影响压光树脂在油墨上附着以及亲和能力，影响镜面光泽的形成。容易出现斑点、砂眼、发花、涂层附着不牢等故障。压光工艺还要求油墨应具有一定的耐溶剂性和耐热性能，以避免在热压和树脂受热软化过程中造成油墨变色和起皱。

（2）压光树脂（磨光油）的选择和涂布

涂料压光工艺是由涂布和压光两道工序构成的。涂布过程是将压光树脂（磨光油）均匀涂布在印刷品表面，或者是将底胶和压光树脂依次涂布在印刷品表面，这一涂布过程形成的树脂涂层是形成压光镜面光泽的基础，所以涂料压光树脂（磨光油）的内在质量和涂布质量对于涂料压光质量来说都是非常重要的。

①压光树脂（磨光油）的选择

目前国内外生产的压光树脂品种很多，应根据产品特点和需要，通过试验选择使用。涂料压光树脂（磨光油）属无色透明液体，要求流平性好，干燥迅速、不泛黄变色、无残留气味，要求与纸张及油墨的亲和附着力强，在热压冷却后从光带上容易剥离。由于目前压光产品中纸板、纸盒类产品较多，所以涂料压光树脂应具有一定柔韧性和耐磨性。从安全环保方面考虑，要求压光树脂还应该无污染且不含有害物质。

②涂布过程控制

涂布过程控制主要是涂布液的黏度调整，涂层厚度和干燥的控制。涂料压光的涂层要求能全面均匀地覆盖印刷品表面，但又不能过厚。涂布液的黏度对涂布过程的流平性、涂层厚度、干燥性能和涂布质量都有很大影响，需要根据产品要求、纸张情况和设备条件首先将涂布液调整到合适的黏度，纸张平滑度高吸收性小的印刷品，涂布液黏度可以稍低一些，纸张较粗吸收性大的印刷品，涂布黏度要高一些。涂布后的表观检查，不应有明显的条纹、橘皮或不匀的现象，合适的黏度和涂层厚度可以通过恒定温度、压力条件下的压光试验进行验证。涂料压光树脂的涂层必须充分干燥，涂布完成后应及时进行压光加工，不宜存放时间过长。

（3）压光温度的控制

压光温度是影响压光质量的重要因素之一。压光过程可分为三个阶段：热压、上光和冷却剥离，各过程分布情况见图 2-1。

压光中各阶段温度必须满足工艺要求，合适的温度下，涂料膜层分子热运动能力增加，使扩散速度加快，有利于涂料中助剂分子对印刷品表面的二次润湿、附着和渗透（一次润湿指上光涂料的涂布），增强了二者之间的接触效果。另外，适当的温度会使印刷品同上光带之间形成良好的黏附作用；在一定温度条件下，涂料膜层塑性提高，在压力的作用下表面平滑度大大增强。溶剂型上光涂料热压温度同黏附强度变化趋势如图 2-2 所示。

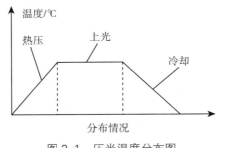

图 2-1　压光温度分布图

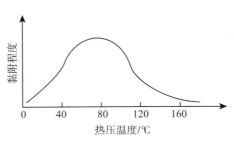

图 2-2　热压温度和黏附强度变化趋势

一定的压光温度有利于提高膜层质量，但不是越高越好。首先，表现为温度太高，涂料层黏附强度下降，变形值加大；其次，温度太高，印刷品含水量急骤减少，这对于上光和剥离过程是不利的，同时也会给后加工带来不良影响。相反，热压温度太低，涂料层未能完全塑化，对印刷品二次润湿、附着和渗透能力不足，涂料层不能很好地黏附于压光板和印刷品表面，压光效果差，压光后不易形成平滑的理想膜层。压光温度的调整，应视机速快慢、印刷品表面特性、涂料种类等条件情况综合考虑后确定。一般掌握的原则是：在印刷品能达到工艺质量要求的情况下，温度应适当高一些。温度调整得是否合适，可通过压光加工中的某些现象粗略判断。如果印刷品能与压光带紧密黏附，经压光、冷却后能在收料端容易地被剥离下来，印刷品表面的膜层平滑而光亮，为温度适合，如果印刷品未到收料终端部就自动滑落，或到收料终端部剥离困难，印刷品表面膜层又有各类缺陷（起泡、平滑度差），则说明温度偏低或偏高。应当注意，在温度升高或降低时，冷却系统一定要做出相应的调整。

（4）压光的压力

压光的压力也是影响压光效果的重要因素之一。涂布干燥后的膜层中，涂料分子的排列并不十分紧密，其间存在着很多微小孔穴，一定温度下，涂料塑性增加，分子间移动加剧，表现为膜层的体积变化，当外界没有压力或压力小于一定值时，这种现象并不明显，一旦压力达到某一值时，这种现象则十分显著。压光中，当加到涂料层上的压力达到 $9.8 \times 10^6 \sim 2.94 \times 10^7 Pa$（$100 \sim 300 kgf/cm^2$）时，涂料分子移动加剧，涂层变薄。涂层的变薄程度可用体积变化的百分率表示，称为压缩率，它是涂料层加压时减少的体积与加压前原有体积之比，压缩率比值越大，说明涂料层被压缩值越大，有利于在涂层表面形成光滑的膜层，压缩率比值越小，说明涂料层被压缩量小，不利于形成光滑的膜层。但是比值过大（压力过大）也会带来一些不良后果。例如，使印刷品的延伸性和可塑性降低，韧性大打折扣，铰链效应减弱（铰链效应指纸张内层分离或弯折时，应力向纸背膨胀，从而减少纸张表面的断裂和拉伸），使压光的产品再经模压、折叠、裱糊等加工时，表面易破裂。另外，压光压力偏高，还容易造成剥离困难。压光中，压力的调整应根据不同的印刷品特性、压光涂料的种类、压光机的性能及压光时的温度和机速的不同合理确定。一般掌握的原则是：在能达到压光效果的情况下，尽量使用小的压力，这样不仅有利于压光印刷品的质量和加工，而且可以延长压光机压力机构各部件的寿命。压光压力同印刷品涂料膜层压缩率、平滑度变化趋势如图 2-3 和图 2-4 所示。

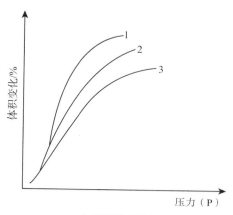

1、2、3 为不同类型的上光涂料

图 2-3　压光压力与压缩率变化趋势

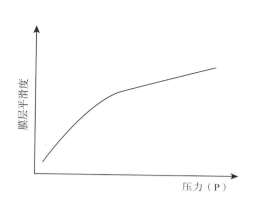

图 2-4　压光压力与模层平滑度变化趋势

（5）压光的速度

压光速度也是影响压光效果的因素之一。速度的影响作用，一般应从上光涂料在压光中的过光时间（或称上光时间）方面考虑和理解。在上光涂料与上光带接触时，上光涂料分子活动能力随涂层温度降低逐渐减弱，如果过光时间太短，减弱速度相当快，涂料分子同印刷品表面墨层不能充分作用，干燥、冷却后膜层表面平滑度低，涂料层对油墨层的黏附强度差。上光膜层的质量（主要指平滑度、黏附强度）一般随过光时间的增加而提高，但是随时间的增加，黏附强度增大的速率越来越小，达到某一个数值以后，就不再增大。平滑度的变化情况同黏附强度基本一致。压光速度的确定应在综合考虑上光涂料的种类、印刷品特性、压光机的性能以及压力、湿度等因素的基础上合理地确定。

（6）光带的清洁维护

不锈钢电镀抛光带是涂料压光工艺的核心装置，光带的平滑光亮程度决定着涂料压光（磨光）的镜面光泽效果和产品质量。光带的维护保洁主要有两个方面，一是光带背面的维护保洁，二是光带正面即光泽面的维护保洁。光带背面由于要承受金属热压辊的压力，所以只要带入一点稍硬的异物和杂质，光带就会被压坏，出现凸起的压痕和麻点，不仅会影响产品的光泽效果，也会缩短光带的使用寿命，所以光带背面的维护保洁就显得特别重要。要经常检查设备滚筒上的清洁刮刀等是否处于正常状态，沉积物要即时清理，同时也要注意环境的保洁和严防异物的卷入。光带正面要特别注意保持清洁和防止划伤，光带表面不清洁或者有不易看见的沉积物都会使压光产品不亮或光泽发暗，同时也会影响剥离效果。光带正面的清洁还包括橡胶辊的清洁，胶辊不洁会导致光带表面不洁，所以必须及时和定期进行清洁处理。表面的沉积物需要用溶剂擦洗，清洗及剥离时不得使用金属及尖硬的刀片和器具，以免划伤光带。最有效的光带清洁维护方法是定期抛光，可以采用手提布轮抛光机抛光，也可以采用简易的活动抛光架进行。抛光可以明显改进涂料产品的镜面光泽和自动剥离效果。

（四）水性上光工艺

水性上光是以水溶性树脂或不同类型的水分散性树脂作为成膜物质的上光方法。水性上光涂布方法有柔性版水性上光涂布和胶印版水性上光涂布。

1. 柔性版水性上光工艺

（1）设备要求

①版材

水性上光采用柔版转移上光，可以使用各种柔印树脂版材，但不能使用水洗树脂版。也可以用上光辊涂，不过经验显现其展墨性不如树脂版。

②网纹辊

水性上光的墨层厚度取决于网纹辊的线数（lines/cm），网穴深度，及载墨量。通常水性上光建议使用 80 ～ 140 lines/cm（200 ～ 350 lines/in），网穴深度 15 ～ 30microns 的网纹辊。

③刮刀

由于使用刮刀，可使上光墨层表面光滑均匀，充分展示光泽，所以建议上光时最好使用刮刀。

（2）干燥速度

水性上光的干燥速度取决于光油自身干燥速度、网纹辊、印刷材质、烘道的温度及周围环境的湿度。光油 pH 太高、网纹辊线数太低、纸张 pH 高或含水指数高，或烘道温度低、热风不足及空气湿度大，都会降低光油的干燥速度。通常水性光油的印刷速度在 40 ～ 80m/min，如果速度太高，光油不能充分转移，反而会使上光效果受到削减。

2. 胶印水性上光工艺

（1）上光版的选用

如果需要整体上光，把橡皮装上即可。若需要局部上光，则采取挖橡皮的方法。具体做法是将用旧了的气垫橡皮布装到机器上，在套准各色组之后，选能反映出无须上光部分图文的一个色组和上光机组一起合压，再走几张白纸，使色组图文从纸上转移到上光橡皮布上，然后拆下橡皮布，把橡皮布上无须上光的部分用刀片划开表面两层（注意不要划破橡皮布底层），再用螺丝刀挖掉，挖好后再把橡皮装上即可。

（2）水性上光油的选择

目前，国内的水性上光油品牌不多，且大都有异味，对包装印刷有很大影响。有的水性上光油亮度不够，还有的印好后不能烫金。使用时应注意上光油既不能太浓也不能太稀。太浓在印品上会出现龟纹，甚至造成纸张剥皮；太稀则亮度达不到要求。胶印所用的维格拉高亮度 1158-50 型上光油效果比较理想。

（3）水性光油的干燥

干燥有红外线和热风干燥两种，红外线一般用来干燥油墨，热风则用于干燥光油。红外线与热风同时工作时，两者若配合不好会影响产品质量。若油墨已干而光油未干，则易出现粘脏。若光油干了而油墨未干，则易出现龟裂。一般情况下，红外线灯开 4 盏，热风控制在 75℃左右，在实际生产中还要根据不同产品进行调节。

（4）应注意的问题

上光衬纸不能切得太大，最好与图文相等，否则光油易甩出。局部上光时，衬纸加橡皮布的厚度为 2.60mm 左右；整体上光时，衬纸加橡皮布的厚度为 2.70mm 左右。橡皮布在量好尺寸后进行裁切时，应在拖梢部位以中点为原点向两边划成适当的小斜边，这样安装后有利于整块橡皮表面都绷紧，不积光油。

（5）光油的清洗

因为水性光油干得比较快，干后易结膜，必须清洗上光版，最好用热水清洗，洗不干净再用异丙醇清洗。为防止光油甩出弄脏其他部位，可在各辊轴上涂一层黄油，以便于清洗。

3. 水性上光工艺要求

水性上光的质量取决于水性光油的质量、印刷品的上光适性和涂布工艺过程的控制，同时也要根据不同的上光方式、不同的印刷载体和不同的产品要求进行综合调整，才能取得良好的上光效果。对于水性上光，除了与其他上光方法共同的要求以外，还应注意以下几个问题。

（1）水性光油的固含量

质量优良的水性上光油应该是低黏度高固含量的产品。如前所述，水性成膜物质是决定水性上光膜的光泽和物性的关键，因为溶剂（水和醇）和部分助剂在涂布干燥过程中基本都挥发到空气中，留在印刷品表面起反应产生上光效果的有效成分，主要是成膜树脂，也就是这里所说的固含量。水性光油与 UV 光油不同，黏度大小并不能完全反映固含量的高低，黏度低固含量高，即有效成分多的水性光油比较理想，光油的调整稀释及涂布过程都必须保证光油必要的固含量，否则上光效果就难以保证。目前一般实际使用的光油固含量，根据产品的不同，在 25%～45%左右。目前检测水性光油固含量，一般采用减量法，即用分析天平称取一定量的水性光油，在 120～150℃的恒温烘箱中烘 2 小时，冷却后再用分析天平称量，两数相减，即得固含量。

（2）水性光油的黏度和 pH

水性光油在涂布生产过程中的控制，实际上主要是对黏度和 pH 值的控制和调节，在上光全过程中，必须保持水性光油黏度和 pH 的稳定，以确保流平性好、均匀一致的平滑光亮的涂层。在水性上光过程中，由于光油中的水、醇和氨（胺）的不断挥发，光油的黏度会逐渐增大变稠，pH 相应降低，需要根据变化规律，定时适量地进行稀释和补加 pH 稳定剂。水性光油的稀释可以采用水、水和醇（主要是乙醇或异丙醇）的混合物，根据国内外的使用经验，水和醇的 1：1 混合液进行稀释效果最好，因为其降黏效果明显，而且可以保持干燥速度和减少气泡。水性光油的 pH 一般应保持在 8.5 左右，pH 过低会影响光油的水溶性，造成清洗和涂布困难，pH 过高则会影响干燥性能和成膜性能。

（3）印刷品的水性上光适性

水性上光对印刷品纸张上光适性的要求与其他上光方式的要求是一致的，表面粗糙、吸收性太强的纸张同样不适合水性上光，必要时也可以先上底胶填充纸张纤维毛孔，再上光油。过去水性上光容易引起纸张伸缩，发生卷曲等现象，由于水性光油的性能提升，已基本得到克服，但在使用薄纸上光时，对水性光油的品种要有所选择，并事先进行试验。水性光油对印刷品表面油墨的上光适性，要比 UV 光油优越得多，由于可以进行湿叠湿的上光，对绝大多数油墨具有广泛的亲和力，所以被广泛用于联机上光，特别是胶印印刷的联机上光。但就上光质量而言，则仍然要求印刷油墨在上光前尽可能干燥，因为在过湿的湿油墨表面上光后，往往容易发生"失光"（即光泽减退）和"应力龟裂"（即较厚的大面积油墨实地表面光油出现裂纹）等故障，而且湿叠干的上光比湿叠湿的上光具有更高的光泽效果和更优异的涂层性能。水性光油具有透明、无味、不泛黄、结膜干燥快、耐烟包热封、不起"水雾"等优势，已经使水性上光成为目前国内烟包印刷上光的主要上光方式。

（4）水性上光的助剂使用

水性光油和水性油墨一样，有不少性能优异的助剂，用以改善光油的使用性能和成膜性能，使上光涂布过程更加稳定和顺利，使上光后的涂层更加适应上光产品的要求。

水性助剂的品种很多，有 pH 稳定剂、稀释剂、慢干剂、促干剂、流平剂、滑爽剂、消泡剂、防霉杀菌剂、增稠剂、附着力促进剂等，可以根据不同的需要有选择地使用。例如，pH 稳定剂，这是水性材料特有的助剂，主要用于提高和稳定水性光油的 pH，同时又能起到降低光油黏度的作用，可以定时定量地少量加入。又如，滑爽剂、流平剂的少量加入可以提高水性光油的滑爽耐磨效果，但过多加入又会影响后加工的烫金和黏糊性能。对于助剂的性能与使用方法，各公司的产品性能、牌号有所差异，可以根据需要选择产品。

（五）UV 上光工艺

UV 上光即紫外线辐射上光。它是利用紫外线照射引发 UV 光油的瞬间光化学反应，在印刷品表面形成具有网状化学结构的亮光涂层。UV 上光使用的 UV 上光油不是靠传统的加热挥发干燥，而是利用紫外光的光能量使其固化。

UV 上光方法与传统的上光方法相比，具有光泽好、耐热、耐磨、耐酸碱及安全环保等许多明显的优势，而且用途更为广泛。近年来，国内由于包装印刷领域的广泛应用和取代传统塑料覆膜工艺在教科书和期刊封面的应用，UV 上光也得到了快速发展。UV 上光目前已经成为国内外最主要的上光方式，具有广阔的市场发展前景。

1. UV 上光固化机理

UV 上光固化是在印刷品表面均匀地涂布一层 UV 光油，再经紫外线照射，上光油体系内光引发剂的游离基引发树脂中的不饱和双键，迅速发生链式聚合反应，使上光油交联结膜固化。

```
  [PI]              紫外线        [PI*]
┌─────────┐   ─────────→  ┌──────────────┐   [游离基] + [低聚物] + [单体] ──→ ┌────────┐
│ 光引发剂 │                │ 激发态光引发剂 │                                      │ 聚合物 │
└─────────┘                └──────────────┘            固化涂层                  └────────┘
```

2. UV 上光工艺要求

UV 上光是目前应用最广、品种最多、涉及因素较为复杂的上光方式。要提高 UV 上光质量，应主要重视以下几个方面的要求。

（1）UV上光对印刷品的要求

由于UV上光油体系是丙烯酸环氧树脂作为预聚体，尽管上光油中添加了聚二甲基硅氧烷等流平、润湿助剂，力求降低上光油表面张力，增加附着力。但润湿含无机物质金粉、银粉油墨及烫印产品较为困难，需要特殊配制的产品，成本亦相应提高，故建议UV上光产品尽量不要含金、银粉油墨。且油墨中应尽量少用或不用含有钴、锰、铅等金属的催干剂，同时，严禁添加作为防滑剂的聚乙烯蜡等物质，以防止降低表面活性，影响上光油的附着力。

（2）UV上光油的选择

目前市场上销售的UV上光油品种很多，但至今还没有一种通用的万能上光油。需要根据产品的特点和要求、承印物的类型、上光的设备和方式以及后加工的需要等因素，合理地选择适合的品种和型号。

①承印物

承印物也称印刷载体，用于上光的印刷品，除常用的铜版纸、白卡纸、白板纸等纸张、纸板外，还有铝箔纸、真空镀铝纸、金卡纸、银卡纸、激光纸、合成纸及各种类型的不干胶纸等复合型的纸张、纸板，此外在包装印刷领域还大量使用着各种聚烯烃材料或表面涂敷有聚烯烃材料的承印物，如PE（聚乙烯）、BOPP（双向拉伸的聚丙烯）、PVC（聚氯乙烯）、PET（聚酯）等。作为适应上述不同承印物的UV上光油主要有两类，一类是以环氧丙烯酸酯树脂低聚物为主体的纸张及纸板类UV上光油；另一类是以聚氨酯丙烯酸酯和聚酯丙烯酸酯等树脂低聚物为主体，适应聚烯烃材料的UV上光油。这两类上光油依据不同的印刷产品和不同的上光方式，又有不同的黏度和不同的型号。

②上光方式

在UV上光领域，目前用于印刷品上光的手段和方式也是应用得最多的。其中应用得最为广泛的是辊涂上光和联机上光方式，此外还有淋涂上光、喷涂上光和印刷上光（其中特别是丝网印刷的局部上光，目前已较为普及）等，联机上光主要包括柔印联机上光、凸印联机上光、凹印联机上光和胶印联机上光，胶印联机上光又分"4+1"和"4+2"UV联机上光，"4+1"为胶印四色UV墨印刷加UV上光，"4+2"为胶印传统油墨四色印刷加上底胶和UV光油，此外胶印还有采用水斗上光和墨斗上光等不同印刷上光方式。上述不同的上光方式对所使用的UV上光油在黏度方面、光固化速度方面以及转移流平性能等方面亦有所不同。喷涂及淋涂上光所用的黏度最低，辊涂和凹印上光的黏度也比较低，一般15～25s（25℃，涂料4号杯，也称福特杯）就可以，柔印联机上光可以用网纹辊的粗细来控制涂布量，黏度可以在30～80s（25℃），丝网印刷上光、凸印上光和胶印墨斗上光则黏度比较高，丝网印刷上光油的黏度可以达到1Pa·s（1000cP）左右，胶印墨斗用UV光油则可以在5～10Pa·s（5000～10000cP），而胶印水斗光油则属于低黏度。联机上光的速度目前一般为50～200m/min，所以要求光固化干燥速度快、转移性能好、流平性好、气味小和附着力强。

③产品特点

产品的特点和要求不同，往往需要选择不同的UV上光油来适应。UV光油在彻底光固化后形成的涂层具有许多非常优异的性能，如光泽好、滑爽耐磨、耐水、耐热、耐醇、耐化学药品等，可以较好地满足绝大部分印刷品上光的需要。但是，随着包装印刷产品日益多样化、高档化和精品化，对 UV 光油的特殊要求和个性化要求也越来越多，许多新的 UV 光油品种也就应运而生。有的上光印刷产品要求具有抗静电功能，有的要求可烫电化铝，有的还要求能喷墨打印。在光泽方面除较常用的亚光光油（无反射光泽）外，还有珠光、金光、磨砂、冰花等多种光泽的 UV 光油品种。此外，有些产品还要求突出某些单项指标，如气味特别小、光泽特别亮、特别滑爽耐磨、耐高温及特别硬或特别柔韧等。要适应以上不同产品特点和需要的 UV 上光油，有些需要调整树脂低聚物与活性单体，但是最主要的是选择和加入合适的助剂及添加物，如亚光粉、珠光粉、抗静电剂、聚烯烃蜡、有机硅氧烷等。进行上光试验及上光后终端产品的适应性试验，是检验 UV 上光油品种和型号是否合适的最重要方法，此外事先向 UV 光油的生产供应厂商进行咨询，也是非常必要和有益的。UV 上光油国内目前尚无统一的规范和标准，下面有一份由一些单位起草供讨论的辊涂 UV 上光油标准，尽管尚有不足也未做定论，但仍可供参考（见表 2-1）。

表 2-1　辊涂 UV 上光油指标

项目		指标			
		烫金 UV 油	不打底 UV 油	低气味 UV 油	普通 UV 油
液体外观颜色		无色至浅黄色			
液体透明度		清澈透明或略浑浊			
非反应性溶剂含量①（质量分数/%），≤		5	5	5	5
黏度（25℃，涂4号杯/s）		20～100	40～100	20～100	20～100
固化速度（50mJ/cm²以上）/（m/min），≥		50	40	50	50
附着力/级，≤	不打底	1			
	打底	1	1	1	1
耐磨性（80g，A4复印纸）/擦花时次数，≥		25	30	30	30
光泽②（60°）/%，≥		80	80	85	85
烫金性/级，≤		1			
储存稳定性（80℃±2℃，两天，黏度变化值）%，≤		45			
涂膜外观		无异常			
涂膜柔韧性		涂膜对折不爆裂			

A. 按没有稀释的产品进行测定。使用时，可以加入稀释剂进行稀释，但所加入的稀释剂比例不应大于15%。非反应性溶剂是指UV固化时不参与化学反应的溶剂，如甲苯、二甲苯、乙酸乙酯、乙醇、异丙醇等。

B. 有不同光泽要求时，可根据具体情况进行商定。

（3）印刷品的 UV 上光适性要求

要确保 UV 上光质量，除 UV 上光油的品质外，印刷品的上光适性也是非常重要的因素。大部分的印刷品上光后都能起到"增光添彩"和"锦上添花"的作用，但也有一些印刷品上光后反而"弄巧成拙"，上光后的效果还不如未上光的产品。印刷品是否适合上光，主要是由印刷品的上光适性决定的。印刷品的上光适性，一般是指纸张类承印物的上光适性和印刷品表面油墨层的上光适性。UV 上光所能达到的光泽效果，主要取决于承印物和油墨质量。纸张和纸板是印刷信息符号的载体，是油墨的载体，也是 UV 上光油的载体。纸张的质量决定着印刷品的质量，也决定着 UV 上光的质量。纸张是由纤维组成的多孔物质，纸张的平滑度和吸收性直接影响 UV 光油固化后的成膜状态。纸张的平滑度越高，UV 上光的效果就越好。表面粗糙、渗透吸收性特别强的纸张，一般不适合上光，而且特别不适合 UV 上光，因为 UV 光油在涂布后未见光前不能挥发成膜，其向纸质内部的渗透能力比其他类型的上光油强得多，甚至会渗透污染到纸张背面，不仅会影响到纸张表面发暗泛色，还会影响到后加工的黏糊性。在 UV 上光前先涂布一层底胶封孔，可以相应改善上述状况。

油墨的性能和状态也是决定印刷是否适合上光的重要因素。UV 油墨、水性油墨、溶剂性油墨的印刷品一般均可以直接联机 UV 上光，而氧化聚合型的胶印油墨、凸印油墨由于干燥速度慢、与 UV 光油的浸润和兼容性能差，一般都不宜直接联机进行 UV 上光。油墨干燥不好是引起 UV 光油排斥和光油不能彻底固化的重要原因，在不干的油墨表面，UV 光油难以润湿、铺展和流平，无法形成连续的平滑光泽膜面，容易造成涂不上、发花、附着力差、光泽不好，甚至不耐水等弊端。油墨耐光性及耐溶剂性不好，容易在 UV 固化过程中发生油墨变色及起皱等问题。油墨调配不当或含有机硅氧烷及蜡类等防黏成分较多，以及油墨表面晶化等，都会影响 UV 光油的流平、润湿和附着能力，难以形成高质量的 UV 上光涂层。正确认识和了解印刷品上光适性对上光质量的影响，进而采取相应的措施，对提高 UV 上光产品的质量是非常重要的。

（4）UV 上光油的正确使用

UV 上光工艺主要在于涂布过程和光固化过程两个重要环节，正确地掌握工艺条件和控制其中的主要因素是至关重要的。

①黏度和涂布量

根据不同产品的情况，选择采用合适的 UV 光油黏度和涂布量，可以获得最佳的涂布上光效果，一般在保证均匀流平效果的情况下，稍涂厚一些，会有助于提高光泽。控制黏度应配置必要的黏度计（如涂 4 号杯、察恩杯等）。

②光源强度

彻底的光固化是保证 UV 上光质量的关键，否则 UV 上光的特点和优势就不存在，紫外光源的强度和发射波长是光固化的基础条件，辊涂上光机光源强度必须大于 $50mJ/cm^2$，联机上光需达到 120W/cm，而且要注意灯管老化，及时更换灯管。

③严格控制非反应性稀释剂的加入

非反应性稀释剂如乙醇、异丙醇、乙酸乙酯、甲苯等溶剂，均可以稀释降低 UV 光油的黏度，但由于不含反应基团，不能参与 UV 光油的交联固化反应，所以在光固化过程中必须将这些溶剂挥发完全，UV 光油才有可能彻底固化。如果溶剂残留在固化的涂层中，其危害性是很大的，不仅使光油表面发粘、残留气味大、光泽减退，还会造成附着力差、不耐水、不耐磨、不耐化学药品等诸多故障，这些情况在低温高湿的环境下更容易产生，所以必须严格控制。UV 光油的稀释最好采用能参与光固化反应的活性稀释剂。

④妥善存储

UV 光油的存储条件比一般上光油严格，必须避光、避热存储，而且要防止杂物混入，UV 光油保质期一般为 6 个月，存储温度最好小于等于 25℃。

⑤上光速度的控制要求

上光速度，即涂布机速度，应根据上光油的固化速度和涂布量决定。上光油的固化速度快，则涂布机速度也可提高，这时涂层流平时间短，涂层相对较厚，反之则相反。另外，涂布机速度还与涂布机固化光源的条件、印刷品状况等因素有关。

⑥通风装置要求

由于 UV 上光中采用的是紫外线灯管，在生产过程中易产生臭氧（O_3），加之 UV 上光油虽然固体含量高，溶剂少，但仍有一部分是溶剂，并在使用稀释剂中不断加入溶剂，这些溶剂虽然无毒，但有一定的气味。故厂家在进行 UV 上光时，应结合厂房实际情况，在涂布及烘道装置上安排通风装置，为 UV 上光提供良好的作业环境。

任务四　影响上光质量的工艺因素分析

（一）影响上光涂布质量的工艺因素

上光涂布过程实质上是上光涂料在印刷品表面流平、干燥的过程。影响上光涂布质量的主要因素有印刷品的上光适性、上光涂料的种类及性能、涂布加工工艺条件等。

1. 印刷品的上光适性

印刷品的上光适性主要是指承印纸张及印刷图文性能对上光涂布的影响。

（1）纸张

上光涂布质量与纸张的性能有关，特别是纸张表面的平滑度、吸收性。高平滑度的纸张很容易使上光涂料在其表面流平并形成理想的镜况而成为平滑度较高的膜层。低平滑度的纸，表面粗糙，甚至凹凸不平，上光涂料很难流平和形成镜面反射，光泽效果就不理想。因此，纸张表面平滑度越高，上光效果越好。实际生产中，如果遇到表面平滑度较低的纸张，为了增强上光效果，一般在涂布上光涂料前先在纸张表面涂布一层底胶（如干酪素底料），即常说的打底，或者二次上光。纸张表面的吸收性，会影响上光涂料从涂布开始至干燥一段时间内的流平性。这主要是因为纸张吸收了上光涂料的低分子成分（如溶剂），使上光涂料在一段时间内黏度升高，涂料层在纸面上流动的内部阻力增加，流平困难，不能形成连续膜层，光泽效果不好，这是纸张的吸收性较好的结果。按一般的道理，吸收性较好的纸张表面平滑度不会太高，双重因素的影响使印刷品的光泽效果大幅度下降。当纸张的吸收性较差时，上光涂料中的低分子成分不能在一定的时间内被吸收，上光涂料的黏度不能在一定的时间内上升到理想的程度，上光涂料就不能在一定的时间内凝固和结膜，光泽效果同样不理想。因此，生产中应根据实际生产条件和纸张的吸收性、平滑度，及时对上光工艺和上光涂料做相应调整。例如，印刷品吸收性过强，可以适当增加上光涂料的黏度，缩短流平时间，降低干燥温度；印刷品的吸收性太小，可以适当延长流平时间，提高干燥温度和选用干燥适性好的上光涂料。表 2-2 列出了几种印刷用纸的平滑度、吸收性。

表 2-2　几种印刷用纸的平滑度、吸收性

纸张种类	平滑度/s	吸收性/s	纸张种类	平滑度/s	吸收性/s
铜版纸（进口）	800 ~ 1000	60 ~ 75	白板纸（国产）	100 ~ 180	45 ~ 55
铜版纸（国产）	550 ~ 800	55 ~ 65	胶版纸（进口）	300 ~ 550	35 ~ 50
白板纸（进口）	150 ~ 280	50 ~ 65			

（2）油墨质量

印刷于纸张表面的油墨质量，也是影响上光质量的一个重要因素。油墨层的亲和性、油墨的颗粒大小会直接影响上光涂料的涂布质量和流平性。如果油墨不能与上光涂料很好地糅和，上光涂料就不能很好地在纸张表面形成平滑的膜层；如果油墨的颗粒较大，颜料的分散度较小，上光涂料就不能在纸张表面很好地铺展，也就不能形成高质量的连续膜层；当印刷墨层干燥不好时，同样不会得到理想的光泽效果，甚至会产生砂眼、气泡等故障。此外，印刷油墨必须具备耐溶剂性和耐热性，否则印刷品图文就会变色或产生起皱起皮等现象。解决方法是在选择印刷用墨时注意以下几点：①要选用耐醇类、酯类溶剂，耐酸碱的油墨；②要选用经久不变色而且光泽良好的油墨；③要选择对纸张有良好黏着性的油墨。

（3）印刷品晶化对上光质量的影响

印刷品晶化现象主要是由于印刷品放置时间过久、印件底墨面积过大、燥油加放过多等原因。墨膜在纸张表面产生晶化现象，往往会使上光油印不上去或者产生"花脸""麻点"等现象。为了解决这个问题，一般在上光油中加入 5% 的乳酸，经搅拌后即可使用。这种改性后的上光油涂到印刷品上，使印刷品表面玻璃化晶膜受到破坏，就能够使上光油均匀地涂布到印刷品的表面上，形成亮膜。

2. 上光涂料本身的性质与性能

上光涂料因本身的组成结构不同，对承印物的附着力、黏度及一定时间内的黏度变化、表面张力、干燥速度等性能不尽相同。在相同的工艺条件下，得到的上光膜的效果也就不同。上光涂料的黏度对涂料的流平性和润湿性有重要影响。当被涂布的印刷品表面情况不同时，安排涂料的黏度也应不同。因此，在确定上光涂料的黏度时，应当对涂布、干燥、压光等各个环节中黏度值的变化予以全面考虑，使黏度在各个阶段都能与阶段要求相适应。例如，对吸收性而言，同一吸收强度的纸张对上光涂料的吸收率与涂料的黏度成反比，即涂料的黏度值越小，吸收率越高。因此，当涂料的黏度值较小时，由于涂布过程中纸张对涂料的吸收率较高，流平过程中涂料的黏度值变化较大而且变化较快，使得涂布至流平的过程中，初始阶段黏度值可以满足流平要求，后续阶段黏度值变化较大或者突然增大，涂层很难继续流平，流平过程过早结束，上光涂料膜层不能形成连续膜层而影响了上光效果。光固化型涂料如 UV 涂料和热固型涂料在干燥过程中存在着结构黏度的变化，在涂布过程中不仅要考虑外部条件引起的黏度值的变化趋势，也要考虑涂料本身的结构黏度变化对涂料黏度值的影响。

上光涂料的表面张力也是影响涂布质量的重要因素。表面张力小的上光涂料，能够较容易或较好地润湿、附着、浸透各类印刷品的表面，具体来说，表面张力驱使上光涂料的表面面积降低，使其流平成为光滑而均匀连续的膜层；表面张力较大的上光涂料，对印刷品表面的润湿受限，当上光涂料的表面张力值大于印刷品表面油墨层的表面张力值时，涂布后的

上光涂料层会产生一定的收缩，甚至出现砂眼。上光涂料中溶剂的挥发速度，对上光涂布的质量也有较大的影响。溶剂挥发太快，上光涂料的黏度变化在一定时间内过大，流平性骤然变化，趋向不良，涂层来不及流平，不能形成连续的膜层，会出现条痕、砂眼，还可能诱发潮气凝结（溶剂挥发过程为吸热过程），使干燥后的涂层出现龟裂和变污即涂层发白现象；如果溶剂挥发太慢，会引起上光涂料干燥太慢，硬化结膜受阻，抗污抗粘性不良及类似问题，这时应提高干燥速度或降低涂布速度。因此，上光涂料溶剂的挥发速度应与印刷品的适性和使用的上光涂布设备相适应。

综上所述，印刷品上光涂料的使用，不仅要从印刷品的上光适性、上光剂的性能、上光工艺条件方面考虑，还要从干燥源效率、涂布环境、上光后印刷品的使用及后工序加工等多方面考虑。通常的规律是，环境温度高、空气相对湿度低，适于选用黏度小的上光涂料；上光产品需烫金或裱糊加工的，应选用化学性能相对稳定的上光涂料；涂布速度高，应选用干燥性能好的上光涂料。表 2-3 列出了常用上光涂料的理化性能。

表 2-3　常用上光涂料的理化性能

涂布方式	涂料种类（名称）	膜层平滑度	光泽度	耐水性	耐摩擦性	附着强度	防粘连性	稳定性	涂布适性	泛黄程度
脱机上光	氧化聚合上光涂料	2	3	2	2	2	3	2	1	3
	溶剂挥发型上光涂料	1	2	3	4	3	3	3	1	2
	热固化型上光涂料	3	2	2	3	3	2	1	1	
	光固化型上光涂料	1	1	2	3	2	3	3	2	3
	水性上光涂料	3	2	4	2	2		4	2	3
联机上光	水性上光涂料	2		3	2	2		3	1	3
	丙烯酸酯树脂上光涂料	2	2	3	1	1	3	2	2	3
	硝基树脂上光涂料		2	2				3	1	
	UV上光涂料	1	1		3	2		2	1	
	氨基醇酸树脂上光涂料		1	2		3	2	2		3
	聚酯树脂上光涂料	3	1	1	1	2	3	2	1	4

1-好；2-良好；3-一般；4-稍差

3. 涂布工艺条件的选定

上光涂布中工艺条件的选定，对涂布质量有很大影响。如果控制条件不符合工艺要求，就得不到理想的质量效果。涂布过程中，涂布量、干燥温度、涂布速度等因素起重要作用。

（1）涂布量

上光涂布的涂布量要适当，涂层要均匀。均匀适量的涂层上光后光泽度高；如果涂布量太小，涂料不能形成完整的连续膜层，干燥压光后平滑度差；如果涂布量太大，涂料能够形成连续、完整的膜层，但涂料膜层较厚，增加了成本，涂布和压光过程中温度相对要提高，干燥时间加长，印刷纸张含水量减少，纸纤维变脆，如果不能及时采取有效措施加以补救，压光后印刷品表面容易折裂。确定上光涂料的涂布量时，应考虑涂料的种类、印刷品的表面情况、涂布条件，使涂层既能覆盖印刷品表面，又不过厚。涂布量的改变，可以通过调节上光涂布机控制机构或改变涂布速度实现，变化量较小时，还可以通过改变涂料的浓度来实现。对于浸涂法，还可以通过调节压辊的压力来控制涂布量，合适的压力有利于准确控制涂布量，如果压力太大，会出现涂布不均或漏涂现象。

（2）涂布速度

涂布机速度根据上光涂料的固化时间和涂布量决定。在干燥条件不变的情况下，上光涂料的固化结膜时间短，机速应快些，否则，涂料的黏度值变化大，来不及流平，易出现条痕；当固化时间长时，机速应慢些，为涂料的流平、干燥提供必需的时间。对同一种上光涂料来说，机速快，涂料流平时间短，涂层厚；机速慢，涂层流平时间长，涂层薄。涂布机速还与干燥条件、印刷品的性质有关。上光涂布中，涂布机速决定了干燥时间的长短和温度的高低。同一涂料，机速快，干燥时间缩短，为达到相同的干燥效果，就必须适当提高干燥温度；机速慢，干燥时间增长，为防止干燥过度，应适当降低干燥温度。涂布量与干燥温度和干燥时间的关系是：在相同的干燥温度下，涂布量与干燥时间成正比；在相同的干燥时间条件下，涂布量与干燥温度成正比。

（3）温度对上光质量的影响

上光的温度在 18～20℃，能够取得最理想的效果。冬季，上光油很容易凝固，上光产品的表面亮膜不均匀。为了解决这个问题，上光油需要存放在保温的地方。如果上光油的温度过低，必须适当地加入溶剂稀释。

（4）干燥温度的影响

上光涂料的组成和印刷品表面性能也影响干燥时间和干燥温度的确定。当印刷品表面吸收性强时，涂料层的中小分子物质渗透加强，干燥速度提高，应适当缩短干燥时间和降低干燥温度。印刷品所处环境的相对湿度，对干燥条件的选定有一定的影响。其原因如下。其一，空气中的水分在涂布过程中进入涂料层，影响了溶剂的综合挥发速度；其二，空气中的水分大量存在，抑制了溶剂的挥发。在其他条件不变的情况下，湿度增加一倍，干燥时间延长近两倍。因此，在空气含水量高的情况下，应尽量提高干燥温度和延长干燥时间。同一涂料，不同湿度下的干燥趋势如图2-5所示。

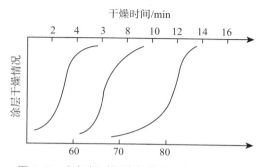

图2-5　空气相对湿度与涂层干燥变化趋势

1、2、3为同一种上光涂料在不同湿度下的涂层干燥情况

上光涂布中，干燥条件的控制应依据上述的特性，对包括干燥温度、风量、干燥装置等条件合理调整。如果涂层干燥不彻底，溶剂挥发不完全，膜层内残留的溶剂量超出要求，上光效果下降，压光时溶剂受热膨胀或挥发，容易产生气泡或砂眼、或粘连压光带；如果干燥过度，膜层的变形值增大，或变软，印刷品发脆。干燥时间的控制，可以通过改变干燥机构的距离，改变涂布速度实现。干燥温度的控制，由调节干燥机构加热源的功率来实现。干燥道空气的流速对涂层的干燥有一定影响。固体热传导干燥中，太高的空气流速，会降低干燥温度；辐射干燥中，在保证干燥源与被干燥涂层合理距离的基础上，空气速度选择的原则是对射线的吸收率最小为好。

（二）影响压光质量的工艺因素分析

在压光过程中，影响压光效果的因素主要有压光温度、压力和压光速度。

1. 压光温度

压光过程可分为三个阶段：热压、上光、冷却剥离。压光过程中的热压，使涂料膜层的分子热运动能力提高，扩散速度加快，有利于涂料层中主剂分子对印刷品表面的二次润湿、附着和渗透（一次润湿是指上光涂料的涂布），增强了二者之间的接触效果；适当的温度使印刷品与上光带间形成良好的黏附作用；一定温度条件下涂料膜层塑性提高，在压力作用下，平滑度得到大幅度提高。但是压光温度不能太高，否则，涂料层黏附强度下降，变形值增大，印刷品的含水量骤减，不利于上光和剥离。如果压光温度太低，涂料层未能完全塑化，对印刷品的二次润湿、附着、渗透不够，涂料层不能很好地黏附于压光板和印刷品表面，影响了压光效果。压光温度选择的原则：在印刷品能达到工艺质量要求的情况下，温度适当调高。温度调整得是否合适可通过压光加工中的某些现象粗略判断：印刷品能与压光带紧密黏附，经压光、冷却后能在收料端较容易地剥离下来，印刷品的膜层平滑光亮，可判断为温度合适；如果印刷品在压光中途脱落或到终端剥离困难，印刷品表面膜层有起泡、平滑度差等缺陷，则说明温度不合适。在温度调整时，冷却系统应作相应调整。

2. 压光压力

压光压力是影响压光效果的重要因素。涂布干燥的膜层中，涂料分子的排列并不十分紧密，其间存在许多微小的孔穴。一定温度下，涂料的塑性增加，分子间移动加剧，膜层的体积发生变化。当外界没有压力或压力不够时，体积变化不够明显；当外界压力达到一定值时，体积变化非常显著。在压光过程中当加在涂料层上的压力达到 10～30MPa 时，涂料分子移动加剧，涂层变薄。涂层的变薄程度，可用体积变化的百分率表示，称为压缩比。设压缩比为 K，加压前涂层的体积为 V，加压后减少的体积为 DV，压缩比为：K ＝（DV/V）×100％。压缩比越大，说明涂料层被压缩的体积越大，有利于在涂层表面形成光滑的膜层；相反，则说明涂料层被压缩的体积太小，不利于形成光滑的膜层。但是过大的压缩比，说明压光压力太大，会使印刷品的延伸性和可塑性降低、韧性下降、铰链效应减弱（铰链效应是指纸张内层分离或弯曲时，应力向纸背鼓胀，减少纸张表面的断裂和拉伸），产品再经模切、折叠、裱糊等加工时，表面易破裂。偏高的压光压力，会使印刷品剥离困难。

压光中压力调整的原则是：在能达到压光效果的情况下，尽量使用小的压力。这样不

仅有利于压光印刷品加工和保证印刷品的压光质量,还可以延长压光机各部件的寿命。图2-6
为压光压力与膜层平滑度变化的趋势。

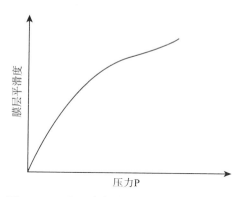

图2-6　压光压力与膜层平滑度变化的趋势

3.压光速度（固化时间）

压光速度也是影响压光效果的因素之一。压光速度的影响,一般从上光涂料在压光中
的固化时间（或称为上光时间）方面理解。在上光涂料与上光带接触时,上光涂料分子活动
能力随涂层温度降低而减弱,如果固化时间太短,减弱速度很快,涂料成分中的分子与印刷
品表面不能充分作用,干燥、冷却后膜层表面平滑度低,涂料层对纸张表面的黏附力差。上
光膜层的平滑度、黏附强度一般随固化时间的增加而提高,但是随着时间的增加,黏附强度
增大的速率越来越小,达到某一定值时,就不再增大,平滑度的变化情况如同黏附强度的变
化。压光速度的确定应在考虑上光涂料的组成、印刷品的特性、压光机的性能及压力、温度
等因素的基础上,合理地确定。

任务五　纸基印刷品上光质量要求及检验方法

（一）质量要求

（1）外观要求：表面干净、平整、光滑、完好、无花斑、无皱褶、无化油和化水现象。

（2）根据纸张和油墨性质的不同、光油涂层成膜物的含量不低于 3.85g/m^2。

（3）A级铜版纸印刷品上光后表面光泽度应比未经上光的增加30%以上,纸张白度降
低率不得高于20%。

（4）印刷品上光后表面光层附着牢固。

（5）印刷品上光后应经得起纸与纸的自然摩擦不掉光。

（6）在规格线内,不应有未上光部分,局部上光印刷品,上光范围应符合规定要求。

（7）印刷品表面上光层和纸张无粘坏现象。

（8）印刷品上光层经压痕后折叠应无断裂。

（二）检验方法

（1）外观

按标准要求，用目测检验。

（2）光泽度

在印刷品上光前后的相同部位，成 75°角，用纸和纸板镜面光泽度测定法测试。

（3）白度

在印刷品无图文的空白部位，用纸和纸板白度测定法漫射 / 垂直法，进行上光前后的白度对比测试。

（4）耐折性

上光后印刷品，经对折后用 5kg 重压辊与折痕处滚一次无断裂。

（5）牢度

用国产普通粘胶带与印刷品成大于 170°角缓慢粘拉。

（6）耐粘连性

印刷品上光后，取不少于 1000 张纸张，在温度 30℃、压力 200kgf/m² 的条件下，经 24 小时叠放，进行耐黏性测试。

任务六 掌握上光设备

上光设备按其加工方式可以分为脱机上光设备和联机上光设备两类。脱机上光设备即除印刷外的专用上光设备。在脱机上光设备上只能完成上光涂布或压光的工作。根据设备组合的情况，又可分为普通脱机上光设备和组合式脱机上光设备。

普通脱机上光设备指的是上光涂布机和压光机两类单机。加工时，印刷品先由上光涂布机涂敷上光涂料，待干燥后，再在压光机上压光。这类单机上光设备，生产组织结构简单，设备投资少，使用灵活方便，但是增加了工序之间的运输转移工作，生产效率较低。

组合式脱机上光设备是由上光机、压光机等以积木式或其他形式组成的上光机组。这种机组的最大特点是，可以根据被加工印刷品工艺性质的需要，形成不同的组合形式。组合式脱机上光机组，各部分既能连成整体工作，又能分别独立工作，使用灵活，操作方便，维修容易，是印刷品上光加工的理想设备。另一类是联机上光设备，即将上光机组连接于印刷机组之后，当纸张完成印刷后，立即进入上光机组上光。联机上光的特点是速度快、效率高、加工成本低，减少了印刷品的搬运，克服了由喷粉所引起的各类质量故障。但是，联机上光对上光技术、上光涂料、干燥源以及上光设备的要求都较高。

（一）普通脱机上光设备

1. 上光涂布机

上光涂布机按其印刷品输入方式，可分为手续纸的半自动机和机械输纸的全自动机两种形式。半自动机结构简单、投资少，使用方便灵活；全自动机工作效率高，劳动强度低。按上光涂布时干燥源的干燥机理又可分为固体传导加热干燥和辐射加热干燥两种类型。按加工对象范围，可分为厚纸专用型上光机和通用型上光机。上光涂布机主要由印品输入机构和传送机构、涂布机构、干燥机构以及机械传动、电器控制系统等组成，如图 2-7 所示。

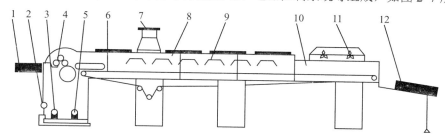

图 2-7　上光涂布机结构

1- 输入台；2- 涂料输送系数；3- 涂布动力机构；4- 涂布机构；5- 输送带传动机构；6- 印品输送带；
7- 排气管道；8- 烘干室；9- 加热装置；10- 冷却室；11- 冷却送风系统；12- 印品收集装置

（1）涂布机构

上光机涂布机构的作用在待涂印品的表面均匀地涂敷一层涂料。它由涂布系统和涂料输送系统组成，常见的涂布方式有三辊直接涂布式和浸入逆转涂布式两种。三辊直接涂布式的涂布部分由计量辊、施涂辊、衬辊组成。工作原理如图 2-8 所示。

上光涂料由出料孔 1 或喷嘴均匀地喷洒在计量辊 5 与施涂辊 2 之间，两辊反向转动，由计量辊控制施涂辊表面涂层的厚度。而后由施涂辊将其表面涂层转移涂覆到输送台 4 上印品的待涂表面上。施涂辊与计量辊之间的间隙越小，涂层越薄。另外，涂层的厚度与涂料黏度呈正比关系。涂布辊组装有的压力调整机构可适应不同重量印品的涂布加工。浸入逆转涂布式的涂布部分由贮料槽 2、上料辊 3、匀料辊 4、施涂辊 5 和衬辊 6 组成，其工作原理如图 2-9 所示。

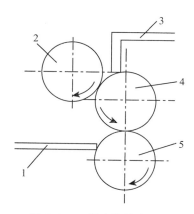

图 2-8　三辊直接涂布示意图

1- 输送台；2- 计量辊；3- 出料孔；
4- 施涂辊；5- 衬辊

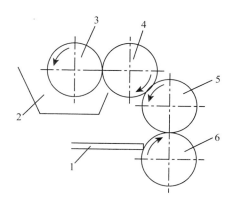

图 2-9　浸入逆转式涂布示意图

1- 输纸台；2- 贮料槽；3- 上料辊；
4- 匀料辊；5- 施涂辊；6- 衬辊

涂料由自动输液泵送至贮料槽，上料辊浸入贮料槽中，辊表面将涂料带起并经匀料辊传至施涂辊。匀料辊的主要作用是将涂料均匀地传给施涂辊及控制涂层厚度。而后施涂辊将涂料涂敷转移到输纸台 1 上印品的待涂表面上。

按涂料供给方式逆向辊涂布可分为从上方供料和从下方供料两种类型。前者称顶部供料逆向辊涂布，如图 2-10 所示；后者称底部供料逆向辊涂布，如图 2-11 所示。

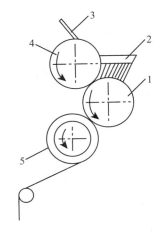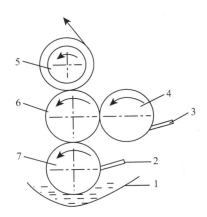

图 2-10　顶部供料逆向辊涂布示意图

1- 涂布辊；2- 料槽；3- 刮刀；
4- 计量辊；5- 衬辊

图 2-11　底部供料逆向辊涂布示意图

1- 料槽；2- 刮边器；3- 刮刀；4- 计量辊；
5- 衬辊；6- 涂布辊；7- 上料辊

涂层厚度的改变，可以通过调整各辊组间的工作间隙或改变涂布机速以及涂料的流变特性实现。涂布过程中为使涂料浓度和上料辊浸入涂料液面深度不变，上光涂布机通常设有涂料自动循环补偿装置。顶部供料适用于涂料黏度非常大的场合，底部供料适用于涂料黏度较小的场合。底部供料可不用挂料辊，而将涂布辊和计量辊（也称调量辊）直接部分浸入料槽中。

逆向辊涂布各辊之间的间隙对涂布质量影响较大，间隙大小可以方便调节。一般情况下，衬辊与涂布辊之间的间隙为原纸厚度的 80% 左右，计量辊与涂布辊的间隙一般在 0.05 ～ 2mm，视涂布量与涂料性质而定。

为了获得满意的涂布质量，无论哪类涂布方式，涂料的输送一般采用自动循环系统，最常用的是液泵自动循环系统。该系统由液泵、贮料槽、输出管、输入管道等组成。其结构和工作原理如图 2-12 所示。

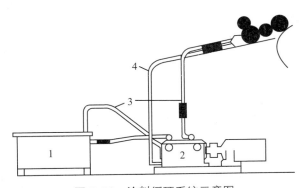

图 2-12　涂料循环系统示意图

1- 涂料贮存容器；2- 输料泵；3- 涂料输出管道；4- 涂料输入管道（涂布槽）

（2）干燥机构

干燥机构的作用是加速涂料的干燥结膜，实现上光涂布机的连续性涂布。根据其干燥机理不同，干燥的形式可以分为固体传导加热干燥和辐射加热干燥两种。固体传导加热干燥装置由加热源、电气控制系统、通风系统构成，是目前常用的加热干燥形式。干燥源为普通电热管、电热板等。干燥源产生热能后，由通风系统将热能送入密封的干燥通道中，使干燥通道的空气温度升高。进入通道的印品表面涂层受周围高温空气的影响，分子运动加剧，涂层中的溶剂挥发速度加快，便可达到迅速干燥成膜的目的。

辐射加热干燥装置一般由辐射源、反射器、控制系统等构成。其能量来自红外线辐射、紫外线辐射、微波辐射等。这种干燥方式前景广阔。红外线干燥机理是，进入涂层的红外线部分被涂层吸收，转变为热能，涂层的原子和分子在受热时运动加剧，从而使涂料温度升高，起到加速干燥的作用。可被紫外线辐射干燥的上光涂料，是一些能由自由基激发聚合的活跃的单体或低聚物的混合物。在干燥过程中，上光涂料经紫外光辐射后，产生游离基或离子并起交联反应，形成固体高分子，从而完成上光涂料的干燥过程。

上光机结构见视频 2-1（全面上光机结构）和视频 2-2（局部上光机结构），请扫描本页二维码观看。

视频 2-1

2. 压光机

压光机是上光涂布机的配套设备。涂布在印品表面的涂料层干燥后，再经压光机压光，可大大提高上光涂层的平滑度和光泽度。压光机主要由印品输送机构、机械传动、电气控制系统等部分组成，其基本结构如图 2-13 所示。

视频 2-2

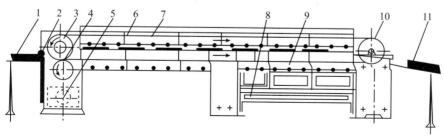

图 2-13　压光机结构示意图

1- 印品输送台；2- 高压油泵；3- 热压辊；4- 加压辊；5- 调速电机；6- 压光钢带；
7- 冷却箱；8- 冷却水槽；9- 通风系统；10- 传输辊；11- 印品收集台

压光机的工作方式为连续滚压式。印品从输纸台输送到热压辊 3 与加压辊 4 之间的压光带下，在温度和压力的作用下，涂层贴附于压光带表面被压光。压光后的涂料层逐渐冷却形成一光亮的表面层。压光带是经特殊处理的不锈钢环状钢带。热压辊内部装有多组远红外加热源。加压辊的压力多采用液压系统，可满足压光对压力的调节要求。压光速度可由调速电机或滑差电机获得，形成一层光亮的表面膜层。

压光带是经过特殊抛光处理的不锈钢带焊接而成的环状带，在传动机构驱动下作定向、定速转动。环形带的松紧度可由张紧机构随意调整。压光过程中的热能由热辊内部的多组红外加热源提供，压光的工作温度由电气控制系统任意调定，温度传感器自动反馈，仪表直接显示，以实现压光过程中温度的恒温控制。

加压辊压力多采用电气液压式调压系统，可以精确地满足压光要求。

压光速度由调速驱动电机或滑差电机经减速系统控制，可根据不同的压光加工要求，实现无级变速。

（二）组合式脱机上光设备

组合式脱机上光设备是以上光机、压光机中的基本机构或装置，按模块的方式组合而成的上光机组。一般由自动输纸机构、涂布机构、干燥机构和压光机构等组成。其各部分机构及原理与普通上光设备基本相同。可根据被加工印刷品的工艺性质，形成不同的组合形式。如由输纸机构、涂布机构、干燥机构和压光机构组成整机，使上光涂布、压光一次完成；由输纸机构、涂布机构、干燥机构组成的机组，完成上光涂布的加工；由输纸机构、压光机构实现压光加工。

（三）联机上光设备

联机上光设备是将上光机组连接于印刷机组之后组成印刷上光设备。当印刷纸张完成印刷后，立即进入上光机组上光。这种上光机组由多色印刷部分和上光部分组成，其结构简图如图2-14所示。

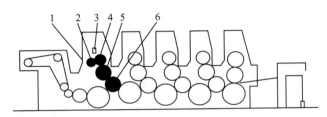

图2-14 联机上光机组结构示意图

1- 贮料槽；2- 计量辊；3- 出料口；4- 送料辊；5- 匀料辊；6- 涂布辊

每一组包括贮料槽1、计量辊2、出料口3、送料辊4、匀料辊5和涂布辊6。印刷部分与多色胶印机的结构及原理相同，上光部分因上光涂料的供给方式不同分为两用型联动上光装置和专用型联动上光装置两种类型。

1. 两用型联动上光装置

两用型联动上光装置是将版面润湿装置改造后的联机上光装置，这种装置既能在正常印刷时进行版面润湿，又能用来上光。其结构如图2-15所示。

它与胶印机连续给水方式的结构与原理基本一致。上光涂布中，首先由水斗辊将涂料从贮料斗中带起，计量辊按上光要求调节供给量后，由串水辊传送至靠版辊，再经印刷滚筒传至橡皮滚筒，然后由橡皮滚筒将其涂布到印刷品表面。上光涂料的计量是通过改变水斗辊的转速及调整计量辊同水斗辊间的间隙实现的，为保证涂布中涂料供给量的稳定，涂布机构设有速度自动补偿控制系统。两用型联动上光装置，上光涂料的供给连续性强、均匀度高；可以有效利用印版滚筒的套印精度及压力的精确调整，提高上光涂布质量。

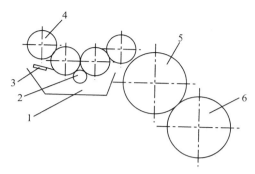

图 2-15 两用型联动上光装置示意图

1- 贮料斗；2- 水斗辊；3- 刮刀；4- 计量辊；5- 印刷滚筒；6- 橡皮滚筒

2. 专用型联动上光装置

它是在印刷机组之后，安装一组专用上光涂布机构，这部分结构及工作原理如图 2-16 所示。

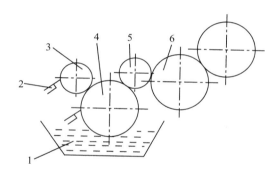

图 2-16 专用型联动上光装置

1- 涂料；2- 刮刀；3- 计量辊；4- 上料辊；5- 传料辊；6- 涂布辊

上料辊 4 将涂料从料斗带出，由计量辊 3 和刮刀按上光要求控制涂料量，再由传料辊 5 将涂料传递到橡皮滚筒的涂布辊 6 上，而后涂布到印刷品表面。

专用型上光装置结构简单，操作使用及维修方便，成本低。由于用橡皮滚筒作涂布辊，不但能将上光涂料理想地涂敷到印品表面，而且依靠涂布辊自身的弹性作用，对表面平滑度较差的印品，也能够获得满意的上光效果。

任务七 上光作业过程

（一）生产前准备工作

（1）阅读《交接班记录》，了解前一班生产、设备状况。

（2）巡视检查机台周围卫生状况，光油等辅料堆放状况，发现问题及时报告主管。

（3）依据《机台日、周、月保养表》对该机器进行保养并做记录。

（4）阅读《生产信息日报表》《生产作业单》和《产品流转卡》。

（二）生产作业准备

（1）依据《生产信息日报表》的排程，仔细阅读作业单，并领取相应的涂料。

（2）按后工序相关参数规定，用量杯测出所需涂料的流速（如达不到标准则进行调整），把涂料加入工作桶。

（3）调试机器。

①开动胶泵和上光辊部分装置。

②缓缓调节下铁滚筒刮刀直至铁滚上无涂料痕迹。

③根据纸张厚薄，上料要求，调节上胶棍与铁滚筒之间间隙，直至涂料均匀，料量适中，以工艺参数上胶量为准。

④按不同涂料的要求，调节散热风扇及紫、红外线加热量。

⑤根据印件的规格、尺寸调节飞达及输纸部分直至能顺畅输送印件。

（三）生产作业

（1）自检：目测平整光亮度进行自检，填写《品质记录单》。

（2）将上完涂料的印件收齐，并按不同的作业要求进行堆放。

（3）产品更换时进行彻底清场，特别注意看样台上的样张不能遗留，以防混入下一产品中。

（4）更换印件时，必须准确完整填写流转卡，并将《产品流转卡》交给印后车间调度员。

（四）生产作业结束工作

（1）关闭紫、红外加热装置。

（2）清洁机器及周围环境，收拾所有辅料及生产工具。

（3）填写《生产信息日报表》和相关表单，做好《交接班记录》并与接班人员做相关交接工作。

（4）待转动皮带完全冷却后，关闭电源。

（五）安全操作注意事项

视频 2-3

（1）非本机台人员不得随意操作。

（2）在机器上进行停机清理、排除故障或进行机内维修时，必须按下安全锁定按钮。

（3）每天检查上胶部分、电加热部分及输纸部分是否正常。

（4）因故突然停电必须人工拉动传动皮带，待其冷却之后才能停止。当操作人员离开机台时，必须关闭紫、红外线加热系统。

视频 2-4

（5）输送带停止的情况下严禁开启紫、红外线加热装置。

上光机运行见视频 2-3（上光机运行）和视频 2-4（RHW-UV 系列上光机运行），请扫描本页二维码观看。

任务八　上光常见故障及解决方法

上光加工中，常会出现各种故障，不同的上光工艺，所出现的故障具有不同的内容，下面就不同上光工艺所出现的常见故障及解决方法做一阐述。

（一）溶剂型上光常见故障及解决方法

1. 涂层表面出现条痕或起皱

（1）故障原因

①上光涂料的黏度太高。

②上光时涂料的涂布量大。

③上光涂料对印刷品表面墨层润湿性不好。

④涂料流平性差、上光的工艺条件与印刷适性不匹配。

（2）解决办法

①加适量稀释剂，降低上光涂料的黏度。

②减少上光涂料的涂布量。

③按工艺条件，调整工艺参数，符合上光涂料的适性要求。

2. 粘连

（1）故障原因

①涂层太厚，涂层内部的溶剂没有挥发出来，溶剂残留量高。

②涂料本身的干燥性差，造成涂层干燥不良。

③烘道温度低。

（2）解决办法

①降低涂料的涂布量，使涂层减薄。

②改用干燥性能好的上光涂料。

③提高烘道的温度，加速涂层溶剂挥发干燥。

3. 光亮度差

（1）故障原因

①印刷品纸质差、表面粗糙，吸收性强。

②上光涂料质量差，成膜光泽度低。

③涂料浓度低，涂布量不足，涂层太薄。

④烘道温度低，溶剂挥发速度慢。

（2）解决办法

①纸质差，先涂布上光底油，干后再涂上光油。

②涂料质量差，调换优质上光涂料。

③提高涂料浓度，适当加大涂布量。

④提高烘道温度，加速涂层溶剂挥发。

4. 上光涂层不均匀，有麻点、气泡

（1）故障原因

①油墨层已晶化，上光涂料涂不上去，产生"麻点""花脸"；

②光油表面张力大，与印刷墨层润湿差；

③上光涂布工艺不合适，如上光的环境温度差、印刷油墨对上光的适应性差、上光涂布时辊涂的压力是否均匀、光油的储存时间长等，都有可能造成涂布不均匀。

（2）解决办法

①在上光油中加入5%的乳酸，搅拌后涂布到印刷品表面，由于乳酸能破坏油墨晶化表面，使上光涂料均匀涂布；

②加入表面张力低的溶剂或少量的表面活性剂，以降低上光涂料的表面张力；

③调整上光的涂布工艺。

（二）水性上光常见故障及解决方法

1. 光泽不好，亮度不够

（1）故障原因

①纸质太粗，渗透吸收力过强。

②涂布量不足，涂层太薄。

③上光油黏度小，固含量不足。

④印刷品表面油墨不干。

⑤涂布环境温度低、湿度大。

⑥上光油内在质量不佳。

（2）解决方法

①适当提高上光油黏度。

②加大涂布量。

③上光前应使油墨充分干燥。

④纸质太粗，应先涂一层底胶。

⑤提高环境温度和烘干温度。

⑥更换光泽好的水性光油。

⑦可少量加入流平助剂。

2. 干燥不好，表面发粘

（1）故障原因

①水性光油涂布过厚。

②光油黏度偏高。

③烘道温度及热风不足。

④光油 pH 太高。

⑤涂布压力不匀，局部涂布过厚。

⑥机速过快，特别是印刷载体为非吸收表面时。

（2）解决方法

①调整降低光油黏度，稀释剂采用乙醇和水 1：1 的混合溶液。

②适当减少涂布量。

③调整压力，使涂布均匀一致。

④加强烘道温度及热风。

⑤光油 pH 一般应控制在 8 ～ 9。

⑥根据产品情况，调整机速。

⑦可适量添加快干型乳液。

⑧更换使用快干型水性光油。

3. 表面涂布不匀，有条纹及橘皮现象

（1）故障原因

①光油黏度过高。

②光油涂布量过大。

③涂布压力调整不合适。

④涂布辊表面太粗糙，不光滑。

⑤光油干燥太快。

⑥光油流平性差。

⑦油墨不干，排斥光油。

（2）解决方法

①上光前油墨应充分干燥并清除粉尘。

②调整好涂布压力，使涂层均匀一致。

③涂布辊粗糙、老化或变形，应重磨或重制。

④适当降低光油黏度。

⑤适当减少涂布量。

⑥少量加入慢干助剂或 pH 稳定剂。

4. 上光过程气泡多

（1）故障原因

①光油黏度偏高。

②光油 pH 偏低。

③循环搅拌过度。

④胶盘、胶桶中光油量不足。

⑤机速过快。

（2）解决方法

①降低光油黏度。

②适量加 pH 稳定剂，提高 pH。

③适量加水性消泡剂，要充分混匀且最多加入量不宜超过 1%。

④加大光油供给量。

⑤适当降低涂布速度。

5. 光油清洗困难，易结皮

（1）故障原因

①水性光油干燥过快。

②光油 pH 偏低。

③光油水溶性差。

④停机时间长，未及时清洗。

⑤环境温度过高。

（2）解决方法

①加入慢干剂，降低干燥速度。

②加入 pH 稳定剂，提高 pH，改善水性光油的水溶性。

③停机时应及时清洗。

④临时停机，光油循环系统应保持继续运作。

⑤清洗困难时，可采用水量清洁剂或乙醇进行清洗。

（三）UV 上光常见故障及解决方法

1. 亮度不好，光泽度差

（1）故障原因

①光油的黏度小，涂层太薄。

②纸张粗糙，平滑度差，吸收性过强。

③网纹辊细，涂布辊供油量少。

④乙醇等非反应型溶剂稀释过度。

⑤印刷品表面油墨不干。

⑥油墨排斥光油，造成发花和不匀。

⑦UV 上光油质量差，光亮度不好。

⑧温度低，湿度高。

⑨光源老化，光油固化不彻底。

⑩UV 光油中混入杂质，不干净。

（2）解决方法

①适当提高 UV 光油的黏度，增加涂布量，在不影响涂布流平均匀光滑的情况下，尽可能稍涂厚一些。

②纸质太粗，应涂布一层水性底胶或溶剂型底胶。

③UV 上光前油墨需充分干燥。

④如因油墨原因，造成光油排斥、发花或影响光油与油墨的附着力，应先上一层底胶。

⑤必须使 UV 光油充分光固化，如发现光源老化应及时更换灯管。

⑥应尽量减少非反应型稀释剂（如乙醇、乙酸乙酯、甲苯等）的加入，以免影响 UV 光油的彻底固化。

⑦选用流平性好、光泽度高的 UV 光油。

2. 表面发粘，残留气味大

（1）故障原因

①紫外光强度不够，灯管老化，未能充分固化。

②非反应型稀释剂（乙醇等）加入过多，影响 UV 光油的彻底固化，特别是在温度低、湿度大的情况下，这种影响则更为严重。

③上光油涂布过厚或严重不均匀。

④上光机速过快，UV 光油的固化干燥速度不适应。

⑤ UV 光油中的活性稀释剂质量差，气味大，光引发剂不合适，造成残留气味大。

⑥光油存放时间过长，造成容器内气体聚集。

⑦印刷油墨不干，影响 UV 光油彻底固化。

（2）解决方法

①确保 UV 光油的充分彻底固化，是避免表面发粘，减少光油残留气味的最有效途径。

②高压汞灯的输出功率应不小于 120W/cm。

③要及时更换灯光。紫外灯管一般使用寿命为 1000 小时左右，频繁启动会大大缩短使用寿命，紫外光固化取决于高压汞灯发射的有效紫外波长，老化即意味着有效紫外波长的减退，所以不能等灯管不亮或坏了才更换。

④要尽量减少非反应型稀释剂的使用，适当提高光固化过程的温度，有助于非反应稀释剂的挥发，减少对光固化的干扰。

⑤选择固化干燥速度快、气味小的 UV 光油品种。

⑥必要时可以加入一定量的 UV 光油固化促进剂，以加速 UV 光油的彻底固化干燥，加入量一般为 2%～5%。

3. 油墨与光油发生排斥，光油涂不上或发花涂不匀

（1）故障原因

①油墨不干和油墨故障是造成上述现象的最主要原因。

②油墨中加入燥油、调墨油或撤黏剂过多，或加入硅油等防黏助剂以及油墨表面晶化等，都会形成与 UV 光油排斥，造成涂不上或涂不匀，出现发花、麻点、针孔等现象。

③油墨表面喷粉后黏附粉尘太多。

④ UV 光油黏度小，涂层太薄。

⑤ UV 光油表面张力大，润湿、流平、亲油能力差。

（2）解决方法

①需进行 UV 上光的产品，应在印刷前做统一考虑，避免使用与 UV 光油相斥的油墨助剂，防止蜡类、硅类等防黏材料游离迁移至油墨表面。

②上光前印刷油墨充分干燥并清除粉尘。

③可使用亲油性较好的底胶打底，防止油墨排斥，提高 UV 光油与油墨的附着力。

④用纱布擦去迁移至油墨表面的防黏层往往也是一种实用有效的方法，但要注意最好边处理边上光，不宜重新堆积。

⑤选用润湿亲油能力较好的 UV 光油，并使 UV 光油适当涂布厚一些。

⑥采用 UV 油墨、水性油墨和溶剂型油墨的印刷品不容易发生上述故障。

4. 上光不匀，有条纹、橘皮、麻点等现象

（1）故障原因

①UV 光油黏度过高，流平性差。

②涂布网纹辊太粗，涂布量太大。

③涂布橡胶辊粗糙不光滑。

④上光机胶辊与压印滚筒间的压力不均匀。

⑤胶盘或盛 UV 光油的容器不干净，有杂质、粉尘及沉积物混入光油中。

⑥印刷油墨表面粉尘太多。

（2）解决方法

①降低光油黏度，减少涂布量。

②调整上光机压力，使之均匀一致。

③涂布胶辊应磨细磨光。

④如光油中有杂质，应彻底清洗胶盘及容器，将 UV 光油重新过滤后使用。

⑤印刷品表面要充分干燥并清除粉尘。

5. UV 光油变稠，有凝胶现象

（1）故障原因

①UV 光油存储时间过长，超过安全保质期，开始出现交联现象。

②储存条件不合适，储存温度偏高。

③UV 光油存储存放未能严格避光。

④UV 光油中光引发剂加入过量。

（2）解决方法

①UV 光油应严格避光避热存储，一般储存温度以 5 ～ 25℃为宜。

②UV 光油一般安全保质存储期为 6 个月，如果保存得好，目前一般有效期均可大大延长。

③如产品尚未完全交联，可以过滤后适当稀释使用。

6. UV 光油耐水性差

（1）故障原因

①UV 光油光固化干燥不彻底是最主要原因。

②印刷品表面油墨不干，影响 UV 光能底层固化，特别是水性油墨干燥不好，则影响更为严重。

③UV 光油中含乙醇等亲水性非反应型稀释剂过量，光固化过程未能完全挥发，残留在固化涂层中，影响耐水性。

（2）解决方法

①上光前印刷品表面油墨需充分干燥，特别是水性油墨。

②必须保证 UV 光油充分固化，注意检查光源是否老化、机速是否太快及乙醇是否加入过多等，并及时进行调整。

③必要时可以更换固化速度快、抗水性强的 UV 光油。

7. 上光后纸张发暗变深

（1）故障原因

①纸张粗糙、吸收渗透性太强，特别是背面颜色较深的灰底白板纸等，由于 UV 光油的浸润和渗透，背面的颜色会泛至表面，形成纸张变色变暗。

② UV 光油与挥发性光油（如水油光油及溶剂型光油）的干燥原理和性质不同，由于 UV 光油在未见紫外光前不能成膜干燥，所以其浸润渗透能力要比其他类型的光油强得多。

（2）解决方法

①特别粗糙疏松的纸张、纸板不适合直接进行 UV 上光，可以选用其他上光方式。

②背面颜色较深的灰底白板纸等，如需进行 UV 上光，应先在表面涂布一次水性底胶或溶剂型底胶，填充纸张纤维毛孔，以减少吸收渗透，防止泛色。

8. 在非吸收材料表面附着不好

（1）故障原因

①非吸收性承印材料（如 PE、PET、BOPP 等）大部分属非极性材料，表面浸润能力差，如未进行表面电晕处理，则较难黏合附着。

② UV 光油的配方组成不合适，收缩率大，柔韧性、附着力及底材浸润能力差。

③光源强度不足，未能彻底固化。

（2）解决方法

①充分彻底的光固化，特别是底层的浸润和固化，是黏合附着的先决条件。

②聚烯烃材料表面上光前需进行电晕处理，使其表面张力达到 38 ～ 40 达因左右（380 ～ 400mN/cm）。

③需选购或配制专用的 UV 上光油，不能使用普通的纸印刷品上光油，光油中应增加聚氨酯丙烯酸酯及氯化聚酯丙烯酸酯等成分。

9. UV 上光涂层泛黄

（1）故障原因

① UV 光油原材料不纯，本身颜色深。

②光油中使用的光引发剂有泛黄现象。

③ UV 光油存放时间过长，颜色变深。

④光源强、固化时间长，受紫外光照射过度。

（2）解决方法

①选用透明无色的 UV 上光油。

②避免使用易引起泛黄变色的光引发剂。

③调节光源及机速，避免过度曝光。

④必要时可补加少量增白剂。

10. 耐磨和耐刮擦性差

（1）故障原因

①光油光固化不彻底，未能形成网状结构的坚韧涂层。

②油墨未能充分干燥，影响 UV 光油的彻底固化。

③光源强度不足，机速太快，影响 UV 光油彻底固化。

④UV 光油中加入乙醇等非反应型稀释剂太多，影响 UV 光油的彻底固化。

（2）解决方法

①确保 UV 光油的充分光固化，是 UV 光油耐磨和耐刮擦的基础条件。

②印刷品表面应充分干燥。

③选用硬度较高、韧性较好的 UV 光油。

④光油中可加入少量聚乙烯蜡、有机改性硅氧烷等助剂，提高滑爽耐磨性能。

11. 上光后电化铝烫印不上

（1）故障原因

①UV 光油中含硅、蜡等滑爽防黏成分较多，影响电化铝附着。

②电化铝选用的型号不合适。

③烫电化铝的温度、压力不合适。

④油墨表面不干，影响光油底层固化。

（2）解决方法

①选用可烫电化铝的专用 UV 光油。

②选用可烫印塑料的电化铝。

③相应调整烫印工艺的温度压力。

④对已上好光的产品，可以用少量乙醇擦拭去已迁移至光油涂层表面的有机硅或蜡的微量成分，然后再进行烫金。

12. UV 上光后，纸张易折裂

（1）故障原因

①纸张本身纤维性质较脆，易折裂，特别是较厚的纸及纸板。

②UV 光油及底胶涂布过厚。

③UV 光油性质太硬，柔韧性不足。

④纸张含水量太少，过于干燥。

⑤光源过强，紫外光固化曝光过度。

⑥压痕、模切等后加工工艺不匹配。

（2）解决方法

①选用韧性较好、不易折裂的纸张。

②减少 UV 光油涂布量，降低涂层厚度。

③选择柔韧性较好的 UV 光油，也可在 UV 光油中少量加入增塑剂和柔韧助剂。

④在保证光油固化的基础上，尽量避免紫外光过度曝光和烘烤。

⑤采用有效措施，改善印刷品含水量，必要时可以采用喷湿、过水等措施。

⑥调整后加工工艺，使其与厚纸印刷品加工相适应。

※ 思考题

1. 什么是上光？

2. 上光的作用是什么？

3. 上光涂料的基本要求是什么？

4. 什么是 UV 上光？

5. UV 上光的优点是什么？

6. 影响上光质量的因素有哪些？

7. 什么是三辊直接涂布式上光？

8. 什么是浸入逆转涂布式上光？

9. 什么是涂料压光工艺？它的特点是什么？

10. 说明压光机的工作原理。

11. 什么是联机上光设备？其特点是什么？

12. 上光涂布机的干燥形式有哪几种？

13. 根据上光认知实践完成一份实践报告，内容包括上光工艺和上光设备主要结构的调节。

项目三 烫印

学习目标：

1. 了解烫印的原理和特点。
2. 掌握烫印材料，能正确、合理地选用电化铝箔。
3. 熟悉电化铝箔烫印工艺，掌握烫印质量要求。
4. 熟悉烫印设备的类型，掌握烫印机的工作原理。
5. 能根据烫印的印件正确、合理地选用烫印机。
6. 了解立体烫印，熟悉全息标识烫印。
7. 熟悉扫金工艺，掌握扫金机的工作原理。

任务一 认识烫印

（一）烫印定义

烫印是借助一定的压力与温度，将金属箔或颜料箔烫印到印刷品或其他材料表面上的整饰加工技术，俗称烫金。通常采用的烫印工艺主要有热烫印、冷烫印、凹凸烫印、全息烫印、素面银烫印等（其中素面银烫印是随着印刷和烫印工艺的发展，又衍生出的激光素面、银色烫印的工艺，前一种是先烫印，然后在烫印的素面银色的位置上再印刷，后一种是在印后产品上烫印银色激光字体等）。

烫印的实质是胶印，是把烫金纸上面的图案通过热和压力的作用转移到承印物上面的工艺过程。烫印时，烫金纸的粘结层熔化，与承印物表面形成附着力，同时烫金纸的离型剂的硅树脂流动，使金属箔与载体薄膜发生分离，载体薄膜上面的图文就被转移到承印物上面。之所以转移会进行，在于热熔胶受热产生粘接力而离型剂受热粘接力消失。烫印具有独特的金属光泽和强烈的视觉效果，使其装饰的产品显得格外华贵和富丽堂皇。

采用现代烫金方法，可以使印品表面同时具有多种颜色的金属质感的图案，另外还可以把不同的烫压效果结合起来。烫金除具有表面整饰功能外，还有一个重要作用就是防伪。在美国和欧洲，绝大多数证件或证书都利用烫金及全息烫印作为防伪手段。在苏联，烫金使用更为普遍，如香烟包装和伏特加标签之类的产品，为了促销都用金属箔进行表面整饰，利用全息图案防伪。这种安全防伪标志同时也是产品品质的象征。

（二）烫印的特点和应用

随着市场经济的发展，人们对商品包装、书籍封面等印刷品提出了更高的要求，既需要光谱色彩，又需要金属色彩。而烫金加工所创造的独特的视觉效果是其他印刷方法都无法提供的，烫金产品除具有较强的吸引力与连锁效应外，还显示在其增值性上，潮水般的消费品与名牌产品已越来越多地凭借其华丽的包装和标签来增加其货架展示效果，这是因为人们在确认所要购买的商品时，需要对商品发出的信号做出积极反应，这是一种天性。书刊封套、化妆品包装、CD 盒套与巧克力包装采用烫金技术，有助于显示其独特而精美的形象。

烫金的最大特点是独特的金属光泽和强烈的视觉对比，采用这种技术加工的印刷品显得格外华贵，因此，烫金已成为提升商品包装与画册装帧价值的常用手段。

目前，各种各样的烫金加工手段丰富，适用于各种商品根据需要选择，从金属外观的高光、丝光或亚光箔到彩色或珠光效果的电化铝箔，都有其适用的领域和独特的整饰效果。烫印的应用范围十分广泛，除了用于书刊封面的点缀，还广泛应用于月历、年历、贺卡、产品说明书等，特别是包装装潢印刷品的表面整饰；烫印不但可以在印刷品、纸张表面进行，还可以在塑料、皮革、棉布等表面完成。

任务二　掌握烫印材料

烫印材料种类很多，主要有金属箔、粉箔、电化铝箔、复合箔、全息烫印箔和辅助材料等，它们各自具有不同的性能。

（一）金属箔

金属箔是有好的延展性，带有特定光泽和能与印刷油墨产生一定对比和反差颜色的金属，如金、银、铜、铝等，经过压延而成极薄的箔片，并在箔片成品收卷之前，对其一面以一定层厚预先均匀涂布上胶黏剂，而制成可用于烫印的金属箔。

1. 金箔

金箔外表十分华丽，不容易与空气中的氧结合而失去光泽，最主要的，它是金属中延展性极好的金属之一，它能做成厚度仅为 100mm 的箔片。烫金时，可以把裁好的箔片贴在事先已刷过黏合剂的地方，然后进行烫印，这种方法速度慢、质量不高；另一种烫金方法是把金箔粘贴到蜡质纸基上，在金箔的另一面涂上黏合剂，使其能在烫金机上进行持续操作，这种方法比上一种方法烫印速度高、烫印质量好。

金箔颜色偏红，也叫赤金箔。金箔柔软细腻，光泽好，不氧化而能长久保持其颜色和光泽，烫出的产品光洁美观，但金箔价格昂贵，限制了它的使用，只限于在一些经典的、珍贵的高级画册和书籍上烫印，进行装饰。

2. 银箔

银也是延展性很好的金属，碾压而成的箔片比金箔略厚，颜色为银白色，有闪烁的金属光泽。银箔质地也较柔软，可长期使用而保持良好的外表，光洁美观，价格比金箔便宜，但仍为贵重金属。因此，银箔的使用范围也很有限，一般只是较高级的书籍画册才用银箔来烫印。

3. 铜箔

铜箔是以浸蜡的透明纸或塑料薄膜（如聚酯薄膜）为片基，涂上一层蜡或树脂，再撒上铜粉制成。撒铜粉时，用橡胶辊在蜡或树脂仍在熔融状态时轧均匀，这层铜粉有足够的厚度，经橡胶辊挤压之后呈鳞片状，可反射出光来，然后将多余的铜粉用刷子除去，再在铜粉层上涂一层黏合剂。由于铜的外表很像金子，因此又把铜箔称为假金箔，不过，铜在大气中会氧化发黑，烫上的铜层经过一段时间会失去原有的光泽。铜粉在使用时，也容易因摩擦而脱落，因此，常把铜箔烫印在封面的凹处，以减少摩擦，保护铜粉不脱落。

4. 铝箔

铝具有银一般的色泽，所以铝箔也称为假银箔。铝箔质地不如银箔柔软，最大的缺点是容易氧化而发黑，不过其价格便宜，也得到了一定的应用。

（二）粉箔

粉箔是在片基上涂布一层由颜料、黏合剂、高分子助剂（如聚醋酸乙烯乳剂）及溶剂混合而成的涂层，这一涂层可在烫印压力作用下转移到烫印物体上，形成带色的印迹。

粉箔的片基是一些抗拉力较好的薄片，如半透明纸、用蜡浸过的纸或者是聚合物片基，如涤纶薄膜等。它的作用是支持粉箔涂层，便于取卷、贮藏和运输。在片基和颜色涂层之间要涂布一层隔离层，这也是蜡或树脂一类的物质，既要保证颜色涂层与片基结合，又要在烫印时能使颜色涂层与片基分开。颜料是粉箔的主体，颜色涂层里的颜料有各种颜色。为了使颜料能与被烫印材料紧密结合，需有连结料把颜料包裹起来，连结料是一类聚合物，有醇溶性和水溶性两种，如水溶性聚醋酸乙烯乳胶等。有些醇溶性聚合物则需加酒精稀释，以利于涂布。由于颜色涂层本身就有黏合剂，因此一般不必再涂一层黏合剂，不过也常有再涂一层虫胶的情况，以增强颜料的附着能力。颜色层涂布较薄，厚度约为10mm，过薄则印迹不饱满，过厚将增加成本，也影响烫印效果。

粉箔的烫印温度较电化铝烫印温度低，对材料适应性较弱，某些型号的粉箔只适应某几种材料的烫印。

（三）电化铝箔

电化铝箔是一种在薄膜片基上真空蒸镀一层金属箔而制成的烫印材料。电化铝箔可代替金属箔作为装饰材料，以金和银色为多。它具有华丽美观、色泽鲜艳、晶莹夺目、使用方便等特点，适于在纸张、塑料、皮革、涂布面料、有机玻璃、塑料等材料上进行烫印。它是现代烫印最常用的一种材料。

1. 电化铝箔的结构

电化铝箔由两个主要的薄层组成：聚酯薄膜片基和转印层。这两个主要的薄层又可分解为5种不同材料组成的层次（见图3-1）。

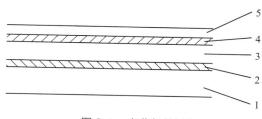

图 3-1　电化铝箔结构

1- 聚酯薄膜片基；2- 隔离层；3- 染色层；4- 镀铝层；5- 胶粘层

（1）聚酯薄膜片基

片基层是转印层的载体，常采用有很好拉伸强度的双向拉伸聚酯薄膜为基膜片基（也有使用双向拉伸涤纶薄膜）。片基厚度为 12～25mm，用于向印刷品表面转印的其他各层物质依此黏附在片基表面上。对片基性能的要求如下。

①耐热　在烫印工作温度作用下，不能产生收缩变形和因温度升高而熔化。

②抗拉强度大　在烫印过程电化铝箔放料、烫印热压合、烫印成品收料的拉伸、热压、拉伸综合作用力下，不产生超出标准的尺寸变化、张力不一致的变形，更不允许有断裂现象发生。

（2）隔离层

隔离层也称为脱离层、剥离层，其厚度为 0.01mm。它的作用是隔离镀铝转印层与片基层形成直接亲和，保证在烫印时镀铝转印层能完整与片基层脱离。也可用黏附力较小的连结料均匀地涂布在片基层表面。

（3）染色层

染色层也称为颜色层，是电化铝箔的色彩层，其厚度为 1mm。在烫印热压力共同作用下，染色层因有机硅脂的隔离作用，迅速从薄膜片基上全部转移到印刷品基材表面。染色层经烫印后表面光滑明亮，以自身具有的颜色覆盖在图文表面。

染色层由合成树脂和颜料组成。常用的合成树脂有聚氨基甲酸酯、硝化纤维素、三聚氰胺甲醛树脂、改性松香脂等。将树脂和颜料溶于有机溶剂中配成染色层涂料。因树脂有较好的透明度和成膜性，当染色层涂料涂布到片基已预先涂刷的有机硅隔离层上后，随着烘干过程染色涂料中有机溶剂的挥发，即结为具有耐热性的透明色层。各种颜色的染色层在铝层衬托下，各自发出不同颜色的闪光。如用黄色颜料，就金光闪闪；如用能全部反射入射光线的颜料（颜料在形成晶格时，有两种情况。一种是阳离子和阴离子的电子轨道半径大小相等或接近，在空间分布时形成对称晶格，这种物质对光线不发生选择性的吸收，投以白光，反射白光，投以红光，反射红光；另一种是阳离子和阴离子的电子轨道半径大小不等，在空间分布时形成不对称晶格，故它对光线的吸收就有选择性，可随晶格的不对称情况而显出不同的颜色），则呈底衬镀铝的银色光辉；加入其他红、绿、蓝、紫等颜料，则是五彩缤纷，绚丽夺目，美不胜收，起到金属箔所没有的多彩效果。

（4）镀铝层

镀铝层厚度为 0.02mm，它的作用是给染色层一个能产生金属光泽的底衬。利用铝具有高反射率的特点，能较强地反射光线的光学特性，使与染色层反射出的色光综合成为有金属光泽参与和烘托的彩光。

（5）胶粘层

胶粘层厚度为 1.50mm，它是把由甲基丙烯酸甲酯与丙烯酸的共聚物热塑性树脂、古巴胶或虫胶、松香溶于有机溶剂，或经表面活性剂聚合，制成溶剂型或乳液型胶黏剂，通过涂布机均匀涂布在真空镀铝层的表面，经烘干后形成。烫印加工时，胶粘层受热熔融，产生良好的亲和力，在烫印机的热压力作用下完成转印层在隔离层作用下向印刷品载体表面的转移，把电化铝箔黏结到被烫印整饰加工的印刷品表面。

2. 电化铝箔的分类

电化铝箔有多种分类方法，主要有以下几种。

（1）按颜色分类

电化铝箔的颜色有金色、银色、大红色、棕红色、蓝色、绿色、草绿色、翠绿色、淡绿色等数十种颜色。其中金色最为常用，其次是银色。

（2）按光泽分类

电化铝箔按光泽可分为高光泽类、雾度消光泽类、压线折光泽类和全息散射光类 4 种。

（3）按纹理分类

电化铝箔按呈现纹理可分为平滑镜面类、线条纹理类、网格纹理类和仿生（动物皮革、植物木纹等）纹理类 4 种。

（4）按烫印基材分类

电化铝箔以对纸张印刷品进行烫印装饰为主。随着新工艺、新技术、新材料的采用，现已能扩大到对皮革、人造革、棉布、绒布、绢绸、塑料、覆膜制品、上光制品、UV 油墨、金属、木材、玻璃等多种基材进行表面整饰。

3. 电化铝箔的型号

（1）电化铝箔的型号

电化铝箔因烫印性能和烫印材料的不同而分为不同的型号。如上海产电化铝箔就按 $1^\#$ ~ $18^\#$ 分出 18 种不同用途的型号（见表 3-1）。常用的电化铝箔有 $1^\#$、$8^\#$、$12^\#$、$15^\#$、$18^\#$ 等。

表 3-1　电化铝箔型号示例

生产厂家	型号	烫印基材
上海	$1^\#$	油墨印层色浅、质地较松的纸张、皮革、丝绸
	$8^\#$	油墨印层色深的印刷品、木材、漆布、皮革
	$15^\#$	塑料薄膜及软塑料制品
	$18^\#$	底色是金、银墨和粗线条或大实地的纸张印品、皮革
浙江	$8^\#$	油墨印层为深色的印刷品
	通用型	油墨印层为浅色、质地较松的纸张、皮革、塑料
日本中井金丝株式会社	NV	纸张、粗面纸、日本纸及布
	NA	纸张、油墨印刷品
	NS	一般纸、油墨印刷品、涂料纸
	NP	上光印品
	PP	覆膜制品、PP 合成纸
日本尾池工业株式会社	24222	铜版纸、涂料纸、印刷纸、层压纸、人造革、尼龙
	12KL30	

（2）电化铝箔的规格

电化铝箔的规格为片基厚度和长宽尺寸。

（1）片基厚度：12mm、16mm、18mm、20mm、25mm。

（2）长宽尺寸：450mm×60000mm；日本产电化铝箔为600mm×60000mm。

使用时可按加工产品规格的实际需要，进行宽度的分切。

4.电化铝箔的质量要求

电化铝箔的质量好坏主要是以能否适应各种不同烫印物的特性，烫印出光亮、牢固、持久不变色的图文为标准。

电化铝箔的质量应符合如下要求。

（1）光亮度和外观质量

电化铝箔的光亮度要好，色泽符合标准色相要求，涂色均匀，不可有条纹、色斑、色差等，烫印后色泽鲜艳闪光。光亮度主要决定于电化铝箔的镀铝层和染色层。电化铝箔表面无发花、砂眼、皱褶、划痕等，涂布均匀，卷取均匀。

（2）粘着牢固

电化铝箔表面的胶粘层能与多种不同特性的烫印物牢固地粘着，并且应在一定温度条件下，不发生脱落、连片等现象。对特殊的烫印物，电化铝箔胶粘层要使用特殊黏合材料，以适应特殊需要。粘着牢固度还与烫印时间、烫印温度和烫印压力等工艺条件有关，调整烫印工艺也可以改善电化铝箔烫印的牢固程度。

（3）箔膜性能稳定

电化铝箔染色层的化学性能要稳定，烫印、覆膜、上光时遇热不变色，表面膜层不被破坏，烫印成图文之后，应具有较长期的耐热、耐光、耐湿、耐腐蚀等性能。

（4）隔离层易分离

隔离层应与片基层既有粘着，又易脱离。电化铝箔产品生产、运输、贮存过程中不得与片基层脱离。当遇到一定温度和压力时，即刻与片基层分离，受热受压部分要分离彻底，使铝层和染色层顺利地转印到烫印材料表面，形成清晰的图文。没有受热受压部分仍与片基层粘着，不能转移，转移部分和非转移部分要界限分明、整齐。

（5）图文清晰光洁

在烫印允许的工作温度范围内，电化铝箔不变色，烫印"四号字"大小的图文清晰光洁，线条笔画之间不连片或少连片。电化铝箔的染色层涂布要均匀，镀铝层无砂眼、无折痕、无明显条纹。印迹清晰是电化铝箔的重要性能。烫印出的字迹应无毛刺，这与隔离层和胶粘层黏合力大小、涂布是否均匀有关。

（6）电化铝卷轴平直

电化铝箔卷轴平直，松紧均匀，不粘连。

5.电化铝箔烫印的适应性

电化铝箔的型号、性能不同，烫印适应性也不同。电化铝箔烫印材料主要有纸张、纸板及纸制品、漆膜、塑料及塑料制品、皮革、木材、丝绸和印刷品油墨层。各种材料的结构、表面质量、性能各不相同，要求电化铝烫印的适性也不相同，如空白纸张与有墨层纸张的性能不相同，对烫印的要求就有差异。

烫印图文的形式有文字、线条和实地。文字分大号字和小号字；线条有粗线条和细线条，所有这些差别对电化铝箔都有不同要求。一般情况下，烫印粗线条图文和大号文字，要求电化铝箔结构松软，染色层容易与片基层脱离；烫印细线条图文和小号文字，要求电化铝箔结构紧硬，染色层与片基层结合得较牢。此外，在气温较高的情况下，宜使用结构松软的电化铝箔；气温较低时，宜使用结构紧硬的电化铝箔。

鉴别电化铝箔性能的方法如下。用透明胶带粘电化铝箔胶粘层面，或用手揉擦胶粘层面，观察电化铝箔脱落的难易。若箔膜与片基容易脱落，说明电化铝箔的结构是松软的；反之，温度较低或烫印温度较高，但未超出工作允许范围，则可用烫印速度与之配合，也能烫印出质量好的产品。温度低时，烫印速度慢些；温度高时，烫印速度快些。超出允许工作范围，则不能保证烫印质量。如果温度过高，片基会变形；温度过低，不能正常运转。烫印温度一般在 70 ~ 130℃。烫印温度范围的下限温度越低越容易操作，对设备要求也高；上限温度越高，则越能保证在一般烫印温度下不致使电化铝箔失去光泽而丧失金属质感。烫印温度区间越宽，越便于操作，烫印质量越能得到保证，这个温度取决于黏合剂的性质。

（四）复合箔

1. 复合箔的结构

复合箔是没有隔离层、胶粘层，而直接将染色层、镀铝层与箔片膜基组合为一体的烫印材料（见图 3-2），

2. 复合箔的应用

复合箔没有隔离层，是让箔片基膜连同染色层、镀铝层一同转移压印到烫印基材表面。应用时要先在复合箔上涂胶黏剂，然后用热压复合机完成复合箔的烫印转移。复合箔涂布如图 3-3 所示。

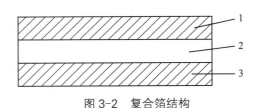

图 3-2　复合箔结构

1- 镀铝层；2- 染色层；3- 箔片膜基

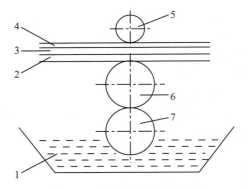

图 3-3　复合箔涂布示意图

1- 胶黏剂；2- 镀铝层；3- 染色层；4- 片基薄膜；5- 施压辊；6- 涂布辊；7- 上料辊

（五）全息烫印箔

全息烫印箔是对具有烫印功能的薄膜箔进行全息激光处理，以其二维、三维、二维/三维、点阵、旋状、合成全息等具有高光泽、五彩缤纷并可变幻的色彩二维、三维全息图、线性几

何全息图、分色阴影效果全息图、线状勾勒全息图、双通道效果全息图、旋转全息图等图像，对印刷品或纸张进行表面整饰。不同的全息效果之间可以互相组合，同时还可以加上双通道、部分镀铝、分色效果、微刻字、隐藏信息等多种防伪元素，在对印品和纸张进行表面整饰的加工中，以有效的高等级的防伪手段达到其独特的版权保护。

全息烫印箔画面进行的技术处理，既可为定位的独立图案，也可为不需定位有自由空间位置的连续性图案，应用范围已从早期政府文件和钞票的防伪扩大到价值较高、生产量较大的产品，如香烟、名酒、药品、时装、钟表、电脑软件、化妆品等包装、标签印刷后的表面特殊整饰，已成为产品形象的重要成分。

（六）辅助材料

1. 色片

用颜料和黏合剂等混合成液体，涂在玻璃等平面物体上，晾干后剥离，得到的片状物为色片。这种色片质地轻而松，色泽柔和，强度不高，易折断，也可以用于烫印。烫印操作时，要轻拿轻放。

色片是一种简单而受欢迎的烫印材料，它以颜料为主体，掺入有黏合能力的连结料，根据具体情况加入一定填料混合而成。制作时，将玻璃浸入混合溶液中，取出时上面粘有一层涂料，干燥后厚度约为 0.02mm，按一定规格剥离下来，置于纸上就成为色片了，可以直接在烫印物上烫印。

2. 烫印黏合剂

由于有些金属箔、金属粉末以及粉箔没有黏合剂涂层，其本身并不具有与被烫印物品黏合的能力，因此需要有黏合能力较强的物质做烫印的黏合剂。在工艺操作中，一般采用蛋白、松香粉、虫胶等，涂布或洒在被黏合物品上，然后把金属箔或粉末等覆于其上，加温加压，使其固化或熔融，将烫印材料黏结在被烫印物品上。

任务三　掌握烫印工艺

目前，各种各样的烫印加工方法有多种，而电化铝箔平面烫印则是一种常规的烫印加工技术。

（一）电化铝箔烫印工艺

电化铝烫印是利用热压转移的原理，将铝层转印到承印物表面。即在一定温度和压力作用下，热熔性的有机硅树脂脱落层和黏合剂受热熔化，有机硅树脂熔化后，其黏结力减小，铝层便与基膜剥离，热敏黏合剂将铝层粘接在烫印材料上，带有色料的铝层就呈现在烫印材料的表面。

电化铝烫印的方法有压烫法和滚烫法两种。无论采用哪种方法，其操作工艺流程一般都包括以下几项内容。

1. 烫印前的准备工作

烫印前的准备工作主要有电化铝箔的裁切和烫印版的准备两项工作。

（1）电化铝箔的裁切

电化铝箔生产厂家的电化铝箔规格固定，需要烫印的产品尺寸各种各样，电化铝箔要根据烫印产品的尺寸进行裁切，裁切前要精确计算用料。电化铝箔产品为卷轴型，按产品横向面的规格，留有适当余边，裁切电化铝箔，裁切尺寸过宽造成电化铝箔浪费，裁切过窄，不能烫印全部面积，也造成浪费和残留。在生产中，为了节省电化铝箔，可采用如下方法烫印。

①一次烫印

承印物大部分面积上都有图文，并且全部需要烫印，采用一次烫印，一个版面一次烫印完成，电化铝箔能得到比较充分的利用。

②多条烫印

承印物表面几块面积上的图文需要烫印，若使用整张电化铝箔，会出现多处空白，空白处的电化铝箔易造成浪费，这时可把电化铝箔裁切成条，几条电化铝箔同步烫印。

③多次烫印

承印物表面有多块面积需烫印，各个烫印的图文位置不宜采用几条电化铝箔同步烫印，采用分条分块多次烫印，最后完成整张图文烫印。此外还有其他形式的烫印方法。在生产实践中，应加强探索，既要保证烫印质量，又要尽量降低成本。电化铝箔的合理裁切，合理使用，合理的烫印方法是降低成本的有效途径。

（2）烫印版的准备

烫印电化铝的版材一般有铜版、锌版和镀铜锌版三种。使用以铜版为好，因为铜版耐热性强，有一定弹性，比其他版材耐久，烫印效果好。如果烫印单张纸类或小批量工作物，可用锌版（价格比铜版便宜），烫印大批量工作物，就应用铜版。锌版质地过软，经受不住烫印次数过多或压力较大的加工，版材易变型，烫印效果不佳。烫印版材的厚度，一般为1.5～2.5mm。要根据被烫物质地、厚度不同的具体情况，选择适当厚度的版材。烫印版过薄会出现烫后图文模糊发花、脏版等现象，过厚则会造成浪费。

烫印使用的烫印版一般是外加工，使用前应先检查版面是否有毛刺不平、棱角不整齐、图文不清晰等弊病，要将不合格的地方腐蚀修整后再上版烫印。

2. 装版

它是将制好的铜或锌版固粘在机器上，并将规矩、压力调整到合适的位置。印版应粘贴、固定在机器底版上，底版通过电热板受热，并将热量传给印版进行烫印。印版的合理位置应该是电热板的中心，因中心位置受热均匀，当然还应该方便进行烫印操作。印版固定的方法是：把定量为130～180g/m²的牛皮纸或白板纸裁成稍大于印版的面积，均匀地涂上牛皮胶或其他黏合剂，并把印版粘贴上，然后接通电源，使电热板加热到80～90℃，合上压印平板，使印版全面受压约15min，印版便平整地粘牢在底版上了。

3. 垫版

印版固定后，即可对局部不平处进行垫版调整，使各处压力均匀。平压平烫印机应先将压印平板校平，再在平板背面粘贴一张100g/m²以上的铜版纸，并用复写纸碰压得出印样，根据印样轻重调整平板压力，直至印样清晰、压力均匀。可根据烫印情况在平板上粘贴一些软硬适中的衬垫。

圆压平型烫印机烫印的垫版操作是在压印滚筒上进行的，其垫版方法与一般的凸版印刷基本相同，但必须掌握衬垫厚度，以免造成印迹变形；同时要掌握衬垫的软硬性，以适应不同印刷品烫印的需要。使用衬垫的目的，是使印刷品与印版版面具有良好的弹性接触，从而提高电化铝烫印的质量。

4. 烫印工艺参数的确定

正确地确定工艺参数，是获得理想的烫印效果的关键。烫印的工艺参数主要包括烫印温度、烫印压力及烫印速度，理想的烫印效果是这三者的综合效果。当一定的温度把电化铝胶层熔化之后，须借助于一定的压力才能实现烫印，同时，还要有适当的压印时间即烫印速度，才能使电化铝与印刷品等被烫物实现牢固黏合。

（1）温度的确定

烫印温度对烫印质量的影响十分明显。温度过低，电化铝的隔离层和胶粘层熔化不充分，会造成烫印不上或烫印不牢，使印迹不完整、发花。烫印温度一定不能低于电化铝的耐温范围，这个范围的下限是保证电化铝粘胶层熔化的温度。温度过高，则使热熔性膜层超范围熔化，致使印迹周围也附着电化铝而产生糊版；还会使电化铝染色层中的合成树脂和染料氧化聚合，致使电化铝印迹起泡或出现云雾状；高温还会导致电化铝镀铝层和染色层表面氧化，使烫印产品失去金属光泽，降低亮度。

确定最佳烫印温度所应考虑的因素，包括电化铝的型号及性能、烫印压力、烫印速度、烫印面积、烫印图文的结构、印刷品底色墨层的颜色、厚度、面积以及烫印车间的室温。烫印压力较小、机速快、印刷品底色墨层厚、车间室温低时，烫印温度要适当提高。烫印温度的一般范围为 70 ~ 180℃。最佳温度确定之后，应尽可能自始至终保持恒定，以保证同批产品的质量稳定。

当同一版面上有不同的图文结构时，选择同一烫印温度往往无法同时满足要求。这种情况有两种解决办法：一是在同样的温度下，选择两种不同型号的电化铝；二是在版面允许的条件下（如两图文间隔较大），可采用两块电热板，用两个调压变压器控制，以获得两种不同的温度，满足烫印的需要。

（2）压力的确定

施加压力的作用，一是保证电化铝能够黏附在承印物上，二是对电化铝烫印部位进行剪切。烫印工艺的本身就是利用温度和压力，将电化铝从基膜上迅速剥离下来而转粘到承印物上的过程。在整个烫印过程中存在着三个方面的力：一是电化铝从基膜层剥离时产生的剥离力；二是电化铝与承印物之间的粘接力；三是承印物（如印刷品墨层、白纸）表面的固着力。故烫印压力要比一般印刷的压力大。烫印压力过小，将无法使电化铝与承印物黏附，同时对烫印的边缘部位无法充分剪切，导致烫印不上或烫印部位印迹发花。若压力过大，衬垫和承印物的压缩变形增大，会产生糊版或印迹变粗。

设定烫印压力时，应综合考虑烫印温度、机速、电化铝本身的性质、被烫物的表面状况（如印刷品墨层厚薄、印刷时白墨的加放量、纸张的平滑度等）等影响因素。一般在烫印温度低、烫印速度快、被烫物的印刷品表面墨层厚以及纸张平滑度低的情况下，要增加烫印压力，反之则相反。

（3）烫印速度的确定

烫印速度决定了电化铝与承印物的接触时间，接触时间与烫印牢度在一定条件下是成正比的。烫印速度稍慢，可使电化铝与被承印物粘接牢固，有利于烫印。当机速增大，烫印速度太快，电化铝的热熔性膜和脱落层在瞬间尚未熔化或熔化不充分，就导致烫印不上或印迹发花。印刷速度必须与压力、温度相适应，过快、过慢都有弊病。

上述三个工艺参数确定的一般顺序如下。以被烫物的特性和电化铝的适性为基础，以印版面积和烫印时间来确定温度和压力，温度和压力两者首先要确定最佳压力，使版面压力适中、平整、各处均匀；在此基础上，最后确定最佳温度。

从烫印效果来看，以较平的压力、较低的温度和略慢的车速烫印是理想的。因为较平的压力可使电化铝每个点都与被烫物黏结牢固；在能够充分黏结的基础上适当采取较低的温度有利于保持电化铝所固有的金属般的光泽；较低的车速则是为了适应略低的温度。

5.试烫、签样、正式烫印

烫印工艺参数确定之后，可进行印刷规矩的定位。烫印规矩也是依据印样来确定的。平压平烫印机是在压印平板上粘贴定位块，定位块必须采用较耐磨的金属材料，如铜块、铁块等，然后试烫数张，烫印质量达到规定要求，并经签样后，即可进行正式烫印。

（二）烫印质量要求

烫箔质量要求及检验方法已于 1991 年颁布了中华人民共和国行业标准 CY/T7.8—91，对烫箔的质量要求如下。

（1）烫印的版材、温度及时间

①烫印的版材用铜版或锌版，厚度不低于 1mm。

②烫印压力、时间、温度与烫印材料、封皮材料的质地应适当，字迹和图案烫牢，不糊。

（2）烫印

①有烫料的封皮：文字和图案不花白、不变色、不脱落，字迹、图案和线条清楚干净，表面平整牢固，浅色部位光洁度好、无脏点。

②无烫料的封皮：不变色，字迹、线条和图案清楚干净。

（3）套烫两次以上的封皮版面无漏烫，层次清楚，图案清晰、干净，光洁度好，套烫误差小于 1mm。

（4）烫印封皮版面及书背的文字和图案的版框位置准确，尺寸符合设计要求。封皮烫印误差小于 5mm，歪斜小于 2mm。书背字位置的上下误差小于 2mm，歪斜不超过 10%。

任务四 掌握烫印设备

（一）烫印设备的类型及特点

烫印设备是将烫印材料经过热压转印到印刷品上的机械设备，常称烫印机。烫印机根据适应纸张的情况可以分为卷筒纸烫印机和单张纸烫印机，按烫印方式可分为平压平、圆压平、圆压圆三种烫印机，其中平压平式较为常用；按自动化程度，烫印机又可分为手动、半自动及自动三种。根据整机型式的不同，烫印机又可分为立式和卧式两种。而按功能分则有纸品烫印机，厚纸型烫印机，烫印、模切两用型烫印机和专用型烫印机。

1. 平压平型烫印机

平压平型烫印机是目前装机数量最多的机型。其烫印的工作原理如图 3-4 所示。

平压平型烫印机的烫印幅面可以从信用卡大小到 1050mm 宽，定位烫印速度可以从每小时 1000 张到每小时 6000 张不等。采用平压平烫印机进行大面积烫印或烫印表面光滑无孔的基材时，因烫印箔与基材之间的空气无法排出，阻止了烫印箔与基材很好地黏合，所以会产生无法烫印或出现气泡的现象。

2. 圆压平型烫印机

圆压平型烫印机属于大中型机器，大多由圆压平印刷机改装而来。其烫印工作原理如图 3-5 所示。

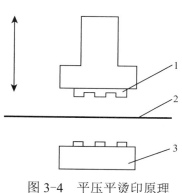

图 3-4　平压平烫印原理

1- 烫印版；2- 电化铝；3- 烫印物

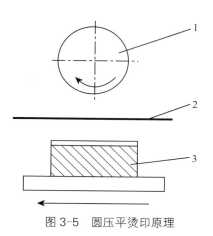

图 3-5　圆压平烫印原理

1- 烫印版压辊；2- 箔膜；3- 烫印物

其定位烫印速度在每小时 1000 ～ 3000 张，一般使用小直径的箔卷，因此很少用于高速大批量生产。但因其在烫印时烫印箔与基材之间是线性接触，因此可以用于烫印无孔材料，如聚酯材料或上过光油的平滑表面，也可以从事大面积烫印等平压平烫印机很难完成的烫印加工。

3. 圆压圆型烫印机

圆压圆型烫印机代表着高速烫印机的最新发展方向。其烫印工作原理如图 3-6 所示。

圆压圆型烫印机可以很好地解决烫印速率、基材、烫印面积之间的矛盾，可以提供最佳的烫印效果。圆压圆定位烫印速度可以达到每分钟 60m，因此它对烫印箔提出了更高的要求。

在上述烫印机中，手动式（手续纸）平压平式烫印机的机身结构与平压式凸印机大同小异，无墨斗、墨辊装置，改装了电化铝箔上下卷辊。其特点是操作简便、烫印质量容易掌握，机器体积小，但机速受到一定的限制，每小时约为 1000 ～ 2000 印。

自动平压平式烫印机的机身结构和装置，与手动平压平式烫印机基本相同，区别是输纸和收纸均由机械叼口递送。其特点是自动化程度高，劳动强度低，时速约为 1200 ～ 2000 印。

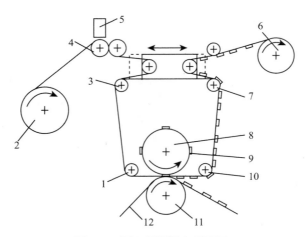

图 3-6　圆压圆型烫印原理图

1、3、7、10- 气动辊；2- 箔纸；4- 箔驱动轮；5- 全息探测器；6- 废箔卷；
8- 烫印辊；9- 烫印版；11- 承压辊；12- 卷筒纸

圆压平式烫印机的机身结构与一般回转式凸印机大同小异，不同的是去除了墨斗、墨辊装置，改装了电化铝箔前后收卷辊。由于烫印机与烫印部位为线接触，其压力大于平面接触的烫印方式，同时，因往复旋转，速度也可大于平压平式烫印机的往复直线运动，一般时速可达 1500 ～ 2000 印。

圆压圆型烫印机，烫印方式也为"线接触"的连续旋转运动。

手动及半自动机多用于交货期短、数量不太大的产品。精细高档且批量大的产品可采用高精度的卧式平压平自动机；立式自动烫印模切两用机可用于量大、调版较频繁的产品；圆压平自动机精度较好，但由于压力不是太大，因此，选用时要注意印品的要求。

（二）烫印机的基本结构

烫印机的基本结构，以目前国内大多数印刷厂所采用的立式平压平烫印机为例，其主要由如下几部分组成。

（1）机身机架

包括机身及输纸台、收纸台等。

（2）烫印装置

包括电热板、烫印版、压印版和底板。电热板固定在印版平台上，电热板内装有功率为 600 ～ 2500W 的迂回式电热丝；底板为厚度约 7mm 的铝板，用来粘贴烫印版；烫印版是腐蚀的铜版或锌版，特点是传热性好、不易变形、耐压、耐磨；压印版通常为铝版或铁版。

（3）电化铝传送装置

由放卷轴、送卷辊和助送滚筒、电化铝收卷辊和进给机构组成。电化铝被装在放卷轴上，烫印后的电化铝在两根送卷辊之间通过，由凸轮、连杆、棘轮、棘爪所构成的送卷进给机构带动着送卷轴的间歇转动，送卷辊的间歇转动，便带动了电化铝的进给，进给的距离设定为所烫印图案的长度。烫印后的电化铝卷在收卷辊上。

一般的烫印机基本上都具有上述结构，较先进的烫印机则除了上述共同的部分之外，还具有一些特殊的装置和功能。如 P801-TB 型手续纸平压烫印机，还可以一次装上三组不同的电化铝，其中一组有间隔跳步功能，由集成电路计算控制跳步装置，荧光数码管显示，使跳步精确，误差极小（小于 1mm），压印板作一开一合的摆动，即完成一次烫印行程。

视频 3-1

烫印机相关视频见视频 3-1（烫印机实际运行）、视频 3-2（烫印版安装）、视频 3-3（烫印版、补压版安装）、视频 3-4（烫金压力调节）、视频 3-5（烫印版自动定位系统）和视频 3-6（套准自动校正系统），请扫描本页二维码观看。

视频 3-2

（三）烫印机的选用

针对不同的承烫材料，选择合适的烫印设备也尤为重要。例如，在覆膜后的纸张上烫印时，因为要求电化铝与薄膜的热接触时间不能过长，但又要保证电化铝能正常转移，故在采用同种覆膜用电化铝的情况下，只有圆压平的烫印方式才能胜任。

视频 3-3

圆压圆烫金机代表着高速自动烫金机的最新发展方向，可以很好地解决烫印速度、基材、烫印面积之间的矛盾，可以提供最佳的烫印效果，但它对烫印箔提出了更高的要求。由于圆压圆烫印是线接触，传热面积很小，所以要求传热速度要快，即要求烫印温度要更高，通常为 200 ～ 250℃。这个温度比平压平烫印所需的 110 ～ 130℃ 的烫印温度要高出很多，所以要求同时配套使用能高速转移的特殊电化铝箔，这必然增加生产成本。而现在国内大量应用的普通廉价电化铝，其在 200 ～ 250℃ 的温度下烫印会出现起泡甚至变色故障。

视频 3-4

圆压圆设备的加热装置是加热轴，所以只有一个温度。如果要在一个印件上同时使用几种不同的电化铝箔来烫印不同的图案，圆压圆烫印就会要求所用的几种电化铝必须具有相同的转移温度。而采用平压平烫印，则可以通过设定不同温区的温度来轻松完成不同电化铝的同时烫印，使得在电化铝的选用和烫印操作上都方便了许多。

视频 3-5

圆压圆烫印版的制版难度大，成本高，调版难度大，使其应用范围受到一定限制。

各种印件适用的烫印方式如表 3-2 所示。

视频 3-6

表 3-2　各种印件适用的烫印方式

订单性质	烫印图案特点和工艺要求	适用烫印方式
长版活	烫印图案可一次烫印完成 烫印图案需要多次烫印才能完成	联机圆压圆烫印 离线圆压圆烫印或 平压平烫印
中等批量	有很细的烫印图案，或要进行大面积实地烫印，或要在镀铝纸表面烫印 普通烫印和三维烫印结合	单张纸圆压圆烫印 平压平烫印
短版活	有很细的烫印图案，或要进行大面积实地烫印，或要在镀铝纸表面烫印 普通烫印和三维烫印结合	单张纸圆压平烫印 平压平烫印

任务五 烫印操作过程

（一）开机前检查

（1）机器的状况和产品的质量

①首先查看上一班的交班记录，检查机器运转是否处于正常状态，有无异常情况发生，以及异常情况的处理措施和方法。

②对上一班的产品质量进行检查。检查上一班的产品质量是否达到质量要求，有无废品与不良品。废品、不良品与合格产品有没有分开堆放，并在工艺流程单上注明其品质、数量。

（2）本机台的生产进度

查看本机台上一班生产的产品内容、计划完成情况，清楚了解本批产品的生产进度情况，对本班的生产计划做出布置安排。

（3）机器设备的调节情况

查看上一班在操作中有没有对机器设备进行过调节，若有调节，调节过哪些部件，调节后的使用运转情况等都必须做详细了解。

（二）生产前的准备工作

（1）每天上班前必须对烫金机进行加油、润滑工作。加油要认真、全面、不能遗漏，同时要观察油眼有无堵塞现象，一旦发现应予以清除、疏通。

（2）认真阅读施工单，正确理解工单要求

①机长在开机前应对施工单的要求正确理解，查看来样、工单是否齐全、一致。

②对照原稿对烫金版进行检查。查看烫金版是否符合质量要求。

③对施工单的要求不能完全理解时，应向班长、主管询问清楚，不能凭主观臆断进行生产。

（3）机器设备的运转情况

①在刚开机时，应观察机器有无异常反应，如有异常响声、异常动作、局部过热等情况，应立即停机检查。

②重点观察上一班调节过的部位是否正常。

③检查机器设备的开关、制动等部件是否灵活、可靠。

（4）原、辅材料的准备情况

①查看需要烫金的产品有没有到位，如没有到位应反映给班长并协助班长做好产品的搬运工作。

②应根据不同的工艺要求（如磨光、过胶等）领取相应的烫金纸的型号，必须充分考虑印件与烫金纸的关系。

③根据烫金的实际面积，对烫金纸进行裁切，裁切时应略有放余，避免过大或过小，造成不必要的浪费。

（5）机器调节

①温度调节。烫金的温度调节应根据不同的产品、不同的工艺流程以及不同的烫金纸型号，而确定不同的温度。烫金的温度应由最后烫金产品的效果而定。

②压力调节。在压力调试时，要由轻到重，缓缓进行，最后加大到正常压力，不可一次性将压力调整过大，以免压坏烫金版，造成损失。调整压力的同时，还应注意整个版面的平衡，压力一致。

③针位调整。针位调整应以签字样为依据，烫金位准确，针位一致。

④刚上班开机时要先烫几张样与原稿及上一班的产品进行比较，以防错位。

（6）烫金产品应提前考虑的因素

①看清是烫什么金，并事先算出需要量。

②印刷或过胶后要用保鲜纸封好。

③大批量和常做的产品要做铜版。

④版数多的难度大的要晒胶片装版。

（三）烫印机的基本工作程序

①接通电源，烫板升温至预定值。

②工作台处前位，装上工件。

③卷纸马达卷烫金纸。

④烫印头下降，烫印版即对工件进行烫印，将烫金纸上的图案转印到工件上。

⑤烫印头上升复位，卷纸马达卷纸，至此完成一次烫印循环。

（四）生产过程注意事项

操作者应负责产品的质量和机器的安全操作。

①负责对上道工序的产品质量进行检查，包括印刷、过胶等。如发现问题，应立即向班长反映。

②查看需要烫金的产品中，有无废品，或几种不同的纸张混放在一起，如果有应该分开堆放，注上标记，并向组长反映。

③负责对本机的烫金质量进行抽检，注意把好质量关。

任务六 烫印中常见故障及解决方法

烫印常见的故障主要有烫印不上或烫印不牢、反拉、烫印字迹发毛、烫印图文的光泽度差或变色、烫印图文不完整和糊版等。

1. 烫印不上（或不牢）

烫印不上或烫印不牢，即电化铝不能理想地转移到承印物表面或电化铝不能同承印物很好地黏附。这是电化铝烫印中最常见的故障之一。导致烫印不上或烫印不牢的原因主要有印刷品底色墨层中含有蜡类物质、印刷品底色墨层太厚、印刷品底色墨层晶化、电化铝型号选用不当、烫印温度不够以及烫印压力不够等。

（1）印刷品底色墨层含有蜡类物质

电化铝烫印不上或烫印不牢，首先要从烫印的印刷品底色墨层上找原因。烫印工艺要求，被烫印的印刷品油墨中不允许加入含有石蜡的撤黏剂、亮光浆之类的添加剂。因为电化铝的热熔性胶黏剂即便是在高温下施加较大的压力，也很难与这类添加剂中的石蜡黏合，因而导致烫印不上或不牢。调整油墨黏度最好加放防黏剂或高沸点煤油，若必须增加光泽可用 19 号树脂代替亮光浆。

（2）印刷品底色墨层太厚

实践表明，油墨层薄的印刷品烫印电化铝比较容易，厚重的墨层表面则很难烫印。这是因为，厚实而光滑的底色墨层会将印刷纸张纤维的毛细孔封闭，阻碍电化铝与纸张的吸附，使电化铝的附着力下降，因而导致电化铝烫印不上或烫印不牢。所以，在工艺设计时，要为烫印电化铝创造条件，使烫印电化铝部位尽量少叠墨，特别要禁止三层墨叠印。对于深色大面积实地印刷品，印刷时可采取深墨薄印的办法，即配色时，墨色略深于样张，在印刷时，墨层薄而均匀，也可以采取薄墨印两次的办法，这样既可以达到所要求的色相，同时又满足了电化铝烫印的需要。

（3）印刷品底色墨层晶化

印刷过程中，由于油墨干燥速度过快，在纸张表面会结成坚硬的膜，轻轻擦拭会掉下来，这种现象称为"晶化"。墨层表面晶化是印刷时燥油加放过量所致。尤其是红燥油（溶液状钴燥油），会在墨层表面形成一个光滑如镜面的墨层，无法使电化铝在其上黏附，因而烫印不牢或烫印不上。所以需烫印电化铝的印刷品，在印刷时应避免使用红燥油，必须使用时，其用量不得超过 0.5%。

（4）电化铝型号选用不当

科学合理地选用电化铝是增加烫印牢度、提高烫印质量的先决条件，烫印工艺对于材料型号、性质的选用应持科学态度，既要防止千篇一律，又要防止盲目追求进口价高的倾向。国产及国外生产的不同型号的电化铝都存在不同程度的差别，每一型号的电化铝都与一定范围的被烫物相适应，电化铝选用不当，无疑对烫印牢度有直接影响。目前，被烫印的物质大致可以分为四类，白纸、印刷品、漆布及塑料。其中，又具体可分为大面积烫印、实地、网纹、细小文字、花纹烫印等几个档次。在选用电化铝材料时，除了要参照电化铝的适用范围，同时要对上述被烫印物质的具体情况进行考虑。

（5）烫印温度及压力不够

只有当烫印温度、压力合适时，才能使电化铝热熔性膜层胶料起作用，从而很好地附着于印刷品等承印物表面。反之，压力低、温度不够必然会导致烫印不上、烫印不牢。

上述几点是导致烫印不上或烫印不牢的因素，操作中到底是哪一个原因或哪几个原因引起的故障应予以确认。当发生烫印不上的故障时，首先应检查印刷品墨层中是否含有蜡类物质，若有，只能采用 991 号亮光撤淡剂加 2% 白燥油（分散型钴燥油）再罩印一次的被动方法去解决，以使油墨层表面改性。

如果印刷时没有加入含有蜡类物质的添加剂，就要检查电化铝选用得是否合适，若不合适，要及时更换上黏附力强、质量好的电化铝箔，如把 1 号、8 号换成 15 号等。若电化铝箔选用合适，则应适当提高烫印温度和增加烫印压力。避免烫印不上或烫印不牢故障发生的根本措施是预防，即从印刷品印刷时就要为下一步的烫印打下基础。一要保证印刷过程中不使用撤黏剂、亮光浆等含有石蜡的附加剂；二要避免使用红燥油；三是要避免印刷墨层太厚和多次叠印。因为这些原因引起的烫印不上、不牢，解决起来也是被动的，不一定奏效。

2. 反拉

反拉也是较常见的烫印故障。所谓反拉，是指在烫印后不是电化铝箔层牢固地附着在印刷品底色墨层或白纸表面，而是部分或全部底色墨层被电化铝拉走。在生产实际中，反拉与烫印不上从表面上看不易区分，反拉往往被误认为烫印不上，但两者却是截然不同的故障，若不加分析地将反拉判断为烫印不上或烫印不牢，盲目地提高烫印温度和压力，甚至更换黏附性更强的电化铝则会适得其反，使反拉故障越发严重。因此须首先把反拉与烫印不上严格区分开来。区分的简单方法是观察烫印后的电化铝基膜层，若其上留有底色印墨的痕迹，则可断定为反拉。

产生反拉故障的原因：一是印刷品底色墨层没有干透；二是在浅色墨层上过多地使用了白墨做冲淡剂。

烫印电化铝不同于一般的叠色印刷，它在烫印过程中存在着剥离力，这种剥离力要比油墨印刷时产生的分离力大得多。印刷品上的油墨转印到纸面后，只有充分干燥才能在纸面上有较强的附着力，在墨层没有完全干燥之前，电化铝烫印分离时的剥离力要远远大于墨层的固着力，这样底色墨层便会被电化铝拉走。因此，电化铝烫印工艺要求印刷品表面的油墨层必须充分干透，以保证其在纸面上很好地固定。

操作中常常会感到印刷品的深色墨层比淡色墨层容易烫印，这是因为，淡色墨多用白墨冲淡调配而成，由于白墨的颜料颗粒较粗，它们与连结料之间的结合力很差，印刷后油墨的连结料易被纸面吸收，而颜料易浮在表面产生粉化，常常用手便可擦掉，这种状况是很难烫印的，电化铝不能被分离下来黏附于纸面，反而粉化层会被电化铝带走。

预防反拉故障的根本措施：一是掌握印刷品印刷后到烫印电化铝的间隔时间，这就要求印刷时要控制好燥油的加放量，需烫印的印刷品，在印刷时燥油的用量要比不需烫印的印刷品适当增加（例如，红燥油的用量可控制在0.5%左右），但不能过量，以防墨层出现晶化和乳化，同样会给烫印带来麻烦；二要禁止印刷时单独用白墨做冲淡剂，由于白墨的冲淡效果不错，完全不使用是不可能的。折中的办法是，可以把991号撤淡剂与白墨混合使用，但白墨的比例应控制在60%以下。当然，在工艺允许的情况下，为避免反拉（包括烫印不上）故障的发生，最好在底色墨层的烫印部位在制版时就留出空白，使烫印电化铝不与墨层黏合，而与留出的空白黏合。

当烫印出现反拉故障时，如果是由于产品墨层不干所致，解决的办法是将产品置于通风、干燥处，适当推迟烫印时间即可。如果是由于底色墨层粉化或白墨加放过量所致，可以用991号亮光撤淡剂加3%白燥油先罩印一遍再进行烫印。

其他的故障及解决方法见表3-3所示。

表 3-3　烫印常见故障及解决方法

故障现象	产生原因	解决方法
烫印字迹发毛	1. 烫印温度过低 2. 烫印压力不够 3. 烫印版表面不平 4. 衬垫太软 5. 烫印基材表面粗糙	1. 适当提高烫印温度 2. 适当增大烫印压力 3. 减小烫印版单块面积（改为单联加工）或增加印版局部垫片厚度 4. 更换印版衬垫，使印版和衬垫平整接触 5. 基材表面粗糙时不易烫印细线图文或小字
烫印图文的光泽度差或变色	1. 烫印温度过高 2. 烫印压力过大 3. 油墨不干，连结料挥发的影响 4. 接触有机溶剂	1. 降低烫印工作温度 2. 烫印时要连续作业尽量少打空车和减少不必要的停车，以防电热板持续升温 3. 校对实际工作温度与仪表显示值误差 4. 尽量使油墨干燥，避免接触有机溶剂，以减少对染色层的溶融分解
烫印图文不完整	1. 电化铝箔拉得过紧 2. 烫印压力过轻 3. 印版压力不等 4. 烫印版制作精细度不够 5. 电化铝箔选用不当 6. 基材表面粗糙不平	1. 调整电化铝箔张力控制使其供料，收卷拉力适度 2. 适当增加烫印压力 3. 改用硬衬垫，保持厚度一致，使压力均匀，或调整垫片，保持印版压力均衡 4. 修整烫印版 5. 选用适当电化铝箔 6. 当基材表面粗糙不平时，可进行表面净化处理，或适当加大烫印压力、温度
糊版	1. 电化铝箔卷材安装松弛 2. 揭纸方法不当 3. 烫印温度过高 4. 电化铝箔镀铝层过厚 5. 烫印压力过大 6. 烫印版制作不良	1. 适当调整压卷滚筒压力和收卷滚筒拉力 2. 改用正确的揭纸方法 3. 适度降低烫印工作温度 4. 选用镀铝层适当的电化铝箔 5. 适度降低烫印工作压力 6. 更换烫印版
同一块版烫印后效果不同	1. 图文面积过大 2. 印版热量不匀 3. 印版压力不匀	1. 改用组合式印版，分次烫印 2. 调整印版垫片厚度，使各部位热量、压力达到均匀一致
相同材料烫印时好时坏	1. 材料质量不稳定 2. 烫印机放料速度控制不稳使电化铝时紧时松 3. 烫印机压力调节螺母松动，使压力不稳 4. 电热板控制出故障	1. 改用质量稳定的材料 2. 检修电化铝箔放料辊，压紧滚筒，使运转圆滑，压力均衡 3. 检修并调整、固定压力固定装置 4. 检修排除电热板故障
烫印后漏底	1. 烫印基材表面有纹理且深 2. 烫印工作温度低 3. 烫印工作压力小	1. 适当增加烫印工作温度 2. 适当增加烫印工作压力

续表

故障现象	产生原因	解决方法
金卡纸难以烫印	1. 已印有金属色，表面光滑，渗透性差，油墨难以附着和干燥 2. 油墨量大且喷粉过多	1. 在烫印处印一层薄薄的底色 2. 选用适当的烫印工作稳度及压力 3. 烫印版要用铜版 4. 烫印版图文与非图文部位的高低差尽量拉大制作
在 UV 光油或水性上光油结膜烫印时出现"气泡"	1. 上光涂料固化或干燥不够 2. 印刷油墨干燥不够 3. 纸张含水量较大	1. 必须对印品进行干燥，才可防止烫印时水分蒸发而聚集在上光涂层与电化铝箔之间 2. 适当放慢烫印速度，给水蒸气逸出创造条件
涤纶卡纸（纸张与PET 的复合品）上烫印效果不佳	1. 丝网印刷油墨厚度 2. 丝网印刷制出的 UV 磨砂、折光、冰花等特种纹理，与电化铝箔的接触面过小	1. 油墨干燥后烫印 2. 尽量在制作丝网线版时，对需要烫印的部位进行镂空处理 3. 选用高附着力的电化铝箔
飞金	电化铝附着力差	选换附着力强的电化铝箔
用凹版烫印后，凸起的印迹不突出或凸痕不牢	1. 烫印压力不当 2. 凸形版相对应效果不佳	1. 调整加大压力 2. 适当修垫底版烫印处，使凹版和相对应的凸版接触到位，表面光滑平整
烫印织绒类材料时滑版	因绒毛耸立而致	用二次烫印法解决，第一次用助粘料将耸立绒毛压下粘住，第二次烫印时再使用电化铝箔
软塑料面无法烫印出立体效果	烫印压力不够	用二次烫印法，第一次将电化铝箔烫印转移到基材表面，第二次温度稍低，压力稍大，烫出立体成型效果

任务七　了解立体烫印

随着烫印铝箔与烫印版加工水平的提高，商品包装的日益精美，立体烫印也日益普及。立体烫印是一种能将烫印与压凹凸一次完成的工艺技术。立体烫印原理如图 3-7 所示，

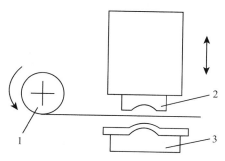

图 3-7　立体烫印原理示意图

1- 电化铝；2- 烫印版；3- 凹凸底模

立体烫印图案具有立体层次感，不仅能提升印刷品的档次，而且由于技术含量高，还提高了产品的防伪效能。

立体烫印的关键在于有制作精密的立体烫印版和与之相对的底模及易合定位系统。

（一）立体烫印版

1. 立体烫印版材的选择

常用的烫印版材有黄铜、钢、红铜、锌、镁。黄铜由于具有较高的硬度和理想的加工性能而成为复杂的立体烫印版的首选材料。通过电脑控制软件，按事先扫描的图像进行三维雕刻，这样制作的烫金版配合预制的凸版，可进行立体烫金。通常使用 7mm 黄铜版，一般在 100 万次烫印后铜模仍然能产生完美的烫印效果。

2. 电脑数控雕刻制版（CNC）

立体烫印对细节的要求很高，根据产品的不同需要边缘采用不同的形状，由于传统的蚀刻工艺无法在层次和细节上做到精确控制，于是 CNC 成为制作立体烫印版的必然选择。

采用电脑数控雕刻制版（CNC），将设计图文扫描录入计算机后，通过专用软件，将其改编成特用术语数据，并以此系统控制版基表面清理，图文部位确定，激光能量控制及供给，特殊要求的定性定量处理等，进行三维雕刻。

采用 CNC 具有以下优点。

①烫印生产中质量稳定，保证了优质的批量生产。

②烫印版的定位准确，缩短了开机准备时间。

③烫印版精确完美的边角，保证烫印压凹凸图案边缘清晰。

④模具生产具有高度重复性，从而保证大批量生产的效果一致性。

⑤印版的版基厚度固定（7mm），公差＜ 0.001mm。装版可以程序化。

（二）底模

当压凸或压凸烫印的深度达到一定程度时，需要有底模与之配合，烫印时，立体烫印版在温度升高过程中会发生膨胀，而底模的温度却仍在室温，造成烫印版与底模不配套，所以需要采用特殊的底模技术。

（三）易合定位系统

相对于凹凸压印，立体烫印的精细度更为严格，效果反映更为明显。为改变压印版和底模装配过程中的反复调整，定位的不便和易产生变动误差，立体烫印应采用由标示孔及位置显示器组成的易合定位系统，以缩短压凸模具的安装、调整时间，保证加工效果精美。

（四）设备精度对立体烫印的影响

立体烫金一定要选用精度高的烫印机，因为此工艺需要凹、凸两个模版，一旦机器精度不够，就会造成凸模损坏。圆压平烫印设备精度虽高，但操作难度较高，需要特别注意滚筒包衬的厚度及下版台的高度，以保证设备运行中线速度一致，否则会因线速度不一致造成移版现象。大多数平压平烫印机因为精度问题，两次上版后版位会变动，也很容易造成凸模的损坏。

（五）凹凸烫印版上机调整及烫印要点

①立体烫金一定要选用精度高的烫印机，因为此工艺需要凹、凸两个模版，一旦机器精度不够，会造成凸模损坏。

②采用圆压平烫印时，凸模的厚度应减小一些，凹凸模的凹凸深度也应减小一些，这样效果更好。

③对凹凸模版而言，上机调整主要是使凹凸模版上的凹凸图案与印刷图案的位置保持一致。一般可先用一层薄胶皮代替凸模，待凹凸位置调整好后再上凸模，这样调整更方便、省时。

④凹模一般用锁版专用螺丝或调整螺丝锁住，而凸模则用专用双面胶来固定。一般双面胶的黏性不够好，可采用在衬纸板上用单面胶粘凸模的做法，这样衬纸板背后还可以垫版，以便有针对性地调节部分凹凸图案的压凹凸深浅。

⑤国外有用千分卡尺调整压凹凸位置的专用工具。在凹模打入木板后，在木板或凹模的铝质底座上打出专用的调整孔。用专用千分卡尺调整可以大大缩短调整时间。

⑥凹凸烫印版的上机问题比凹凸模版要多一些。除了调整深浅与位置之外，还要考虑烫印中的糊版（连烫）、部分脱落（烫不上）及烫印不牢等问题。解决这些问题除了靠调节温度、压力之外，烫印凹模边缘的隆起高度、烫印箔的质量（主要是烫金箔中双层胶水的质量）及烫印箔与印刷油墨的亲和性等也都对其有影响。

⑦有些烫印箔供应商针对大面积烫印和中小面积烫印，可提供不同型号的烫印箔，这是很有必要的。大面积烫印时，温度应有较大的提高才行，因此烫印箔的质量对烫印速度的影响就很明显。采用质量差的烫印箔，烫印速度有时还不及质量好的烫印箔的一半，速度一快就会产生脱落。

⑧烫印图案的光洁度除了取决于烫印版的光洁度之外，还对烫印温度特别敏感。提高烫印温度会提高烫印图案的光洁度。

⑨小面积的金粉溅落与烫印箔的质量、烫印速度都有关。烫印速度快时，应恒定烫印箔的走纸张力。

任务八　掌握全息标识烫印

全息标识烫印技术是一种新型的激光防伪技术，尽管问世至今时间不长，但在国内外已得到了广泛的使用，主要用于各种票证、信用卡、护照、钞票、商标、包装的防伪。根据全息图烫印标识的特点，全息烫印又分为连续图案烫印和独立商标烫印。连续全息标识烫印是普通激光全息技术烫印的换代产品（普通激光全息技术目前多用于不干胶标签）。由于全息标识在电化铝上呈有规律的连续排列，每次烫印时都是几个文字或图案作为一个整体烫印到最终产品上，对烫印精度无太高要求，一般烫印设备均可完成。而高档产品为了使全息标识烫印能产生更好的防伪效果，大多数采用独立图案全息标识烫印。即电化铝上的全息标识制成一个个独立的商标图案，且在每个图案旁均有对位标记，这就对烫印设备的功能和精度提出了较高的要求，既要求设备带有定位识别系统，又要求定位烫印精度能达到 ±0.5mm 以内，不然，生产厂商刻意设计的高标准的商标图案将出现烫印不完全或偏位现象，以致达不到防伪与增加产品附加值的效果。正由于独立图案全息标识烫印具有直观性和技术难度高等特点，因此到目前为止，是一种最好的包装防伪手段。

（一）全息烫印箔

全息烫印箔的厚度刚刚可以满足烫压的基本要求，且结构与普通烫印箔相比，染色层是光栅。显示色彩或图像的不是颜料，而是激光束作用后在转印层表面微小坑纹（光栅）形成的全息图案。这是全息烫印箔与普通电化铝在结构上的最大不同。其生成相当复杂，如图3-8所示为普通烫印箔和全息烫印箔结构的区别。

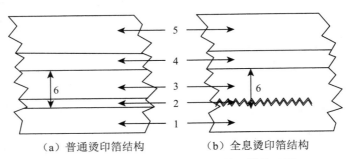

（a）普通烫印箔结构　　　（b）全息烫印箔结构

图 3-8　普通烫印箔和全息烫印箔的结构区别

1- 胶粘层；2- 镀铝层；3- 染色层；4- 剥离层；5- 箔片基膜；6- 转印层

烫印时，在烫印印版与全息烫印箔相接触的几毫秒时间内，剥离层氧化，胶粘层熔化。通过施加压力，转印层与基材黏合，在箔片基膜与转印层分离的同时，全息烫印箔上的全息图文以烫印印版的形状转移烫印到基材上。

（二）定位装置

对于独立图案的全息烫印箔而言，无论全息图案在烫印箔上的位置多么精确，烫印中的误差仍会被逐步积累。即便我们能将烫印箔上全息图案之间距离的误差缩小到百分之一毫米，在烫印1000个图案后，仍会出现1cm的误差。为消除烫印过程对烫印精度误差的逐步积累，因此，独立图案全息烫印箔需要用定位光标及时修正全息图案在间距上的误差。

每一个烫印箔上的全息图案都需要有一个与之相匹配的光标，图案与其光标的相对位置必须恒定。光标必须是方的，其边长最小为3mm，其中心线最好与全息图案的中心线一致，与全息图案之间的距离至少为3mm。为保证光标的准确性，光标的边缘应该很直，光学特性敏锐且一致，目前用于定位系统的技术主要有烫印版同位型和智能型2种。图3-9所示的是与烫印版同位型定位技术。

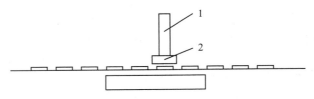

图 3-9　与烫印版同位型定位技术

1- 探测器；2- 烫印版

其探测器紧邻烫印版，定位的图案与烫印图案一致，是最准确的一种定位技术，特别适用于小型平压平烫印机。

图 3-10 所示的是智能型定位技术。

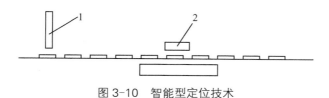

图 3-10　智能型定位技术

1- 探测器；2- 烫印版

其探测器的位置虽与烫印版有一定距离，但使用了微处理器进行控制，以保持对光标间距的跟踪，并拉动烫印箔来改变图案的位置，提高了定位的准确性。这种定位方式对烫印箔的张力控制比较敏感。

目前在单张纸上烫印多个图案的应用越来越多，其中最有代表性的是烟标、药包以及化妆品的外包装盒。出于大批量生产对效率的要求，通常每条烫印箔需要一次烫印 3 ~ 5 个图案。于是，对烫印箔上独立全息图案的位置精度有了更高的要求，要求全息烫印箔的生产商有能力严格控制全息烫印箔上独立图案的排列精度和箔卷的分条精度。

为了将多个独立全息图案一次烫印在基材上，需要预先计算出全息图案的排列方式。假设一次有 5 个图案需要烫印，而每对相邻烫印版间只有 2 个图案，则烫印箔被拉动的顺序为：走动 1 个图案一烫印；走过 2 个图案一烫印；走过 3 个图案一烫印。以这样的顺序做大小跳步时，会使箔纸的张力出现很大的差别，导致定位误差，解决办法是预先计算好全息图案的排列方式，每次走过 5 个图案，从而不必做大小跳步。

（三）烫印基材

烫印基材的表面特性对全息烫印的效果有很大的影响。全息烫印箔很薄，且转印层表面为微小的坑纹，对烫印基材表面特性要求较高。当基材表面有纹路或较粗糙时，烫压紧密贴合的粗糙基底平面将改变已有坑纹对光的反射，会降低全息图的立体效果和亮度。

最好的基材应是表面光滑无孔，如信用卡，其次是覆膜制品。为保证全息烫印箔的烫印效果，对于较硬、光滑无孔的表面，可以通过提高烫印压力的办法，或将烫印版做成曲率半径较大的曲面（平压平型烫印机），以能排除烫印版与烫印箔间的空气。

（四）烫印工艺

1. 金属模版的质量及制作

全息图的模压复制与传统的凸版印刷工艺十分相似。所不同的是，凸版印刷属于冷加工，通过油墨进行文字和图像的转印，而全息图模压复制属于热加工，通过加热加压将金属模版上的浮雕条纹转印到热塑性材料上。另一个显著的差别是，全息图模压复制属于微细加工范畴，它所转移的浮雕条纹具有十分精细的结构，其空间频率通常在 1000l/mm 以上，而浮雕的平均深度只有光波长的几分之一。因此，全息金属模版比起印刷凸版来，有更高的质量要求。所以全息图模版的制造是全息图模压复制的关键工艺。

（1）全息金属模版主要质量指标

一个理想的全息金属模版应当满足下述主要的质量指标。

①厚度及其均匀性

用于滚压的全息模版，其厚度大约为 0.05mm。用于平压的模版，其厚度与全息图的尺寸有关，对 50.8mm×50.8mm 的全息图，模版厚度应在 0.25mm 左右；当全息图大于 304.8mm×304.8mm 时，模版厚度应大于 1.016mm。无论平压或滚压，模版厚度都应均匀，同一块模版的最大厚度偏差不得大于 0.013mm；同一压滚上固定的不同模版之间，厚度偏差也不大于 0.013mm。

②应力

金属模版应柔韧、平整、无应力。既不出现中心凸边缘卷曲的拉伸应力，也不出现中心凹陷边缘上翻的压应力。张应力或压应力应维持在 $0 \sim 40Pa$ 范围内。

③外观

全息金属模版正面应光亮、银白、无裂纹、无针孔、无印迹及任何瑕疵，模版的反面应平整无裂纹、无渗漏、无结疤、无凸缘或无变形。

④图像质量

全息金属模版实际上是一块反射再现的浮雕全息图。有关文献证明，彩虹全息图在反射方式下的再现衍射效率会高于透射方式下的再现效率。所以一块高质量的全息模版，应具有清晰的再现像，其衍射效率应不低于原版浮雕全息图。

⑤硬度

应有较高的硬度，维氏显微硬度应保持在 $210 \sim 270N/mm^2$ 范围内。

（2）全息金属模版制作

金属模版制作工艺　全息金属模版的制作工艺流程如下。

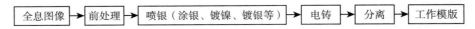

①彩虹全息图像制作

图 3-11 是激光再现的全息照片的拍摄原理图。

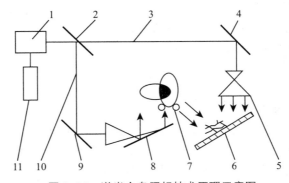

图 3-11　激光全息照相技术原理示意图

1- 激光发生器；2- 分光镜；3- 参考光束；4- 折射镜；5- 扩束镜；6- 感光底片；
7- 物体　8、9—折射镜；10- 物体光束；11- 气体

　　从激光器发出的光束经分束器被分束成为两束光，一束照射到被摄景物后再反射到感光片称为物光束；另一束经反射扩束后直接照射到感光片上，称为参考光束。由于激光具有极好的方向性与单色性，两束光在感光片上相遇而发生干涉，形成无数明暗交替的干涉条纹，曝光后经处理就成了全息照片。由于全息照片上记录的是两束激光相互干涉的结果，因此与原景物无相似之处，当将它放回原处，再用原参考光束去照射，由于光的衍射效应，就能使原来的物光束还原，当人们透过这张全息照片去观看原来的景物时，尽管实物已移去，然而由于人眼仍能接受到原物的光波，因此，仍能看到一个逼真的具有立体感的物像。但这种照片如在白光下观看，由于白光中包含了各种波长的光，照片上的干涉条纹会同时对所有波长的光波都发生衍射，结果出现许多重叠又错位的像，使人无法看清。1968 年，斯蒂芬·班顿发明了彩虹全息技术。

　　图 3-12 是彩虹全息图片记录与再现的示意图。

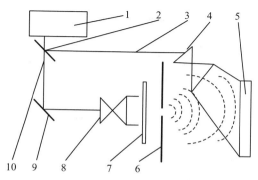

图 3-12　彩虹全息图像产生原理示意图

1- 激光发生器；2- 分光镜；3- 参考光束；4、8- 扩束镜；5- 彩虹全息图片；
6- 狭缝挡板；7- 全息图片；9- 折射镜；10- 再现光束

　　利用图 3-11 所示的光路先拍摄一张普通的全息照片，经过处理再将其放回原处，在一束与原来的传播方向相反的光束照射下，在原物所在位置上就会得到原物实像。在这张照片的前面如果放置一块有水平狭缝的挡板，让再现波从狭缝中通过，使得只有狭缝区域的全息照相底片才能再现出像素。然后，在再现的实像位置上，放上感光底片，同时，用另一束参考光按图一所示，直接照射到感光片上，经曝光处理就能得到一张彩虹全息照片。

　　②光致抗蚀材料导电层制作

　　彩虹全息图的记录材料通常用一种光致抗蚀材料，而制造全息金属模版的第一步是在光致抗蚀的全息图表面形成一个金属导电层。这层金属导电层的作用有两条。

　　第一，通过在光致抗蚀剂表面沉积极微细的金属颗粒，可将浮雕全息图上的干涉纹槽真实地转移到金属表面上，形成全息金属模版的雏形；

　　第二，光致抗蚀剂表面的导电层在以后的加厚电铸中作为阴极芯，将吸引源源不绝的离子在其上进行沉积，达到加厚的目的。

　　在光致抗蚀剂表面形成金属导电层通常有以下几种方法。

A. 真空镀银

这种方法适宜制造尺寸较小的金属模版，其操作程序是把仔细处理过的光致抗蚀剂全息图面朝下固定在真空室的顶部，从底部蒸发纯净的银，使其在全息图表面沉积。为了获得牢固而致密的导电层，除对真空镀膜机性能有较高要求外，还需要使用循环液态氮以获得0.067Pa 以上的高真空度。这种工艺效率较低，且当全息图尺寸超过 152.4mm×152.4mm 时，就难以获得均匀的导电层。

B. 化学镀银

化学镀银是在非金属材料表面形成导电层的最常用方法之一。它的基本化学过程是所谓的银镜反应。

化学镀银是两步浸渍过程。第一步要对被镀表面敏化，常用的敏化剂是氯化亚锡溶液。通过敏化处理被镀面吸附一层易于氧化的金属离子，能引发金属银的快速均匀沉积，并参加镀层与基材的结合强度。第二步通过在镀液中浸渍实现银的沉积。化学镀银配方很多，一般在专业书籍中均能查到。研究表明，镀液配方和工艺规范对导电层的质量影响遵循以下几条规律：增大 Ag^+ 浓度可提高平均沉积速度，特别当 Ag^+ 浓度低于 30mg 分子时，影响尤为显著；增大镀液 pH，可使平均沉积速度加快，但当 c（OH）$>0.2×10^3mol/m^3$ 时，镀层开始变化；增大氨的浓度，起始沉积速度减小，但溶液稳定性和镀层厚度增加；增大葡萄糖的浓度，可加快平均沉积速度，但镀层最大厚度减小；加入适量稳定剂，可控制沉积速度和镀液的分解反应，延长镀液的半衰期；升高镀液工作温度，银的沉积速度加快，但本体反应也加快，因此反应应在最低温度下进行。

C. 喷银

喷银的反应机理与化学镀银相同，只是在操作上不是通过浸渍，而是将 A 液和 B 液通过一个带两个喷嘴的喷枪同时喷射到光致抗蚀剂表面上，使还原的银迅速沉积。在喷镀时，通常要使被镀层处于高速旋转状态，可以获得均匀的导电层。这种方法生产效率较高，还适合制造大尺寸的全息金属模版。

D. 化学镀镍

化学镀镍也是一种催化还原反应。它和化学镀银在工艺上的差别是，化学镀镍是一个两步过程。第一步是在镀银前处理中除了需要敏化之外，还需要做活化处理。所谓活化实际上是"播晶种"，即在敏化后的被镀表面上再置换一层高活性的金属微粒作为催化中心。在化学镀镍中常用的活化剂是氧化钯，活化时间为 1～2min。第二步是在加热的容器内通过浸渍做化学镀镍。

③电铸镍版及分离

浮雕全息图表面附着一层金属银，一般为0.05～0.2mm 厚，但这层薄膜完全不能进行规模化复制，为此必须对这层金属膜加厚——电铸。电铸镍版采用电化学原理在电铸槽内进行，其工作原理如图 3-13 所示。

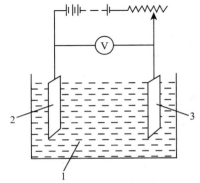

图 3-13 电铸工作原理图

1- 电解液；2- 阳极镍板；3- 阴极

当外加电源在两极板之间施以一定电位时，阳极镍板上的镍被电离而在阴极光刻原版上还原成镍，以形成足够强的凹凸形状的镍层，其厚度一般为 50 ~ 100mm。为保证电铸镍层质量的稳定性，应合理控制电解液的性质及工艺条件。最后，将电铸层剥离下来即制成金属模压版。

2. 材料分切

将宽幅材料分切成所需宽度的窄幅材料。宽度至少要比成品宽 20mm 左右。分切好的窄幅卷材要求端面整齐，卷曲张力合适。

3. 模压

和其他印刷方式相比，全息图像印刷所用的印刷设备不需要输墨装置，而是通过压印装置在压印机上的金属模版完成印刷过程。压印按热、冷却、剥离工艺过程进行。通过压印将模版上的干涉条纹转移到承印材料上。

模压复制分平压和滚压两种基本的加工方式。对于不同的压印方式，需配以不同的专用设备。

（1）平压

平压是一种间歇式印刷过程，加压时整个全息模压版表面同时受压。平压平式压印机如图 3-14 所示。

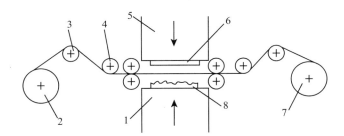

图 3-14　平压平式压印机示意图

1- 热压装置；2- 供料辊；3、4- 张紧轮；5- 冷压装置；6- 压印板；7- 收料辊；8- 全息模压版

它由供片滚筒、张紧轮、输片轮、收片轮、收片滚筒、金属压印板、热压模和冷压模组成。每一次压印过程可以分为供片、加压、保持、剥压、收片几个阶段，整个过程约需几秒钟。

平压加工对金属模版的要求很高，如果模版厚度不均匀，则无论怎样加大压力，都无法得到高质量的全息图象。

平压加工虽然生产效率较低，但是只要全息模版质量高仍可以获得高质量的全息图像。

（2）滚压

滚压分为圆压平和圆压圆两种印刷方式。其中圆压平式仍然属于间歇式生产方式，效率不高，但是可以制造面积较大的模压全息图像。圆压圆式属于连续性生产方式，不仅生产效率高，而且可以制造很大面积的全息图像，主要用于大批量生产场合。图 3-15 是圆压平式压印机示意图。

它由调温加热平台、移动平版、全息镍压模、压辊和输片轮等部分组成。每一压印过程可分为供片、滚压移动冷却、剥离几个步骤。

圆压圆式是目前最先进的一种方式，如图 3-16 所示。

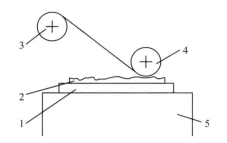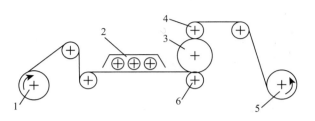

图 3-15　圆压平式压印机示意图
1- 移动平板；2- 全息模版；3- 输片轮；
4- 压辊；5- 加热平台

图 3-16　圆压圆压印机示意图
1- 给料辊；2- 加热器；3- 印版辊；
4- 冷却辊；5- 收料辊；6- 压印辊

这种生产方式的特点如下。

①加压时两个压辊之间保持一条母线接触，因而施加的压力小，全息版的使用寿命长。

②由于压力小，压辊可以更长，直径更大（例如，长 66cm，直径 10cm 或更大），可以制造幅面超过 30cm 的大尺幅模压全息图像。

③滚压速度很快，有的已达到了 15.24m/min，因而可以达到很高的生产效率。

4. 生产工艺注意事项

（1）装料

模压前先装好待压材料，使全息图案位于薄膜中央。对于不合要求的材料，如卷材偏心、松脱等，要重新处理合格后方可上机，否则影响同步调节。

（2）裁版与装版

全息金属模版的裁切与安装对模压生产极为重要，在很大程度上决定了模压全息质量。首先要根据实际图案裁切金属模版，对平压方式而言，压印面积不宜超过 10cm×10cm；对滚压方式而言，应保证压印尺寸满足装版所需的尺寸。若裁切边缘不平整光滑，可用细砂纸打磨，防止损坏模辊。然后测量模版厚度，每边至少取 3 个测量点。对于不合要求的模版不能上机。装版时应尽量将模版装在模压机的中央位置，便于均匀调整压力。保证模辊与模版之间没有异物。对于滚压装版时不能太松或太紧，否则模版易变形或破裂。

（3）温度设定

模压温度应根据原材料的种类、压力和生产工艺速度而设定。若温度过高则原料易变形和铝粉易脱落；温度过低则模压图像不清楚完整。聚酯薄膜高弹态在 150℃ 左右，PVC 硬膜在 70～150℃ 时模压质量最好。全息压印膜的模压加工条件与聚酯薄膜类似，而原材料厚度一般在 30～50mm。故对滚压的压力辊温度设定在 100℃ 左右为好，模压辊温度在 150℃ 左右。

（4）张力与压力

对于模压卷材，模压前选调节放卷与收卷的张力，使薄膜张紧不抖动，以便能平整地压印出产品。一般情况下，初始放卷、收卷时，若张力过大，收卷易起皱，产生"暴筋"等现象；若张力过小，则收卷不平整，也易产生皱褶。压力应根据原材料的种类、模压温度和模版的情况而定。压力过高，模版易损坏，铝粉脱落；压力过低，模压图像不清楚完整。对于圆压圆，两边的压力辊的压力一般初始为 68.947kPa 左右。模压开始后，慢慢均匀地加大压力辊，压力在 0.34 ～ 0.41MPa 比较完整。

（5）同步调节

同步调节对全息图产品中的质量保证很重要。若模压设备没有自动调节装置，模压开始后应仔细检查模压图像，小幅度调节同步装置至模压同步为止。在生产过程中应做不断调整保持模压同步。

（6）其他

热塑性材料在加工过程中都会产生大量的静电，会吸附粉尘，影响模压质量寿命。同时模压机在高温高压下运转，粉尘对机身危害极大，故模压车间需无尘，干湿度适宜，停机后应加盖防尘罩并定期做常规维护。

任务九　了解扫金技术

仿金效果是商品包装常用的一种提升产品档次的手段。目前常用的工艺有印金、烫金、仿金属蚀刻（俗称磨砂）。印金虽然快，但是光泽等效果不太佳；烫金虽然光泽度好，但是成本较高，速度较慢；而磨砂则不利于环保。扫金是精品印制中的一个特殊的工艺过程，在商品包装或标签印刷品上的指定部位附着特种金属粉末，借此实现金光闪烁的仿金效果。

（一）扫金工艺特点

扫金与其他金属质感效果的表面整饰加工相比具有如下的特点。

①扫金能在商品包装或印刷品等物体的指定部位上附着特种金属粉末，实现仿金的效果。

②扫金因是用金属颗粒作为原材料来进行表面整饰，其产品更有金属的沙砾感和光漫射效应，更接近真实金属的原始质感。

③可实施实地扫金、网目调扫金或实地扫金与网目调扫金相结合的技术进行印刷品或纸张表面整饰，营造出其他整饰技术无法产生的整饰效果。例如，著名的"骆驼（CAMEL）"牌精品香烟的包装，即先在整个底色上采用网点渐变方式扫上金粉，形成浓淡相间的效果（网目调扫金）；然后在烟标的上部和中部分别扫上实地效果的"骆驼"和"沙漠古城"图案（实地扫金）。网点渐变的网目调扫金布上的颗粒状金粉如同遍地"沙砾"，如同荒旷无垠沙漠主题的真实再现；实地扫金的立体感而又使"骆驼"和"沙漠古城"的图案在背景中凸现出来。同色调的明度反差形成独特的效果，使其他整饰技术难以模仿。

④扫金技术加工出的产品看上去有明显的立体感，摸起来却是又平又滑，整饰效果有独特的质感。例如，法国"马天尼（MARTINI）"酒的商标，以洋红、绿和宝蓝等颜色和色块有机搭配，再对包装及瓶签上圆圈内的人头像、艺术字、艺术化的树枝等图文着以扫金点缀而格外突出，纯正色块衬托着略亚的光泽，让人不由自主地产生犹如华丽丝缎的质感和洋酒淡黄的色泽的联想。既体现出世界名酒的高贵气质，同时以其独有的设计风格和印品整饰技术，宣扬着酒内含有丰富的科技文化含量。

⑤扫金以一种新颖的整饰技术在进行印刷品表面整饰产生独有效果的同时，还因其难以仿效而起到一定的防伪效应。

（二）扫金机工作过程

扫金技术需通过扫金机实施。德国 EDMUND-DREISSIG 公司是世界上唯一生产扫金机的厂家。它生产的扫金机主要由输纸机构、涂布机构、抛光机构、清洁机构、收纸机构五部分组成。扫金机结构如图 3-17 所示。

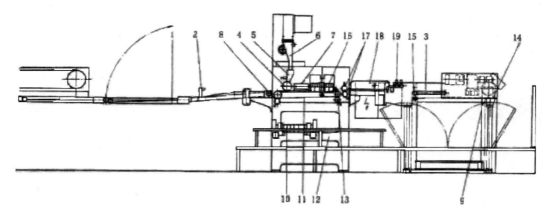

图 3-17　扫金机结构示意图

1- 纸张传送装置；2- 光电眼；3- 收纸台；4- 涂布辊，带内吸气装置；5- 带墨斗辊的 DREISSIG 涂布器；
6- 金粉填充装置；7- 抛光器；8- 带吸气通道的前橡皮布清洁器；9- 带吸气通道的揩金带；
10- 附加的吸气气泵；11- 自动橡皮布控制；12-2500 机器；13- 带吸气通道的后橡皮布清洁辊；
14- 吸气通道；15- 吸气辊；16- 揩金带末两个带有吸气的通道；17- 带吸气通道的排出辊；
18- 吸气罩；19- 吸风杆压缩空气接头

扫金机工作，通常需要一台平张双色胶印机与扫金机连接。利用印品的分色底片，制作出用于扫金机用的 PS 版，安装在胶印机上，通过调整胶印机的规矩，可方便地完成套准工作。利用 PS 印版在印品需要上金粉的部位印上一层薄而均匀的底胶（俗称"扫金涂底"）。印有底胶的印品，通过扫金机传纸器，送到扫金部分的吸气式橡皮传送带上。涂布装置由金粉填充器、涂布器、匀粉辊和涂布辊组成。涂布辊很缓慢地转动，当涂布辊上吸附金粉的一面转到纸张上方时，该部分由吸气转为吹气，将金粉均匀地喷洒在纸张整个表面。然后，使用 4 根特别的抛光器，与纸张上的金粉相擦、抛光，使纸张上印有胶部分的金粉牢牢地粘住。扫金机又采用 4 根特殊揩金带，进行相互之间转向相反的往复运动，并且后面两根带有强力吸气管道，再加上后面的高真空吸附多路清扫循环系统，因此可干净迅速地扫清纸张上多余的金粉，没有金粉泄漏。而且，这些金粉可以循环使用，没有浪费。

不需要扫金时，可收起连接胶印机和扫金机的传送器，从而胶印机又可单独印制其他产品。另外，对于拥有多色 UV 胶印机的厂家，还可以让多色机与扫金机直接联机，则效率更高。

（三）扫金 PS 版的制作

扫金 PS 版与印刷 PS 版相同，都是 0.5mm（0.3mm）等厚铝版基经过表面电解粗化、阳极氧化、封孔处理后，涂布重氮化合物感光胶制成的预涂感光版（Presensitized Plate）。按照感光原理和制版工艺，PS 版分为阳图型（用阳图底片晒版）和阴图型（用阴图底片晒版）两种类型。

1. 阴图型 PS 版的制作

（1）曝光

将阴图底片有乳胶剂的一面与 PS 版的感光层密附，放置在专用晒版机内。真空抽气后，打开晒版机的紫外光源，对印版进行曝光。光线通过阴图底片的透明部位（图文部位）到达感光层，发生光交联反应，失去在原溶剂中的溶解性能。

（2）显影

用感光剂相应的溶剂显影液处理曝过光的 PS 版，使未见光部分（非图文部分）的胶膜溶解，版面上只留下见光已反应的感光层，形成印刷时着胶部位。

（3）上胶

这是为了保护图文部位与胶有良好的亲和性及与非图文部位有明显性能的区别。

2. 阳图型 PS 版的制作

（1）曝光

与阴图形 PS 版方法相同。曝光将使非图文部位的感光层因发生光分解反应，由原来的非碱溶性变为碱溶性。

（2）显影

用稀碱溶液对曝过光的 PS 版进行显影处理，使见光发生光分解反应的非图文部位的胶膜溶解，版面上留下未见光的感光层，形成与胶黏剂可亲和的图文部位。

（3）除脏

利用除脏剂把版面多余的规线、脏物清除。

（4）修版

用修版液对扫金图文进行精细的整修。

（5）烤版

为确保所制作的扫金专用版能满足大批量的（≥ 10 万印）的印刷整饰，将印版表面涂布保护液后，放在烤版机中，在 230 ～ 250℃恒温下烘烤 5 ～ 8min。取出自然冷却后，用显影液再次显影，清除版面残存保护膜，用热风吹干。其耐印力可提高到 15 万印以上。

（6）涂显影墨

将显影墨涂布在印版的图文部位，可增加图文对涂胶的吸附性。

（7）上胶

在制作好的印版表面涂布一层阿拉伯树胶，使非图文部位与图文部位对涂胶的亲和性差距更大、更稳定，以保证图文部位精确。

（四）扫金机常见故障及解决方法

扫金机最常见的故障是粘脏（即纸张空白部分也粘有一些金粉）。其原因有下列四种。

①车间湿度太大，导致揩金带受潮，揩金带自身粘上了金粉，导致揩金揩不净。

②印张湿度超标，也导致揩金不净。

③扫金前印张上的油墨尚未干透。而未干透的油墨本身也具有黏性，导致非扫金部位也粘有金粉。

④印张上扫金部位金粉黏附不牢，导致掉粉。

要解决以上问题，只要将车间温湿度保持在适当范围内，将扫金前印张放置在干燥的环境里，并保证其表面的油墨充分干燥，就能避免粘脏。第四个原因则可能是润版液碱性太强或抛光器压力太大，所以问题也能解决。

※ 思考题

1. 什么是烫印？烫印的作用有哪些？

2. 烫印的电化铝结构是怎样的？

3. 烫印温度对烫印质量有什么影响？

4. 烫印压力对烫印有什么影响？

5. 烫印速度对烫印有什么影响？

6. 烫印设备分为哪几类？

7. 如何根据印件特性选用合适的烫印方式？

8. 什么是立体烫印？

9. 立体烫印为什么要采用特殊的底模技术？

10. 设备精度对立体烫印有什么影响？

11. 凹凸烫印版上机调整有哪些要点？

12. 什么是扫金？

13. 扫金工艺的特点有哪些？

14. 说明扫金机的工作过程。

15. 说明扫金用 PS 版的制作方法。

16. 根据烫印和扫金认知实践完成一份实践报告。

项目四　印刷品表面特殊加工

学习目标：
1. 掌握折光加工的特点和应用。
2. 熟悉折光工艺原理。
3. 熟悉并掌握机械折光模压工艺。
4. 了解激光彩虹光泽加工。
5. 掌握凹凸压印工艺流程和相应的工作内容。

任务一　折光加工

（一）折光加工的特点及应用

折光加工是在烫有电化铝或镀铝纸等镜面承印材料表面借助密纹压凸工艺压出不同方向排列的细微凹凸线条的工艺技术。

折光技术是一种不用油墨而能使印刷品既产生具有金属的光泽，又有清晰明辨的凹凸图像效果的创新型表面整饰技术。它所产出的较强的光泽，不同于覆膜、上光、滴塑、烫金这些整饰技术，要在印品基材上增加新物质才能达到；它所形成的凹凸图像效果，也不是像模切压痕、凹凸压印那样，要制作复杂的模具，给予相当大的压力，必须有一定距离的工作冲程才可成型。折光技术是对镜面承印基材（铝箔纸、镀铝纸及烫印电化铝后）进行细微凹凸线条处理的一种如同印刷般的轻量级机械加工，它能使印刷品表面产生富有立体感，并随角度可改变的高强金属光泽。这种加工工艺有一定的特殊性和隐蔽性，因此也具有一定的防伪性能。折光加工的印刷品让人有新颖、精美、华贵感，而且有防伪作用，因此它广泛应用于书刊封面、烟酒包装、化妆品、挂历、台历和贺卡上。

（二）折光工艺原理

折光加工产生的折光效果需要具备以下两个条件：第一是承印物表面具有金属光泽，最好达到镜面反射效果；第二是承印物表面印刷有折光纹理。

传统的折光工艺原理是使压痕线块用直线分割块面，而不同块面用角度变换表示。由不同方向的直线或曲线按一定规律排列组成几何图案如三角形、圆形等，由于对照射光具有不同的折射，使印刷品产生闪耀光泽感。在这种工艺中，影响折光效果的要素是线条，所以要严格掌握线条间隔的设计，一般在 0.15mm 左右为宜。

线条排列形态如图 4-1 所示。

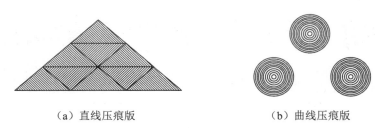

（a）直线压痕版　　　　　　　　　　（b）曲线压痕版

图 4-1　折光压痕版画稿

这种用不同方向的线条修饰不同的画面和物体，可使折光刷品产生若隐若现的艺术效果。在折光角度的选取上，一般画面主题宜采用45°或135°，大面积区域宜采用90°或0°。角度选取不宜过多，对同一个产品，采用 4 ～ 6 个角度比较适宜。

现在的折光工艺已经不再是直线，而是根据画面图案的弧线变化，变幻出折光曲线效果，使得画面上飞禽走兽的羽毛也能精细逼真地得到呈现。这种折光工艺是计算机技术、制版技术和印压技术的综合应用。

（三）折光工艺类型

折光工艺可分为机械折光、激光折光和网印折光三种。

1. 机械折光

机械折光是通过电子雕刻或化学腐蚀的方法，将折光纹理图案刻在金属版上，然后利用很大的压力将折光纹理图案转移压印到承印物表面。机械折光实质上是密纹压凸工艺。

2. 激光折光

激光折光的压印方式有些类似于机械折光，只是其折光印版纹理的形成要复杂得多。首先是激光器将图片信息记录在全息记录材料上，形成非常致密的人眼无法识别的光栅。

3. 网印折光

机械折光和激光折光不需要油墨，只需通过刚性的模版，利用压力将折光纹理压印至承印物表面。而网印折光要用到油墨，即 UV 折光油墨，通过网版印刷的方式将折光纹理印刷复制到承印物表面。网印折光方法简单，技术需求不高，生产效率相对较低，防伪效果稍逊色于机械折光和激光折光。

（四）机械折光模压工艺

目前各种金属画等折光印刷品折光效果是根据画图图案的弧线变化，变幻出折光曲线效果。其折光工艺流程如图所示。

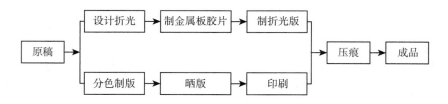

1. 分色

首先要对计算机制作的图像进行分色，并进行色块线条和角度变换处理，然后通过照排机输出软片。

2. 版材

常用来晒制折光印版的版材有铜版、钢版和锌版，因钢版的分子结构粗于铜版，锌版的硬度又低于铜版，故常以 0.8 ～ 1.4mm 的铜版来制作细密线条的折光印版。折光版的网线粗细应视图文而定，一般包装印刷品的折光版为 60 ～ 200 线 / 英寸，金属画的折光版为 170 ～ 300 线 / 英寸。

3. 折光加工基材的选择

在折光模压工艺中，承印材料的选用非常重要，根据折光效果看，承印材料越具有金属光泽，质地越平滑，对光的反射能力越强，折光效果就越好。所以，一般采用质地平滑的金属光泽材料，如电化铝、铝箔类。

实际生产中，普遍采用较厚的纸板为基材，表面烫印电化铝或复合一层铝箔后作为折光印刷的承印材料。鉴于折光模压的特殊工艺技术要求，纸张宜选择内部质地疏松，表面平滑度高的纸张，也即紧度要低，有较好的塑性，如 250g/m^2 以上的进口白板纸，这样有利于金属膜面压痕出细微、整齐的凹凸线。线条光洁、均匀、无破点、折光效果好。

4. 压痕

折光技术中用印版对印品表面施加的作用，既不同于印刷（没有油墨的转移），又不同于压痕（压痕是线性，且多作用于基材反面，线条简单，凹槽较深；而折光是整版平面，面积大，密度高，线条复杂），是一种对印刷压力、包衬材料都有特定要求的压印技术。

对多种型号的设备性能经过分析并做实样压印对比，圆压平模压机因具有单位面积上有可高出一般模压机 1 倍以上的工作压力，线条转移性好，印压出的产品光泽动人，而最适宜做镜面印刷品折光加工。

滚筒包衬材料质地较硬，会破坏基材上附着厚度较小的镀铝膜层而损失金属光泽；如果质地偏软，会因印压作用力使包衬材料压缩变形反而影响线条压印模糊，层次不清。在折光处理滚筒不加热的加工条件下，以用羊毛、橡胶、纸浆混合制成薄毛毡纸做衬垫（上海长江造纸厂生产）压印效果极佳。

任务二 了解激光彩虹光泽加工

激光彩虹加工技术加工的产品，是激光包装膜，这种印后加工的工艺采用计算机和点阵光刻技术、3D 真彩色全息技术、多重与动态成像技术等，经模压具有彩虹动态，三维立体效果的全息图转移到 PET、BOPP、PVC 或带涂层的基材上，然后用复合、烫印、转移等方式使商品包装表面获得某种激光效果。

激光包装膜的制版与生产工艺比较复杂，需要的设备有激光器、光刻机、模压机、涂布机、分条机、镀膜机等。制作时又涉及光学、化学、密码学、信息学等多种技术。一般很难仿制，因此，采用激光包装膜加工的商品包装，不仅具有良好的表面整饰效果，而且具有相当强的防伪功能。由于激光包装膜具有较强的装饰及防伪作用，正被广泛应用在各种商品包装上。

任务三　掌握凹凸压印

凹凸压印是一种不用油墨的压印方法。凹凸压印加工是将承印物置于一组图文对应的凹版和凸版中，在一定的压力下两模版对压，使印刷品基材发生塑性变形，压印出浮雕状凹凸图文和花纹的工艺过程。凹凸包括图文压印和花纹图案压印（压花）两种。

凹凸压印式浮雕艺术在印刷中的运用，相当于印刷时不用油墨而是直接利用印刷机加大压力进行印刷。如果质量要求高，凹凸立体效果显著，还可采用热压的方式，即在加压的同时给模版以较高的加热温度。

盲文印刷实际上也是采用凹凸压印的方法，制成有触摸感的印刷品。在锌皮上打出字符孔，覆盖在盲文用纸上，用特制的乙烯类印墨喷注后，加热成点子，这种点子很牢固，多次用手触摸也不会磨损。

凹凸压印技术多用于印刷品和纸容器的印后加工，如高档的商品包装纸、样本封面、书刊装帧、商标、纸盒、日历、贺年片、瓶签等包装的装潢。效果生动美观，立体感强。

凹凸压印工艺在我国的应用和发展历史悠久。早在20世纪初便产生了手工雕刻印版、手工压凹凸工艺；20世纪40年代，已发展为手工雕刻印版、机械压凹凸工艺；20世纪50～60年代，基本上形成了一个独立的体系。

近年来，印刷品尤其是包装装潢产品高档次、多品种的发展趋势，促使凹凸压印工艺更加普及和完善，印版的制作以及凹凸压印设备正逐步实现半自动化、全自动化。

（一）凹凸压印工艺流程

凹凸压印的工艺流程包括凹凸印版的制作、凹凸压印及包装操作三部分。图4-2为凹凸压印示意图。上层为凸模版1，下层为凹模版3，两版形成凹凸的阴阳模版，中间是待加工的纸板2，上、下模版在一定的压力下对压，便在纸板2上形成凹凸的图文或图案。

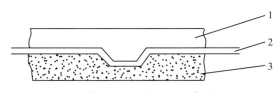

图4-2　凹凸压印示意图

1- 凸模版；2- 纸板；3- 凹模版

1.制凹版

凹凸压印需要制作两块印版，即凸版和凹版。这两块版在高精度下复合挤压，配合完成压印工作。

凹版又称阴版，版面上对应的图文部分比版平面凹下1～1.5mm，一般由铜板或钢板制作而成。加工方法是先对钢板进行化学腐蚀，而后雕刻制成图文凹模。腐蚀后的铜版或钢版，版面深浅一致，轮廓不明显、缺乏层次，版口毛糙，这些缺陷必须通过雕刻加工来弥补。雕刻时应考虑：如果画面是圆形的物品，则版口修成圆边；如果是字和线条，则修成直边；若为了突出立体造型，可以把版口修成斜面。

2. 制凸版

凸版又称阳版，版面上对应的图文部分比版平面高出一块。凹版制成后，还需配置一块与凹版图纹相反的石膏压印凸版。

（1）传统石膏凸模的制作

将制好的铜（钢）凹版粘置在平压机的金属底板上校平，并在压印平板上用黄纸板糊好，然后用树胶液或糯米粉浆调和石膏糊，快速把石膏糊涂在粘有黄板纸的平版上，稍加摊平，铺上一层薄纸。为防止石膏粉落入版纹之中，再盖上一层塑料薄膜。压印前在凹版上轻轻地刷一层煤油，防止压印时粘坏石膏模子。第一次压印力要小，能略显出影子即可；第二次压印时，在凹版后面加垫一张较厚的白板纸，待石膏粉快干时压印上去，待石膏粉完全固化干燥后，铲除四周多余的石膏，石膏压印凸版即制成了。

（2）新型 PVC 预制凸模工艺

新型 PVC 预制凸模工艺过程是将塑料板材与模具重合后，放入具有加热及冷却系统的模切机内，通过控制调节温度与压力，得到与模具形状一样，凹凸相反的制品，具体步骤为：

①将裁切好的聚氯乙烯板进行表面清洗，去除毛点、油污，同时采用去污剂或弱酸（碱）液清洗凹模与模框。

②在凹模聚氯乙烯板的接触面涂刷脱模剂，硅脂、硅油及二者的混合物是常用的脱模剂。

③将凹模聚氯乙烯板装入模框中，盖上盖板后送入模切机。注意凹模与模框壁间应留有适当空隙，以便让多余的熔融状料液流出。

④升温前适当加压使被压物密合，当达到温度预定值后加压，压力一般为 9.8～29.4MPa。具体数值应视版面大小、图纹深浅、线条粗细而调整。

⑤当温度冷却至室温后卸压，脱模。

⑥将图纹以外的边角裁切后，检验成品质量。

传统的石膏复制凸模工艺都是先制好凹模版，再在压印机上复制，速度低。另外，石膏强度低，随着压印的继续，会因挤压而下塌。新型 PVC 预制凸模工艺，具有机械强度好、成型速度快的优点。且聚氯乙烯（PVC）材料来源较丰富，价格较低廉。

（3）新型凸模的固定

①将凹版用双面胶固定在铝板上，再用螺钉将铝板定位于电热板上，注意凹版的图纹重心应在电热板的中轴线上，以使压力均衡。

②粘贴双面胶。将双面胶粘贴在新凸模的背面。

③吻合凸模。将新凸模吻合在凹模板上，用玻璃胶固定四角。

④凸模转移固定。开机合上平板，在压力作用下新凸模通过双面胶固定在平板上。

3. 压凸纹

压凸纹一般在平压式凸版印刷机或特制的压凸机上进行。这种机器的特点是压力大、结构坚固，能压制版面较大的凹凸产品。

压印操作方法是将已印好的印刷品放在凹与凸两块印版之间，用较大的压力直接压印。压轧较厚的硬纸板时，可利用电热器将铜（钢）凹版加热，以保证压印质量。

4. 压花

在纸板等表面压制不同纹理的花纹的加工称为压花。压花加工多采用专门的压花机完成。

压花的原理如图 4-3 所示。纸板 1 通过上下排列的压花滚筒 2 和橡胶滚筒 3 进行压花。

压花滚筒用无缝钢管制成，表面用机械雕刻或化学腐蚀处理出各种花纹。滚筒内部通冷水使压制的花纹冷却定形，既保证了压花效果，同时又避免了橡胶滚筒的橡皮布长时间受热老化。

橡胶滚筒是无缝钢管外包耐热橡胶制成的。一般采用肖氏硬度 85 ～ 90 的橡胶，滚筒表面要求平滑。使用一段时间，橡皮受热易发生膨胀，从而影响橡皮滚筒的平滑度。解决的方法是对不平表面进行磨修或车削加工。

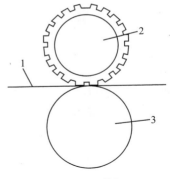

图 4-3　压花加工

1- 纸板；2- 压花滚筒；3- 橡皮滚筒

压花滚筒 2 两端轴上装有丝杠提升机构，当需要调节压花滚筒与橡胶滚筒间的线压力时，可通过丝杠提升机构，使滚筒 2 向上或向下运动，以调整滚筒 2、3 间的缝隙，从而调整两滚筒对纸板 1 的压力。

（二）凹凸压印设备

凹凸压印设备与模切压痕设备基本相同。这类机器的压力大，结构坚固，能压制版面较大的凹凸产品。目前主要采用两种凹凸压印机，一种是平压平式压印机，另一种是圆压平式卧式压印机。平压平式压印机压印产品轮廓层次丰富，但效率低；圆压平式卧式压印机效率高，但凹凸轮廓层次不够丰满。

在操作上凹凸压印与模切压痕也基本相同。为了提高工作效率，当产品同时需要凹凸压印和模切压痕时，许多工厂把凹凸压印和模切压痕结合起来。

压印过程中，如果发现凸版衬垫损坏或局部压力不够理想，图文轮廓不清晰等现象，应及时停机对印版进行修整，修整结束后，要重新试压并对样张认真检查，确认无误后方可继续压印。

任务四　凹凸压印中常见故障及解决方法

凹凸印过程中常见故障及处理方法如下。

（1）图文轮廓不清

①装版时垫版不实，剪贴垫层的层次处理不当，压力过松，会造成图文线条轮廓不清。压印时，印版必须垫好、垫实、垫平整，垫贴层次要仔细调整。

②石膏层次分布不匀、石膏层厚度不够，以及在压印过程中速度过快、力量过大，使石膏层厚度发生变化或变形，都会造成压印的图文轮廓不清。

排除方法是压印过程中保持运转速度均匀，冲力平稳。石膏层厚度不够、变形、薄厚不匀时，及时修补，使印版受到合理的压印力。

③压印机精度差。这也是造成图文轮廓不清的一个原因。压印机精度差，凹版与石膏

凸版配合不好，使压印质量受到影响。

排除方法是及时对压印机进行修理，并修正凹版与石膏凸版，以提高其配合精度。

④石膏凸版经过多次压印后，会产生压缩变形或磨损。此时印刷压力会发生变化，从而影响图文压印质量。

排除方法是定期对石膏凸版进行修补加层。

⑤承印物厚薄不均匀或双张、多张压印，压印力不足。压薄型产品时更易出现这种故障。

排除方法是如发现承印物厚薄不均时，应对承印物进行挑选分档。

（2）图文套印不准

①印版雕刻位置、规格、精度与图文不符。排除方法是凹凸印版规格比所需压印面积小，可在印版上重新雕刻修正；凹凸印版规格比所需压印面积大时，误差过大，必须重新制版，误差较小，可以将石膏凸版进行修正，使其与凹版相配合。

②规格位置不准确，使压印位置与图文套印发生有规律的误差时，可调节规矩的准确位置，使图文压印准确。

③同一版面由多块印版组合而成，图文分布多处，各个图文无法一一套准时，可以将凹凸压印版分两次压印，石膏凸版不同部位分两次铺压而成，减少印版之间的误差，改善压印效果。

④印版版框位移，使凹版与石膏凸版的位置不合适，造成图文轮廓不准。

（3）纸张压破

纸张压破的主要原因是纸张质量出现问题或印版边角过渡坡度大。凹凸压印产品纸张不能太脆，否则容易压破。凹凸压印印版图文的边角过渡应尽量缓和一些，应尽量避免尖角、直角、锐尖等。

（4）图文表面斑点

凹凸压印的凹凸图文表面有斑点主要是石膏层和承印物表面有杂质所致。

①制作石膏层的石膏粉或胶水含有杂质，没有清除干净，使石膏层表面不光洁，造成压印的图文表面产生斑点。调制石膏浆之前应将石膏粉、胶水等材料进行精选。

②承印物表面不光洁、有杂质、质量差，压印时损坏石膏凸版，造成压印后的凹凸图文不光洁。压印凹凸图文的承印物要保证一定的质量，一旦发生石膏层压坏，应及时修补。

③凹版表面粘上石膏颗粒、纸毛或其他杂质，压印时会将石膏凸版压坏、压出小孔，或把杂质直接粘到凹凸图文上，影响图文质量。

※ **思考题**

1.什么是折光加工？折光加工的特点是什么？

2.折光工艺的要点是什么？

3.什么是凹凸压印？

4.凹凸压印凹版是怎样制作的？

5.凹凸压印凸版是怎样制作的？

6.什么是压花加工？

项目五　复合加工

学习目标：

1. 掌握复合薄膜常用基材。
2. 掌握干法复合加工工艺和其相应的工作内容。
3. 了解湿法复合加工。
4. 熟悉挤出复合的特点并掌握挤出复合工艺控制要求。
5. 掌握挤出复合用设备的工作特点和工作要求。
6. 能正确分析印刷对复合产品质量的影响。

软包装材料印后加工中的复合是一项重要工作。这是因为作为包装材料，要求透明、柔软、机械强度高、气体阻隔性好、防潮、防腐蚀、耐高低温等性能。然而，各种单一的塑料薄膜有各自的局限性，不能完全满足各种商品包装的要求。尤其是食品包装，要求比较复杂，有的要高温杀菌，有的要真空包装，有的要冷冻冷藏等，而且食品本身又很复杂，水、油、酒、盐、酸、辣、甜、香各种成分都可能遇到。因此，包装材料很少使用单一材料，为了满足包装特有的功能，只有采用复合材料。

复合薄膜是用黏合剂或热粘接的方法将两种或两种以上基材（纸、塑料薄膜、铝箔等）粘接起来，使它们成为统一的整体，从而克服各自的缺点，集中各自的优点，改进单一薄膜的不足，以适应各种商品包装功能要求的一种包装材料。

任务一　掌握复合薄膜常用基材

复合薄膜中常用的基材有塑料薄膜和非塑料材料两大类。下面就它们的品种和性能介绍如下。

（一）塑料薄膜

在复合材料中使用的塑料薄膜，按其用量大小依次排列是聚乙烯、聚丙烯、玻璃纸、聚酯、尼龙、共挤膜、乙烯与丙烯酸酯共聚膜等。在特殊场合下使用的有聚氯乙烯、聚苯乙烯、乙烯与乙酸乙烯酯共聚物、聚碳酸酯、聚偏二氯乙烯、聚乙烯醇、聚氨酯等。不同的塑料薄膜具有不同的性能，各有优缺点。

1. 聚乙烯薄膜

聚乙烯薄膜中使用较多的是低密度聚乙烯（LDPE）薄膜。LDPE 薄膜柔韧而透明、无毒；防潮、耐水、耐化学药品性；热封性和热黏合性能好，且价格便宜，因此常用作复合薄膜的热封层。许多复合薄膜都采用一层或多层 LDPE 薄膜作为结构层。LDPE 薄膜的耐热温度和强度不高，故不能用作蒸煮袋的热封层。高密度聚乙烯（HDPE）薄膜耐热性好，机械强度高，耐化学药品性和耐油性均优于 LDPE 薄膜，可用作蒸煮袋的热封层。聚乙烯薄膜属非极性材料，在复合或印刷前一般需要进行表面处理。

2. 聚丙烯薄膜

聚丙烯薄膜有挤出流延聚丙烯薄膜（CPP）和双向拉伸聚丙烯薄膜（BOPP）。与聚乙烯薄膜相比，聚丙烯薄膜具有更好的透明性、防潮性、耐油性和耐热性；机械强度高、耐磨性好。但其耐寒性、气密性差；且容易老化，一般聚丙烯薄膜都要加入抗氧剂；与聚乙烯薄膜一样，聚丙烯薄膜也属非极性材料，所以在印刷或复合前也需要进行表面处理。CPP薄膜具有较好的热封性，可用作蒸煮袋等复合薄膜的热封层。BOPP 薄膜由于经过双向拉伸，分子定向排列，其透明度、光泽度、耐寒性、机械强度均得到大大的提高；气密性也有一定程度的提高。但热封性降低，单膜不能热封合。BOPP 薄膜的价格较低，又适于印刷，因此常用作复合薄膜的外层。

3. 玻璃纸

玻璃纸分为普通玻璃纸和防潮玻璃纸。在普通玻璃纸的表面涂布一层防潮树脂如PVDC、硝酸纤维素等即成为防潮玻璃纸。

玻璃纸具有优良的透明性和光泽、印刷性能好；抗张强度高、有滑爽性，且不带静电，适于机械化操作；在干燥状态下具有优良的气密性和保香性，耐油性优良；但其耐水性和防潮性差，有吸湿性；不能热封。玻璃纸常用作复合薄膜的外层。

4. 聚酯薄膜

聚酯薄膜一般均经过双向拉伸。双向拉伸聚酯薄膜（BOPET）具有机械强度高；透明度、光泽度好；耐热、耐寒性能优良，可在 -70℃～150℃ 的温度范围内使用；并具有良好的阻隔性、耐油性和耐化学药品性。但它不耐强碱，易带静电，且热封性差。BOPET 薄膜因强度高、尺寸稳定性好且适于印刷，因此，常用作蒸煮袋、含油食品袋等复合薄膜的外层。

5. 尼龙薄膜

尼龙（NY）薄膜学名为聚酰胺（PA）薄膜。NY 薄膜坚韧、耐磨损、耐穿刺性能优良；耐热、耐寒性；耐油、耐碱、耐有机溶剂性极好；不带静电、适印性能优良。NY 薄膜在干燥状态下具有良好的气密性，但它的透湿率大，吸水性强，吸水后尺寸稳定性和气密性下降。NY 薄膜常用作复合薄膜的外层或中层，其复合薄膜可用于蒸煮食品、油腻性食品的包装。常用的 NY 薄膜有未拉伸尼龙薄膜（CNY）和双向拉伸尼龙薄膜（BONY）。目前国内已具有先进水平的 NY 薄膜生产线。

6. 聚氯乙烯薄膜

聚氯乙烯（PVC）薄膜是用加入适量增塑剂后的聚氯乙烯树脂以压延法、吹塑法或拉伸法制得的薄膜。PVC 薄膜有硬质、半硬质和软质三类，其性能略有不同，但都有一个共同的优点，就是透明性和印刷适应性好，也有一个共同的缺点，就是耐热、耐寒性差。

硬质 PVC 薄膜中，30％用在纤维制品包装上，40％用在食品包装上，另外 30％用在杂品包装上。软质 PVC 薄膜的 30％～40％用作包装，其余作为日用品使用。这种薄膜足够薄时，具有一定的自粘性，曾在蔬菜、水果的包装上用得较多，但随着无毒的聚乙烯保鲜膜的出现，它已退出这一领域。

由于聚氯乙烯制品中残留的氯乙烯单体是一种毒性很大、会引起癌变的物质，PVC 废弃物在焚烧时又要放出有机氯和氯化氢，对环境会产生严重的污染，所以，近年来已有许多国家限制它在食品和药品包装中应用。

7. 聚苯乙烯薄膜

聚苯乙烯（PS）薄膜是用双向拉伸法制造的，它具有极高的透明性和刚性，但耐热性和耐溶剂性不好，且脆性大，易断裂。PS 具有较好的加工性能，能深拉，所以大多制造糖果点心的托盘包装和果冻奶酪等杯型包装。

近年的研究表明，苯乙烯单体有致癌作用，而在聚苯乙烯中又不可避免地残留微量的单体。所以，在食品包装中的应用已产生越来越多的安全顾虑，必须慎重对待。

8. 乙烯 - 乙酸乙烯酯共聚物

乙烯 - 乙酸乙烯酯共聚物（EVA）是由乙烯单体和适量的乙酸乙烯酯单体混合后，按高压法聚乙烯那样的工艺方法聚合而成的共聚物。这种共聚物的性能由乙酸乙烯酯单体所占的比例来决定。当乙酸乙烯酯单体（VA）含量大于 25% 时，耐热性差，粘接性好，粘连性大，乙酸气味大，多在热熔胶上应用。作为包装用薄膜，其 VA 含量不超过 20%，一般为 5%~15%，VA 含量越少越具有聚乙烯的性能。

EVA 薄膜具有很好的透明性、抗穿刺性、耐寒性、耐油性、柔软性、耐冲击性和低温易热封性，但耐热性和抗湿性比聚乙烯差。

乙烯与乙酸乙烯酯共聚体的水解产物 EVAL 或称 EVOH，也可以称为乙烯与乙烯醇的共聚体。因为在自然界中，不存在稳定的乙烯醇单体，只有 3 个碳以上的烯醇单体可稳定存在，如丙烯醇、丁烯醇等，所以它不是由乙烯单体与乙烯醇单体共聚而成的，而是由乙烯与乙酸乙烯酯单体共聚后的 EVA 经碱性水解而得到的产物。双向拉伸的 EVAL 薄膜具有很高的断裂强度、冲击强度和极好的耐穿刺强度，也有良好的保香性能、透明性能和柔软性能。由于它具有很多羟基，极性高，印刷适应性好，不易产生静电，对气体的阻隔性能极好，氧气透过率极低，是食品药品包装中防氧气透过性最优良的塑料薄膜之一。

9. 聚乙烯醇薄膜

聚乙烯醇（PVA）是 1942 年由德国贝尔曼发明的，原来主要用作维尼龙纤维的原料，由于加工成膜的技术较困难，直至 20 世纪 80 年代才有吹膜工业化法投入生产。最近，我国的北京轻工塑料研究所也掌握了这一技术，可以用吹塑法生产 PVA 薄膜了。PVA 薄膜的突出优点是强韧性好，不带静电，有高极性、高透明性，光泽好，又有很好的耐油性和耐有机溶剂性，拉伸强度高，延伸率大，极柔软，手感极好，除水蒸气透过率大外，其他气体的透过率极小。PVA 薄膜有耐水性和水溶性两种，是由它的水解度来决定的。水解度高则是水溶性的，小到一定程度便是耐水性的。在 PVA 薄膜中，耐水性者占 80%，主要用在高级服装的直接包装之中，这是由它的高透明性和舒适的手感所决定的。而水溶性 PVA 薄膜则在生理用品、染料、洗涤剂、农药等小单元包装上应用。在食品包装上，PVA 薄膜主要是以气体阻隔性好的材料跟其他基膜复合而应用，目前以共挤膜为多。

10. 聚偏二氯乙烯薄膜

聚偏二氯乙烯（PVDC）薄膜是采用管膜法加工而制成的，是阻隔性能最好的一种薄膜，它的阻隔性能不像 PVA 或 EVAL 那样易受湿度变化的影响，而是比较稳定的。它具有良好的透明性和较好的耐热、耐寒性，其单片膜甚至可以直接包装蒸煮食品，在火腿肠包装上已得到应用。用于 PVDC 加工时其分解温度与加工温度十分接近，工艺很难控制，分解出来的氯化氢又严重腐蚀设备，所以很晚才有把 PVDC 树脂加工成薄膜的技术出现。

PVDC 乳液可作为玻璃纸、双向拉伸聚丙烯薄膜的防潮涂层，用它加工后的 PT 或 BOPP 更具有良好的防潮阻气性，提高了包装性能，当然这与涂上去的 PVDC 量有关系，涂布量多，阻隔性能也好。

（二）非塑料材料

非塑料材料主要有纸、铝箔和镀铝薄膜。它们的性能如下。

1. 纸

纸是用途最广泛的包装材料之一，它是用木质纤维做成的。纸具有耐磨损，不易穿刺；挺力好，适于机械化操作；印刷性能好，有遮光性等特点。常用作复合材料的外层。

2. 铝箔

铝箔具有优良的综合阻隔性能，即气密性、保香性、防潮性和遮光性好；适于印刷，装潢效果好。但其耐折性差，厚度较薄时容易产生针孔，使其阻隔性降低。铝箔常用作复合薄膜的阻隔层。

3. 镀铝薄膜

镀铝薄膜是在塑料薄膜或纸张的表面镀上一层极薄的金属铝而形成的薄膜。镀铝薄膜除具有优良的阻隔性能外，还具有耐折性和良好的韧性；不易出现针孔；装潢效果好，且成本低。镀铝薄膜常用作复合薄膜的外层。

任务二　掌握复合加工工艺

将两种以上的薄膜层合到一起的工艺称为复合工艺。它是软包装材料生产中的常用生产工艺，复合工艺常用的有干法复合、湿法复合、挤出复合、共挤出复合、无溶剂复合、热熔胶复合、涂布复合和蒸镀复合等。下面主要介绍几种。

（一）干法复合

干法复合是复合软包装材料生产中应用最为广泛的生产方法，它是用溶剂型黏合剂将两种或数种基材复合在一起。该法的主要特点表现在如下几个方面。

①对基材的适应性广

可用于各种塑料薄膜、铝箔、镀铝薄膜以及纸张的复合，尤其适于同种或异种塑料薄膜的复合。

②生产效率高

复合速度最高可达 250m/min 左右，一般为 130～150m/min；加工宽度为 400～1400mm。

③黏合性能好

使用聚氨酯黏合剂，其黏合强度大，并有良好的耐热性和耐化学药品性，可用作耐高温蒸煮袋等。

④复合操作简单

只要干燥温度和张力控制适当，就可顺利生产。

干法复合的主要缺点是黏合剂用量大，能源消耗大，其生产成本较高；且聚氨酯黏合剂有一定的毒性。

干法复合工艺可以把任何基材复合起来，不管它的透过性好坏，也不管它是热塑性的还是非热塑性的，所以，它可以制造高、中、低档的任何一种包装材料。

1. 干法复合原理

干法复合基本特点是把各种基膜基材用胶黏剂在干的状态下进行复合，也就是在一种基材上涂了胶黏剂后，先在烘道里加热干燥，将溶剂赶走，剩下真正起粘接作用的固体胶黏剂，然后在无任何溶剂的"干的"状态下以一定的温度与另一种基材贴覆黏合，再经冷却、熟化就成为复合材料。因为它是在"干的"状态下而不是在"湿的"状态下进行复合的，所以叫干法（或干式）复合，其复合原理如图 5-1 所示。

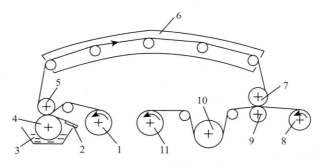

图 5-1　干法复合原理示意图

1- 第一基材；2- 刮刀；3- 胶液；4- 凹版辊；5- 橡胶压辊；6- 干燥烘道；7- 加热钢辊；
8- 第二基材；9- 橡胶压辊；10- 冷却辊；11- 复合薄膜辊

2. 干法复合工艺流程

干法复合的主要工序有基膜的准备、胶液的配制和选用、涂胶、干燥、复合、冷却收卷和熟化。

（1）基膜的准备

基膜的准备主要有以下几点。

①根据客户的要求，利用各种基材的性能设计出一种既能全面满足客户要求，又易加工、成本低的组合复合结构物。

②对一些非极性材料的塑料薄膜进行相应的处理（如化学处理法、火焰法和电晕处理法）以提高材料的表面张力，增加粘接牢度，同时材料表面要做到清洁、干燥、平整、无灰尘、

无油污等。

（2）胶液的配制和选用

胶液的配制主要有胶液浓度的确定，而胶液浓度要根据上胶量的要求和涂胶器的性能来考虑。上胶量是指每平方米基材面积上有多少质量（一般以 g 表示）干基胶黏剂。涂胶器的性能是指涂胶辊的状态，即涂胶辊是光辊还是凹版网线辊，若是光辊，其转动方向是正转还是逆转，以及橡胶压辊的硬度或压力；若是网线辊，则应考虑它的线数和网点深度是多少，网点的形状又是怎样。一般来讲，同一涂胶辊上胶量的多少与胶液的浓度是成正比的。上胶量多少才适合，这要由被复合材料、印刷状态以及包装材料的最终用途来决定。

胶液的选用，应根据复合薄膜的结构组成和用途来确定。目前，我国在干法复合中广泛使用的聚酯黏合剂，其品种有国产和进口的。表 5-1 中列出了几种常用牌号黏合剂的特点和用途，可供选用时参考。

表 5-1　几种常用牌号黏合剂的特点和用途

牌号	特点和用途	生产单位
PU-170	杰出的耐内装物性，可在121℃的高温下蒸煮，适用于各种薄膜（铝箔）的复合，可用于食品包装	浙江黄岩油化学厂
PU-180	高的粘接强度，优良的涂布性能，适用于各种薄膜的复合，也适用于铝箔复合，可用于食品包装	
TF-2	耐蒸煮，适用于各种薄膜的复合，可用于食品包装	江苏太仓塑料助剂厂
JN826	适用于BOPP/A1/PE、BOPP/PE的复合	青岛化纤材料厂
EST-B	耐蒸煮，初期粘接力强，适用于BOPP/A1/PE、BOPP/PE的复合，可用于食品包装	浙江临海化工三厂
AD503	粘接力强，主要用于铝箔复合材料	日本东洋油墨株式会社
AD1010	耐蒸煮，主要用于铝箔蒸煮袋	

（3）涂胶

涂胶是将胶黏剂均匀、连续地转移到被复合的基膜上去的方法，常用有凹版网线辊涂胶和光辊涂胶两种，如图 5-2 所示。

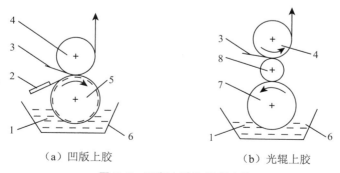

（a）凹版上胶　　　　　（b）光辊上胶

图 5-2　凹版上胶和光辊上胶

1-胶液；2-刮刀；3-基膜；4-橡胶压辊；5-凹版辊；6-胶槽；7-上胶辊；8-计量辊

　　凹版辊涂胶的原理与凹版印刷相同，胶液注满凹版辊的网点之中，该网点离开胶液液面后，其表面平滑处的胶液由刮刀刮去，只保留着凹版网点中刮不去的胶液，此网点中的胶液再与被涂胶的基材表面接触，这种接触是通过一个有弹性的橡胶压辊的帮助来实现的。经过这样的接触，网点里的一部分胶液转移到基材表面上，这样就完成了整个涂胶过程。

　　光辊上胶装置有带计量辊的，也有不带计量辊的。它是将带胶辊或计量辊表面的胶液全面与基材接触，从而使大部分胶液转移到基材上去，实现涂胶的目的。

　　在这种装置和方法中，计量辊压下去的压力大小对上胶量的多少起很大的作用。当压力很大时，因胶液被挤压光了，带过来不多，上胶量少。压力较小，甚至没有压力，抑或与带胶辊离开一点缝隙（几十个微米）时，上胶量会很多，但若计量辊与带胶辊离得太远，甚至与带胶辊不能接触，则又会使上胶量为零。故操作时必须十分注意。

　　用网线辊涂胶时，转移到基膜上的胶液总是以同网点一样的形状分布的，假如胶液的黏度大、流平性就差，一个一个的胶点不能形成均匀一致的胶膜，导致复合产品看起来是用许多密密麻麻的胶粒粘接起来，外观不漂亮，透明度也差一点。为了克服这一缺点，应在涂胶后趁胶液未烘干时用一根均胶棒（刮棒）压在涂胶面上，该棒是用马达带动，以与基膜走向相反旋转的形式压在基膜上的，这样，未干的胶液被刮平了，整个涂胶面变得光滑平整均匀，复合物的外观质量更好。

　　（4）干燥

　　干燥是干法复合的重要工序，它对复合物的透明度、残留溶剂量、粘接牢度、气味、卫生性能都有直接的影响。所谓干法复合，就是涂胶后，将胶液中的溶剂通过加热排气的办法使其充分干燥，然后在"干的"状态下进行复合。

　　涂胶后的干燥是在干法复合装置的烘道里进行的。一方面，它把热风吹向涂有胶黏剂面的基材，使胶液受热，将溶剂蒸发，变为蒸气；另一方面，抽风把含有大量溶剂蒸气的空气排到烘道外面去。其示意见图5-3。

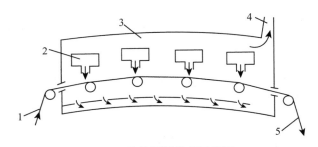

图5-3　胶液干燥装置示意图

1-涂胶基膜；2-热风器；3-排风管；4-排气口；5-干燥后基膜

　　一般的烘道长度最少也有6～7m，干燥效率更高的则有9～12m。国产小型干法复合机的烘道较短，最短的只有3～4m，大多数为4～6m。整个烘道应分3段加热，3段的热风温度可自由设定和控制。具体操作时，自进口处到出口处的温度，应由低到高逐步增加，一般是第一段约50～60℃，第二段约70～75℃，第三段约75～80℃或高达83～85℃，用进口设备高速复合（≥ 150m/min）时更会高达 95℃。当然，这不是固定的，应根据实际情况去设定，但不能因温度太高而使基材变形。

烘道温度的设置，应根据基材的耐热性、复合时基膜的线速度、所使用的溶剂种类等综合考虑。总的原则是控制干燥后的残留溶剂量达到 10mg/m² 以下，要求高的控制在 3～5mg/m²。如果使用的基材是耐热性高的 PETP、PT、OPA，且所走的线速度较高，则烘道的温度可相应提高，特别是油墨中使用过沸点比较高的甲苯、丁醇等溶剂后，更应提高一些温度。但也不能一味追求干燥，提高烘道温度而使基膜因受高温的影响而变形收缩，造成印刷图面尺寸的变化和不准，这一点必须充分考虑。一般来说，在一定运转张力作用下，经烘道加热后，基膜的横向要有少量收缩，其收缩率一般不超过 2%，这是正常现象。如果基膜收缩率大，残留溶剂太多时，则应放慢运转的线速度，适当降低温度，减低运转张力，加大排风量，这样也可达到残留溶剂合格的目的。

（5）复合

将涂胶干燥后的第一基材跟另一种未涂胶的基材，经复合装置加热、加压贴合起来，就基本上完成了复合过程。在复合工序中，应注意的问题是两种基材的张力控制、复合钢辊表面温度和复合的压力。

一般来说，第一基材多是延伸性较小、耐热性较高的 BOPP、PETP、M-PET、OPA 或 PT，也有经第一次复合后的 BOPP/A1、PETP/A1、OPA/A1 或 PT/Al。第二基材绝大多数是延伸性大、受热易变形的 LDPE、CPP，或易在张力下扯断的材料（如铝箔等），也有极个别会用到 EVA、PVA、EVAL 等。如果两种基材的张力不协调，特别是第二基材张力太大的话，复合后易引起收缩曲卷，严重时会造成皱纹、"隧道"等不良现象。因此，必须根据复合机的性能、基膜的延伸性和实际经验，摸索出恰当的放卷张力。

复合钢辊表面的温度高低对复合物的牢度、外观有直接影响，因为干法复合是在胶黏剂已不含溶剂的"干的"状态下进行复合的。一般来说，当胶黏剂中无溶剂存在且冷却到室温时，该胶已无粘性或粘性不足，就这样去复合，其牢度不好。只有将干的胶黏剂加热到一定的温度时，它才重新被活化，才会对第二基材产生良好的浸润，具有良好的黏性，这时进行复合，才能达到理想的牢度。复合钢辊表面的温度多数控制在 65～85℃，这要由基材运转的线速度、基材的导热性、基材的厚度、胶黏剂的"活化"性能等综合因素确定的。若速度快、导热性好（如含有铝箔）、基膜较厚，则复合钢辊的表面温度应高一些，反之就可低一点。

若复合钢辊表面温度太高，所用的基材又是耐热性不太好的 LDPE，当高过 100℃时 LDPE 膜会粘在钢辊上或熔化，造成故障，所以要注意控制。特别是有些国产的小型复合机，其复合钢辊是电热丝装在辊内直接加热的，若控制不当或控制失灵，有可能造成表面温度太高的危险。大型进口复合机大多是由热油循环加热的，只要控制好油箱温度就不会出问题，也有用蒸汽直接加热的，这就要经常检查和加强控制。

复合时的压力要适当，太大时基材有被压延变形的可能，太小时又可能会出现贴合不够紧密、牢度不好，甚至出现小气泡等故障，一般来讲，对于较薄的薄膜，复合压力应控制在 34.5～39.2N/cm²；对于较厚的薄膜以及铝箔、镀铝膜等，复合压力应控制在 39.2～58.8N/cm²。

此外复合时还应考虑第二基材进入复合辊时的位置和角度。例如，铝箔与 PETP（或 BOPP，OPA，PT 等）复合时，第一基材 PETP 涂胶干燥后进入复合辊时，除了有舒张展平辊让它不皱之外，它与橡胶压辊或复合钢辊也有一定的包角，如图 5-4 所示。

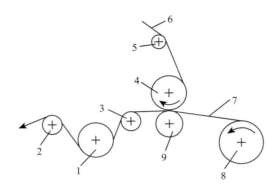

图 5-4　复合时基膜走向示意图

1- 冷却辊　2、3—张紧轮；4- 钢辊；5- 展平辊；6- 涂胶干燥基膜；7- 铝箔；8- 输料辊；9- 橡胶压辊

铝箔则不必经任何托辊或展平辊就可直接进入钢辊和橡胶压辊的共同切线方向，这样就不致使铝箔发皱，不然很难保证复合物的平整性。当然，若设备精密度高，运转十分平稳，经过托辊也是可以的，原则是不能让铝箔起皱。

相反，若第二基材不是铝箔，而是 LDPE 或 CPP 等其他塑料薄膜，则还是应该跟第一基材那样，要先经过一个展平辊，然后再进行复合。因为铝箔本身非常平整，不需要经过一些辊子去展平，若经过一些辊子反而会使它起皱，所以最好不经过任何辊子，但是 LDPE 或 CPP 等塑料薄膜比较柔软，有可能不够平整，需用展平辊去掉它原有的皱纹。

（6）冷却收卷

第一基材与第二基材复合好后，从复合钢辊上剥离开来，进入一个直径较大的冷却钢辊，对复合膜进行冷却后，才可再收卷起来，如图 5-4 所示。

冷却的作用有两个。第一个作用是让复合膜冷却定形，收卷时更平整、不发皱。因为刚从热复合钢辊上剥离下来时，复合膜的温度往往高达 60～70℃，复合膜的刚性差，发软，特别是塑/塑复合的场合更是如此，如果不冷却就收卷，可能起皱，有暴筋，会造成"压痕"，而冷却后复合膜的刚性好一点，挺括一点，收卷时不易起皱。

第二个作用是让胶黏剂冷却，产生更大的内聚力，不让两种基材产生相对位移，避免起皱或"隧道"现象。因为原来要让胶黏剂产生"活性"、具有黏性才将复合钢辊表面温度提高，一旦粘住后，又希望胶黏剂能固定，内聚力要大，要把两种基材"咬牢"，不产生相对位移，这样才能保证复合物不起皱、无"隧道"，而降低温度是增加胶黏剂内聚力的一种方法。

复合膜的收卷要尽量卷紧一点，不要太松，特别是使用初粘力不够大的胶黏剂时更应如此。因为初粘力小的胶黏剂，刚复合后还未交联固化，不容易使两种基材"咬牢"，如果张力控制不妥，一种要收缩（往往是 LDPE），另一种不收缩，这样就会产生起皱"隧道"、分层剥离等缺陷，特别是横向的皱纹有可能出现。如果收卷张力足够大，卷得很紧，收缩不起来,那就不会有上述问题。待胶黏剂固化后,粘接牢度足够大,能"咬牢"两种基材而不再发生相对位移后,将它放松,进行下一道工序的操作,如分切、制袋,就不会出问题了。

(7)熟化

熟化也称固化,是将复合材料放在 50 ~ 60℃的恒温室内维持 24h 以上的一个必要程序,其目的是使双组分聚氨酯胶黏剂的主剂与固化剂产生化学反应,使分子量成倍地增加,生成网状交联结构,从而具有更高的复合牢度、更好的耐热性和抗介质侵蚀的稳定性。

不同的复合结构需经不同的熟化时间:普通透明袋需 24h,铝箔袋需 48h,蒸煮袋需 72h。另外,固化室的通风也很重要,足够的通风可以减少固化时间,而且可进一步降低溶剂的残留量。

(二)湿法复合

湿法复合是将胶黏剂涂在一种基材上,在胶黏剂没有烘干之前另一种基材就贴上去了,然后再把已贴覆好的材料烘干(晾干),使其有一定强度的粘接力,成为复合材料。其复合原理如图 5-5 所示。

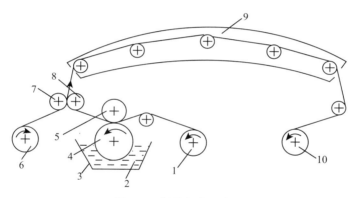

图 5-5　湿法复合示意图

1- 第一基材;2- 胶液;3- 胶液槽;4- 供液辊;5- 压辊;6- 第二基材;
7- 橡胶压辊;8- 钢辊;9- 干燥通道;10- 复合材料

湿法复合的基膜中,最少有一种是透过性很好的材料,如纸、织物等,如果被复合的基材透过性很差,都像塑料膜或铝箔那样,那么,贴覆好后由于溶剂(大多是水)总是要气化的,透不出去时则要产生气泡、剥离等不良现象,不能制造好的产品,这是它的最大特点。又由于湿法复合胶黏剂的性能远远赶不上干法复合或无溶剂型胶黏剂,所以只能在低档产品上应用。

湿法复合所用的黏合剂主要有淀粉、干酪素、聚乙烯醇、硅酸钠等水溶液,聚醋酸乙烯、聚丙烯酸酯以及天然橡胶和合成橡胶乳液等。其中以聚醋酸乙烯乳液使用得最多。

湿法复合薄膜的黏合强度,与基材的表面状况、黏合剂的涂布量及固体含量密切相关。如铝箔表面残留的压延油污会降低黏合剂的润湿效果,使黏合强度降低;纸基材厚薄不均、表面有异物等也会降低黏合强度。一般黏合剂的固体含量越高、涂布量越大,其复合薄膜的黏合强度也越大。

（三）挤出复合

1. 挤出复合的特点

挤出复合是广泛采用的一种经济的复合方法。它是将聚乙烯等热塑性塑料在挤出机内熔融后挤入扁平模口，成为片状热熔薄膜流出后立即与另外一种或两种薄膜通过冷却辊和复合压辊复合在一起，经冷却制成复合薄膜的方法。挤出复合是一种用途广泛的复合方法，它主要有以下特点。

①在复合中，PE 既是黏合剂又作为复合结构层，无须再使用其他黏合剂，因此生产成本较低，比干法复合降低 1/3 左右。

②从挤出到复合一次完成，生产效率高，一般复合速度在 150m/min 左右，高速复合可达 200 ～ 300m/min。

③挤出复合温度高，其复合薄膜比干法复合薄膜柔软。

④对环境的污染问题少。

⑤设备费用过高，只有用于大中型的复合规模时，才能显示出经济效益。

在挤出复合中，因 PE 的粘接性差，所以一般需要对基材进行表面增黏处理，以提高复合强度。挤出复合可用于塑料 / 铝箔、塑料 / 纸、塑料 / 塑料以及塑料铝箔纸之间的多层复合，其产品可加工成复合包装袋、复合纸盒、复合软管等，主要用于食品、饮料、化妆品、牙膏等产品的包装，也可用作水泥袋、化肥袋以及集装袋等大型包装袋。

2. 挤出复合工艺

（1）挤出复合种类

挤出复合有单联式和串联式。单联式挤出复合由一台挤出机和复合装置组成，可生产 2 ～ 3 层的复合薄膜。串联式挤出复合由 2 ～ 3 台挤出机和复合装置组成，可生产 3 ～ 7 层的复合薄膜。其复合原理如图 5-6 和图 5-7 所示。

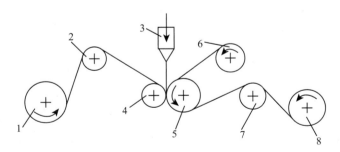

图 5-6　挤出复合示意图

1- 基材一；2、7—张紧轮；3- 挤出机；4- 硅橡胶辊；5- 冷却辊；6- 基材二；8- 收卷辊

（2）挤出复合工艺控制要求

①挤出温度

挤出温度直接影响挤出复合薄膜的质量。一般来说，挤出温度高能提高 PE 与基材间的黏合牢度；但因高温氧化会使复合薄膜带有 PE 的臭味，热封性能降低，且挤出的熔融片膜

收缩较大；挤出温度低则使 PE 与基材间的黏合性能下降，且挤出的 PE 膜的透明度和光泽度下降。一般挤出复合的机头温度为 300℃左右，对幅宽较大的机头，为使其出料均匀，两端的熔融温度应比中心位置高 5℃左右。

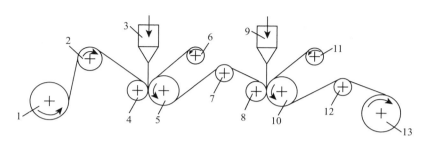

图 5-7　双联挤出复合示意图

1、6、11- 基材；2、7、12- 张紧轮；3、9- 挤出机；4、8- 硅橡胶辊；5、10- 冷却辊；13- 收卷辊

②气隙距离

它是指 T 型模口到冷却钢辊与橡胶辊切点之间的距离，即熔融片膜的流下距离。一般气隙距离大，挤出片膜表面氧化程度大，有利于提高复合牢度。另外，气隙距离大则使熔融片膜的热损失增大，也会影响复合牢度，且还会产生较大的缩颈。气隙距离小则与之相反。气隙距离一般控制在 50 ～ 150mm。

③复合速度

当挤出机的挤出速度即螺杆转速一定时，复合速度越快涂覆层越薄，则黏合强度越低，反之亦然。一般当挤出复合薄膜黏合强度要求不高时，可以采用较高的复合速度；而黏合强度要求高时，若采用了较好的增黏措施也可以采用高速复合，而一般情况只能采用低速复合。挤出复合速度一般控制在 150m/min 以下，涂层厚度在 0.05mm 左右。

④冷却温度

冷却辊表面温度一般为 20 ～ 35℃。

3. 挤出复合用设备

生产多层复合材料的挤出复合机组主要由塑料挤出机、机头、放卷部分、复合部分、收卷部分以及传动装置、张力自动控制、放卷自动调偏、材料预处理、后处理等附属装置组成。这里对挤出机、机头和复合部分做下介绍。

（1）挤出机

挤出机的种类很多，以单螺杆挤出机最为普遍。普通挤出理论是建立在输送、熔融和计量这 3 个基本职能的基础上的。因而一根普通螺杆就包括加料段、压缩段和匀化段。加料段起固体输送作用，塑料在加料段中呈未塑化的固态，由松散的颗粒逐渐变成压实的颗粒，并经摩擦产生热量；压缩段起塑料熔融作用，塑料在压缩段中逐渐由固态向黏流态转变，这一段中的搅拌、剪切、摩擦作用都比较复杂；匀化段的主要作用是将压缩段送来的熔融塑料增大压力，进一步均匀塑化，并使其定压、定量地从机头挤出，如图 5-8 所示。

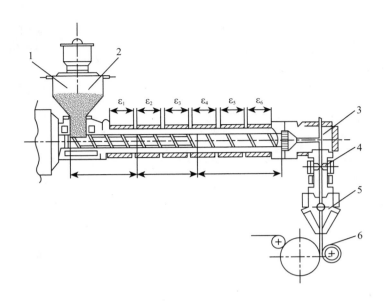

图 5-8　单螺杆挤出机结构示意图

1- 料斗；2- 树脂；3-T 模接头；4- 闸门；5-T 模；6- 基材

生产挤出涂覆用的挤出机直径一般为 45 ~ 200mm，目前以直径 90mm 的为最普遍，直径为 200mm 的主要用于 3m 以上宽幅材料的涂覆。

为了保护涂覆用硅胶辊和便于清换螺杆和机头而不损坏涂覆装置，挤出机应装在导轨上，便于向前、向后移动。为了调节模唇涂覆辊之间的距离，机座上还需有上下升降的结构。

（2）机头

挤出涂覆通常使用直歧管 T 型机头，机头模唇外形呈 V 型，采用 V 型的目的是可缩短模唇到冷却辊与压辊相夹接触线的距离，此距离通常在 50 ~ 150mm。

机头模唇宽度即涂覆材料的宽度，主要由挤出机直径大小而定，挤出机直径越大，挤出量越大，机头模唇宽度也可增大，一般宽度为 600 ~ 1500mm，最宽的已达到 2600mm 以上。歧管直径一般为 30 ~ 45mm，模唇间隙为 0.3 ~ 1.0mm，涂覆薄膜横向厚度较均匀。为了适应复合、涂布的不同宽度，模口应设计为可调幅式结构，涂覆薄膜的宽度可用图 5-9 中插入金属棒的方法来调节。为适应不同厚度的要求，模唇间隙亦应为可调式。普通机头结构如图 5-9 所示。

（3）复合部分

复合部分用来将挤出的熔融片膜与基材复合在一起，并进行冷却。它主要由冷却辊、橡胶压力辊、支撑辊、修边装置等组成。

①冷却辊

冷却辊采用表面镀铬的钢滚筒，其作用是将熔融薄膜的热量带走，冷却和固化涂覆薄膜而使其成型。因此，冷却辊表面必须光滑，能承受复合压辊和冷却水的压力，与树脂剥离性好（即不粘住薄膜），滚筒表面温度分布均匀，冷却效果好。为了提高冷却效果和使辊的表面温度均匀，冷却辊大多采用双层螺旋式冷却辊，内层放水的部分与外层不接触。冷却辊直径较大，一般为 450 ～ 600mm，最大为 1000mm，可提高冷却效率，冷却辊长度比复合机头宽度稍长一些。

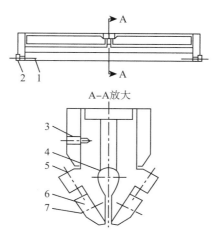

图 5-9　涂覆膜机头结构

1- 调节棒；2- 固定块；3- 热电偶插孔 4—歧管；5- 调节螺钉；6- 模唇；7- 固定螺钉

冷却水温度一般要求为 10 ～ 20℃（如低于 10℃的冷却水则效果更好）。水温过高会使复合膜透明度降低并产生粘辊现象。水的流速为 0.3 ～ 0.5m/s，流速过低易使水垢沉积于辊内壁而降低冷却效果，一般均需配备专用水泵供水。

冷却钢辊的表面有镜面和磨砂面两种。用镜面辊复合的薄膜透明度高，有光泽，但因降低了熔融塑料在辊上的流动性，容易产生纵向厚度波动，同时薄膜容易产生粘辊现象，影响其剥离性。用磨砂面辊复合的薄膜透明度和光泽稍差，但薄膜纵向厚度均匀，且不易粘辊。

②橡胶压力辊

橡胶压力辊的作用是将基材和熔融塑料膜以一定的压力压向冷却辊，使基材和熔融薄膜压紧、粘住，并冷却、固化成型。由于从机头挤出的熔融状薄膜的温度高达 300℃以上，它首先与压辊接触，因此，压辊的材料应具有耐热性好、耐磨性好、与树脂的剥离性好、横向变形小、抗撕性良好等性能，所以一般压辊是用钢辊面包覆 20 ～ 25mm 厚的橡胶而制成的。

包覆压辊的橡胶一般是硅橡胶，其耐热性好、耐磨性好，不易与聚乙烯粘接，易剥离，无毒，操作方便。压力辊与冷却辊及机头模唇的相对位置对于挤复牢度有很大的关系。一般来说，与基材接触时的树脂温度越高，则复合膜之间的剥离强度也越高。

如图 5-10（c）中，从机头挤出熔融状薄膜的温度高达 300℃以上，它首先与冷却辊接触，这时薄膜发生骤冷，温度下降很多，当它与基材复合时，牢度就很差，而从图 5-10（a）中所示的位置来看，由于从机头挤出的熔融状薄膜首先与橡胶压辊接触，在保持较高温度的情况下与基材一起压向冷却辊进行复合，这样制成的复合膜复合牢度就很好，但是也不能离冷却辊太远，如果太远的话，膜会发生延伸。

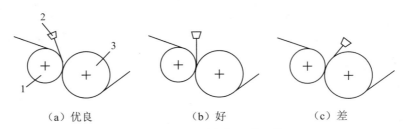

图 5-10 压辊、冷却辊、模唇位置

1- 压辊；2- 模唇；3- 冷却辊

③支撑辊

支撑辊即金属压辊。它具有对橡胶压辊加压和外冷却的双重作用。支撑辊对压辊施加压力是通过压缩空气加压的，一般压力泵的压力范围选用 0 ～ 0.8MPa。

④修边装置

挤出薄膜由于"缩颈"（薄膜宽度小于机头宽度）现象会使薄膜两侧偏厚，这样收卷就不平整，涂覆材料易起皱。因此，必须将涂覆材料两边厚的部分修去。常用的修边装置有 4 种，其中刀片切割用于薄膜生产和纸基复合；剪刀式用于厚纸板复合；划线刀用于一般涂覆材料；剃刀式用于塑料片的复合。修边的废料可用鼓风机吹走，回收。

修边时常会产生因边角料粘贴了纸基等不能回收再用。因此，可采用熔融片膜的幅度大于基材的宽度就可解决此问题。

（四）无溶剂复合

1. 无溶剂复合的特点

无溶剂复合薄膜的生产及应用始于 20 世纪 70 年代中期的欧洲，我国自 1996 年以后开始引进无溶剂复合机。

无溶剂复合是用无溶剂类黏合剂使薄膜状基材相互贴合，然后经熟化处理使各层基材牢固地结合在一起的复合方法。

无溶剂复合的特点主要表现在以下几个方面。

（1）对环境保护的适应性好

无溶剂复合生产过程中没有溶剂排放，几乎完全没有危害环境的三废物质产生，不会影响生产工人的身体健康或对周边环境产生负面影响，从而也不需要昂贵的环境保护装置及其相应的运行费用。

（2）安全性好

无溶剂复合生产过程中无可燃、易爆的有机溶剂类物质，因此安全性好，工厂和车间均不需要特殊防火、防爆措施。

（3）产品的卫生性能等容易得到保证

无溶剂复合用胶黏剂不含溶剂，因此在复合薄膜使用过程中，不会因胶黏剂中的溶剂的残留物污染所包装的物质；复合基材印刷面上的油墨不会因接触胶黏剂溶剂的残留物而受其影响，降低印刷质量。

（4）经济、高效

无溶剂黏合剂的上胶量通常只有溶剂型的 1/2 ～ 1/3，即使使用进口的无溶剂复合黏合剂，与国产的溶剂型黏合剂相比，目前价格仍低 30%。由于没有溶剂，薄膜上胶后直接复合，不需烘干，节约了大量的电能，成本相应降低。无溶剂复合的速度通常为 200m/min，相比现在的干式复合工艺约可提高一倍，具有明显的高效率优势。

（5）提高成品率和产品质量

无溶剂复合机通常只有 4.5m 长，开机浪费少。因薄膜不需经烘道，使尺寸更加稳定。没有溶剂残留，对某些产品（如 Al/PE、PET/PE 等）剥离强度更高，对某些特殊产品（如 PET/Paper/Al、EVA/Paper/Al）更适合。

（6）对一些产品的复合难度较高

为了方便涂布，无溶剂黏合剂的相对分子质量通常只有 1 万以下，相比于溶剂型黏合剂十几万到几十万的相对分子质量，其初始黏度较低，复合张力要求较高，尤其对 PET/Al，PET/VMPET 的复合难度较大。由于没有溶剂的清洗作用，对基材的表面张力要求更严格。

2. 无溶剂复合设备

无溶剂复合设备要适应无溶剂黏合剂涂布的需要，它与干法复合设备有一些明显的差异，这种设备是由一个经过专门设计的配胶系统和复合系统组成（见图 5-11）。

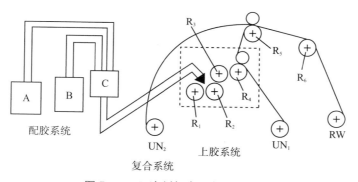

图 5-11 无溶剂复合设备结构示意图

黏合剂按一定配比由 A、B 泵打出，经过混合装置 C 流出，注射到复合机的上胶系统中。上胶系统通常由 4 个辊（R_1、R_2、R_3、R_4）组成，除转移辊（R_3）为橡胶辊外，计量辊（R_1、R_2）和上胶辊（R_4）均为金属辊。通过调节 R_1 和 R_2 的间隙和 R_2 与 R_4 的相对速度，可调节每平方米复合膜的上胶量。薄膜上胶后即可复合、冷却和收卷，不需经过烘道烘干。配胶浆、上胶系统和复合辊都可以单独加热，A、B 泵配比可调整。

目前，世界上生产无溶剂复合设备的厂家主要有德国的 W&H，意大利的 Nordmecanica、Schiavi、Bielloni，法国的 DCM，西班牙的 Comexi 等，我国现有的设备都来自上述这些公司，其中意大利公司的产品占了绝大多数。据悉，我国很多复合设备生产厂家近年也都纷纷投入了这种设备的开发和研究，并已取得了一定的进展。相信在不久的将来，我国将会拥有自己生产的无溶剂复合机，从而为复合厂家降低设备投资，推动整个无溶剂复合技术和生产的发展。

3. 无溶剂复合用黏合剂

目前市场上无溶剂复合黏合剂的主要成分是聚氨酯反应型。一般分为单组分和双组分。单组分主要靠空气中和薄膜（纸张）表面的水分进行固化。其反应机理如下。

$$R—N=G=O+H—OH \rightarrow R—NH—CO—OH \rightarrow R—NH_2+CO_2\uparrow$$
$$R—NH_2+RNCO \rightarrow R—NH—CO—NH—R$$

上述反应受水蒸气的影响十分严重。水分太少，黏合剂不能完全固化；水分太多，生成的分子链太短，黏合剂薄膜太脆。且该反应产生大量的 CO_2 气体，所以单组分黏合剂通常只能用于纸张的复合，不适合塑－塑或铝－塑复合。

对薄膜（或铝箔）之间的复合，一般采用双组分反应型聚氨酯黏合剂，其反应机理如下。

$$nOCN—R=NCO+nOH—R'—OH \rightarrow \dashleftarrow CONH—R—HNOOC—R'—O \dashrightarrow_n$$

双组分无溶剂型聚氨酯黏合剂可分为冷系统和热系统两种。冷系统黏合剂可应用于除EVA 和 CPA 外的各种薄膜和铝箔。热系统黏合剂可用于包括 EVA 和 CPA 在内的各种薄膜和铝箔，并可用于铝－塑及塑－塑蒸煮。因其初黏性高，MDI 单体含量低，更适合于铝箔及高爽滑剂 PE 的复合，其应用温度一般在 700℃左右。

4. 无溶剂复合工艺控制要点

（1）复合基材

复合时，一般将刚性大、涂布性能好的 PET、BOPP、OPA、VMPET 等材料放在主放卷工位，将易拉伸的 PE、CPP、VMCPP 等材料放在副放卷工位。但也不是一成不变的，可以根据实际生产情况灵活选择，如印刷膜与镀铝材料复合时，为了保证复合质量和生产效率，可以把镀铝材料放到主放卷工位。

（2）黏合剂的选择

无溶剂黏合剂主要有单组分潮气固化型黏合剂、双组分冷冻无溶剂型黏合剂、双组分反向热涂型黏合剂、UV 固化型黏合剂等。选择黏合剂时需考虑以下几点。

①包装内容物的种类及所用薄膜材料的种类。

②如印刷油墨与黏合剂接触，要考虑两者的相容性。

③剥离强度要求以及热封条件等。

（3）张力控制

在无溶剂复合工艺中，张力控制极为重要。一般来说，薄膜涂胶后的张力要略大于放卷张力，收卷张力要略大于放卷张力，收卷锥度控制在20%以内为好。如PA/PE结构的复合薄膜，PE 膜的张力大致在 1.5～2.5N，PA 膜的张力可以根据实际情况控制在 7～15N。

检查张力是否合适的简易方法如下。在复合过程中停机，在收卷处用刀片在复合膜上划一个十字口，最理想的状态是划口后复合膜仍保持平整。如果复合膜朝某一方向卷曲，则说明该层薄膜的张力过大，应适当降低该层薄膜的张力或增大另一层薄膜的张力。

（4）涂胶量的控制

①计量辊预热后，调整两根计量辊（钢辊）之间的距离，左右两边的距离应保持一致，以确保涂胶均匀。

②涂胶量的大小要根据产品的要求而定，一般情况下，复合无印刷图案的薄膜时，涂胶量可以控制在 0.8～1.2g/m²；复合有印刷图案的薄膜时，可以根据印刷面积大小将涂胶量控制在 1.5～3.0g/m²。

（5）收卷及后处理

①为了防止靠近卷芯的薄膜发生严重皱褶，收卷时最好用直径为 6 英寸的纸芯。

②下机前，用胶带将膜卷的左右两边和中间部位粘牢，可有效减少膜卷表面的收缩。

③由于无溶剂胶黏剂初黏性差，在熟化过程中胶黏剂仍然是半流动态，所以复合膜收卷后要轻拿轻放，最好悬挂起来，在 40℃以下环境中存放。

（6）计量泵的保养

进入计量泵的压缩空气要保持干燥，必要时还应加装除湿装置。

（五）热熔胶复合

热熔胶复合是利用热熔胶涂布到塑料薄膜、纸张、铝箔之类的膜状材料的表面上，形成我们所期望的涂层而制得的复合薄膜，或者利用热溶胶作为胶黏剂，将两种（或两种以上的）薄膜状材料黏合在一起而制得复合薄膜的方法。见如图 5-12 所示原理示意图。

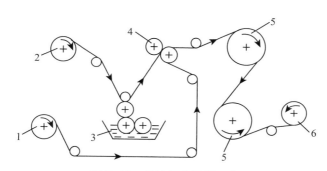

图 5-12　热熔复合原理示意图

1- 第二基膜；2- 第一基膜；3- 热熔胶；4- 夹紧辊；5- 冷却辊；6- 卷料部

热熔复合工艺简单，无须使用溶剂，黏合在瞬间即可完成，成本较低。其主要缺点是黏合剂耗量大，黏合强度不高，且耐热性较差。热熔复合主要用于生产铝箔 / 纸、铝箔 / 玻璃纸、玻璃纸 / 玻璃纸等复合薄膜，用作香烟、食品等包装材料以及瓶贴商标材料等。

热熔复合最早使用微晶石蜡做黏合剂，又称蜡复合。现正逐渐被合成黏合剂所代替，如 EVA、乙烯丙烯酸酯共聚物、聚异丁烯、聚丁烯、石油树脂等。其中以 EVA 热熔黏合剂用得最多。另外，铝箔 / 纸、纸 / 纸复合也常采用蜡做黏合剂，这种复合薄膜因成本低，大量用于食品包装。

任务三　印刷对复合工艺及产品质量的影响分析

许多复合薄膜的生产是先在基材上印刷后再进行复合，因此基材的印刷情况如印刷墨层厚度和图文面积、印刷油墨的类型、印刷墨层的干燥状况等都会对复合工艺以及复合薄膜的质量产生一定的影响。因此必须使基材的印刷情况与复合工艺相适应，以制得性能优良的复合薄膜。

（一）印刷墨层厚度和图文面积

复合用印刷基材的墨层厚度和图文面积对复合时的涂胶量以及复合薄膜的黏合强度会产生一定的影响。一些印刷墨层较厚的复合基材，特别是大面积的厚墨层基材较难与其他基材黏合，且黏合后也容易出现脱层、起泡等缺陷。这主要是因为基材表面的厚墨层降低了黏合剂对基材表面的润湿性。通过对基材表面不同墨层的润湿性进行测试，其结果表明，随墨层厚度或图文面积的增大，基材的表面张力明显降低。因此对印刷墨层厚、图文面积大的基材，在复合过程中需增大涂胶量，以达到要求的黏合强度。但涂胶量过大，不仅会增加成本，而且需延长干燥时间，使生产效率降低，同时较厚的胶层也容易产生气孔等缺陷。所以对复合用印刷基材，应尽可能控制使墨层的厚度薄一些。

印刷墨层的厚度除与印刷时对墨层的控制有关外，它还与印刷方法直接相关。采取不同的印刷方法，其墨层厚度亦不同，平印墨层厚度约为 1 ～ 2mm、凸印约为 2 ～ 5mm、凹印可达 10mm。而印刷方法的选择则主要取决于印刷基材的性质、印刷效果要求以及印刷数量等因素。

另外，为使印刷墨层控制在较薄的程度上，也可采取深墨薄印的方法，即将油墨的颜色调配得略深于所要求的颜色，而在印刷时适当减薄墨层厚度，这样既能达到印刷的要求，同时也有利于复合加工。

（二）印刷油墨的类型

对于复合用印刷基材，其印刷油墨应满足复合加工的工艺条件要求，否则会对复合工艺及复合薄膜的黏合强度产生不利的影响。若采用干法复合时，印刷油墨应有较好的耐溶剂性。干法复合使用聚氨酯黏合剂时，不能使用聚酰胺油墨，因其两者的黏合性较差，使复合薄膜的黏合强度降低。若将聚酰胺与硝基纤维素、马来酸树脂等适量并用，可改善其复合黏着性能。采用湿法复合则要求油墨的耐水性好。而采用挤出复合等热黏合时，要求油墨应有较好的耐热性。

另外，油墨中的辅助剂等也会对复合工艺及复合薄膜的黏合强度产生一定的影响。

（三）印刷墨层干燥状况

复合用印刷基材的墨层干燥不良会对复合薄膜的黏合强度等产生较大的影响。用墨层未完全干燥的基材复合后，油墨中所含的高沸点溶剂很容易使塑料薄膜润胀和伸长，油墨溶剂对 BOPP 薄膜的润胀影响最大。而塑料薄膜的润胀和伸长是使复合薄膜产生起泡、脱层的最主要的原因。因此，在复合薄膜生产中必须使用完全干燥的印刷基材，以保证复合薄膜的质量。

影响印刷墨层干燥的因素与油墨的种类，印刷与存放的环境温、湿度条件有关，另外还与印刷基材的性质等有关。

任务四　复合中常见的故障及解决方法

（一）干式复合常见故障及解决方法

1. 复合膜发皱

复合好的产品出现横向皱纹，特别是卷料的两端较多。这种皱纹的特点是一种基材平整而另一种基材突起，形成"隧道"状。

产生故障的原因如下。

（1）材料因素

①胶黏剂的初粘力不足。

②基材的表面张力不足。

（2）工艺因素

①两种基膜的放卷张力相互不适应，其中一种基膜的放卷张力太大，而另一种太小。

②涂胶量不足、不均匀，引起黏结力不好，引起局部区域出现皱纹。

③收卷张力太小，卷得不紧，复合后有松弛现象，给要收缩的基材提供了收缩的可能。如果收卷张力大，卷紧压实，下机后立即送到固化室固化，即使工艺有些不适应，也不会出现皱纹。

④烘箱温度过低且不通风，以及残留溶剂太多，导致胶黏剂干燥不足，初粘力不足，给两种基膜相互位移提供可能。

2. 复合膜出现全面气泡

产生故障的原因如下。

（1）使用了湿润性不好的聚合物涂层薄膜。由于薄膜中的添加剂（润滑剂、防静电剂等）斥水，导致湿润性不好。

（2）印刷墨层表面凹凸不平或有针孔，吸收了一部分黏合剂，从而减少了墨层表面的黏合剂涂布量。

（3）黏合剂不能在印刷墨层上附着。这种现象多出现于聚酰胺系油墨。

（4）工作现场温度过低，导致黏合剂向印刷墨层的转移性、润湿性和均化涂布性不好。

（5）干燥温度过高，导致黏合剂发泡或表面皮膜化。

（6）由于黏合剂与薄膜之间卷进了空气，导致复合膜出现气泡。这种情况在薄膜僵硬，硬度过大时易出现。

解决方法如下。

（1）增加黏合剂固形物含量和涂布量。

（2）稀释溶剂中使用一部分高沸点溶剂（如甲苯）。

（3）选用润湿性好的黏合剂。

（4）选择适用的印刷油墨。如果是生产蒸煮包装膜（袋），必须采用耐蒸煮复合里印油墨。

（5）按薄膜制造日期进行分批管理，不使用陈旧的薄膜和润湿性不好的薄膜。

（6）调整薄膜接触黏合剂的角度，扩大复合辊的热钢辊部分与薄膜的接触面积。

（7）提高复合温度，增加复合压力，降低复合速度。

（8）设定最佳的干燥条件。

（9）对复合膜进行充分的保温熟化。

（10）保持工作现场清洁。

在干复机工作中，涂布辊、涂布胶辊和复合胶辊是最重要的三大部件，这里仅介绍这三者对复合膜出现气泡的影响。

①涂布辊

涂布辊的作用是在一定的压力作用下将胶黏剂转移到薄膜表面，它与复合膜气泡的产生有一定的关系。由于涂布辊的网穴深度直接影响涂胶量的大小，因此，如果涂布辊的网穴被堵塞，或者有些网穴损坏了，就会直接影响涂胶量的大小以及涂胶的均匀度，给复合膜产生气泡制造机会。尤其是在炎热的夏季，更容易产生涂布辊网穴堵塞现象，因此一定要及时清洗涂布辊。

②涂布胶辊

涂布胶辊的作用是给涂布辊一定的压力，将涂布辊上的黏合剂转移到薄膜上去。涂布胶辊的软硬程度和压力大小对涂胶量也有一定的影响。如果涂布胶辊的表面有损坏、凹痕、砂眼等现象，或者表面橡胶层的硬度不一致，会造成涂胶压力和涂胶量的不均匀，导致气泡的产生。因此，涂布胶辊表面要光滑，无压痕、划伤、凹坑等弊病。

③复合胶辊

复合胶辊的作用是在一定的温度、压力下将两层薄膜相互贴合在一起。如果复合胶辊表面有缺陷，如有划痕、凹痕、砂眼等，复合时这些部位就会形成空当，压不实，从而使复合膜产生小气泡。此外，如果复合胶辊表面老化程度不一，硬度不一致，也容易导致气泡的产生。

3. 复合后在放置中出现气泡

产生故障的原因如下。

（1）由于塑料薄膜是高气密性结构的材料，因此，伴随着黏合剂固化而产生的CO_2会作为气泡残留在黏合剂表面。

（2）黏合剂中混入水分或薄膜吸附的水分多，导致复合后产生气泡。

解决方法如下。

（1）选用主剂（多元醇系）中固化剂（聚异氰酸酯系）配比量少的黏合剂。

（2）减少黏合剂的涂布量。

（3）复合后避免急剧地加热熟化。

（4）不要在类似阴雨天那样的高湿环境下进行复合。

（5）不要使用固化剂（聚异氰酸酯系）含量超过配比标准的黏合剂。

（6）黏合剂稀释溶剂要完全密封，避免混入水分。

（7）注意薄膜的管理，避免薄膜（特别是玻璃纸、尼龙、维尼纶等）吸潮。

4. 复合膜出现无规律的皱纹、气泡

产生故障的原因如下。

（1）薄膜表观质量不好，如有皱纹、薄厚不均等。

（2）薄膜吸潮变形。

（3）印刷后的薄膜上有油墨流挂。

解决方法如下。

（1）选用表观质量好的薄膜。

（2）避免薄膜在印刷和保管时吸潮，要特别注意玻璃纸、尼龙、维尼纶等（吸湿性较强）。

（3）考虑改变印刷图案或减少上墨量。

（4）降低印刷后的收卷张力。

5. 复合膜出现有规律的皱纹、气泡

产生故障的原因如下。

（1）涂胶网纹辊网穴堵塞。

（2）胶辊变形。

（3）钢辊不清洁。

（4）复合和印刷速度不同步。

（5）薄膜变形，出现松弛现象。

（6）导辊平衡不好，导致薄膜出现皱纹和松弛。

解决方法如下。

（1）清洁网纹辊，如有需要，应更换网纹辊。

（2）更换胶辊。

（3）每次复合后及时清洗钢辊。

（4）测定、调整各滚筒的转速，使复合与印刷保持同步。

（5）不使用表观质量不好的薄膜。

（6）调整导辊平衡度。

6. 复合膜中有杂物，并以此为核心产生气泡

产生故障的原因如下。

（1）黏合剂中混入灰尘等杂物。

（2）薄膜上附着灰尘等杂物。

（3）薄膜有针眼。

（4）热风中混有灰尘。

解决方法如下。

（1）黏合剂、稀释溶剂要进行全密封保管。

（2）使用循环泵，同时要对黏合剂进行过滤。

（3）消除静电，防止因静电附着杂物，特别是彻底消除进气口处的静电。

（4）由于现有的加工条件尚无法解决薄膜针眼问题，因此必须选用优质的薄膜。

（5）防止粉末飞散。

（6）定期对烘箱进行清扫。

除以上典型故障外，以下几点也是值得注意的。

①黏合剂黏度过高或使用了凝胶状的黏合剂，会导致均化不好，涂布不均，从而产生气泡。此时应降低黏合剂的黏度，并避免使用凝胶状的黏合剂。

②网纹辊磨损也会导致涂布不均，均化不足，以至于出现气泡。此时应检查网纹辊是否发生网穴堵塞或磨损。

7. 塑料薄膜变硬

软包装厂家常遇到这个情况：在冬季和春季，复合好的膜比正常情况下硬。原因是胶黏剂生产厂家提供的固化剂都是有余量的，以应付各种情况。冬、春两季天气干燥，固化剂的消耗降低了。遇到这种情况，软包装厂家应将固化剂量减少7%～10%，以解决膜硬的问题。

8. 复合成品黏结不牢

产生故障的原因如下。

（1）涂胶量太少或部分基材表面未涂覆胶黏剂。

（2）温度过高或过低，涂布基材干燥时受热温度过高或经高温蒸煮，使胶黏剂的表面被炭化，从而破坏胶黏剂的黏结能力。温度太低，则胶黏剂固化不彻底，胶黏剂的黏性较差，复合不牢。

（3）复合压力过大或复合辊两端压力不均，会引起复合膜表面皱褶，复合后皱褶处形成空隧道，影响成品黏结牢度。

（4）异物、灰尘等杂物黏附在胶黏剂上或是基材复合面上。

解决方法如下。

（1）提高涂胶量，选用网穴较深的网纹辊或通过增大橡胶辊压力减少刮刀与网纹辊的接触压力来增加基材表面的涂胶量。

（2）选用合适的烘干温度。选择耐高温和耐蒸煮性良好的胶黏剂以适应较高温度的烘干。

（3）适当增加复合压力。

（4）尽量避免异物、灰尘黏附胶黏剂与薄膜。

（二）无溶剂复合常见故障及解决方法

1. 涂布效果差

产生故障的主要原因如下。

（1）转移辊压力不够。

（2）转移辊机械制动调节有误。

（3）涂布辊未清理干净。

（4）涂胶压辊、转移辊或复合辊的光洁度差。

解决方法如下。

（1）增加转移辊压力。

（2）检查、重新调节。

2. 薄膜边缘涂布效果差

产生故障的主要原因如下。

（1）靠近挡板的胶黏剂长时间不替换。

（2）复合辊或涂胶压辊两边有胶液或杂质。

解决方法如下。

（1）常摆动喷胶嘴保持此处的胶黏剂新鲜。

（2）检查、清理胶液或杂质。

3. 收卷端面不齐

产生故障的主要原因如下。

（1）涂胶量太大。

（2）膜卷从复合辊出来后的冷却效果差。

（3）张力不合适。

（4）收卷处挤压辊的平齐度差。

（5）薄膜左右两边的涂胶量相差太大。

（6）纸芯与薄膜没对齐。

解决方法如下。

（1）降低涂布量。

（2）调整冷却。

（3）调节张力。

（4）调整挤压辊。

（5）将涂胶量的差值控制在 0.2g/cm^2 以内。

4. 气泡

产生故障的主要原因如下。

（1）复合部或涂胶部各辊有损伤或异物。

（2）复合压力太低。

（3）复合速度太高。

解决方法如下。

（1）检查、清理。

（2）调整复合压力。

（3）适当降低复合速度或提高夹辊温度。

5. 斑点

斑点又分为整体斑点和局部斑点两种情况。

（1）出现整体细、匀白斑故障的原因是涂胶量低，应适当增加涂胶量，调整复合温度和压力。

（2）局部间断重复出现斑点故障的原因是涂胶部、复合部各辊的表面光洁度差或粘有黏合剂等异物，应测量重复出现两斑点的间距，判断出是哪根辊上有异物，并将其清理干净。

（3）局部间断重复出现的白斑故障的原因还可能是基材膜张力不匀，进入复合辊前打褶，此时应调整复合前的拱度辊，适当调整张力或更换膜卷，调整相应部位压力。

6. 刀线

产生故障的主要原因如下。

（1）涂布单元各辊不洁净。

（2）转移辊光滑性太差。

解决方法如下。

（1）清理涂布单元。

（2）更换转移辊。

7. 黏合剂干燥不良

产生故障的主要原因如下。

（1）黏合剂配比不正确。

（2）黏合剂失效。

（3）混合后的黏液中混入水分或大量乙酸乙酯。

解决方法为重新配制黏合剂。

※ 思考题

1. 什么是复合工艺？常用的复合工艺有哪几种？

2. 干法复合基本特点是什么？

3. 干法复合工艺胶液的配制和选用是怎样的？

4. 挤出复合工艺的特点是什么？

5. 挤出复合工艺控制要求有那些？

7. 说明印刷对复合产品质量的影响。

模块二　印刷品的成型加工

项目六 模切压痕

学习目标：

1. 了解模切压痕的作用、特点及应用。
2. 熟悉模切压痕加工的流程。
3. 掌握模切压痕的工艺和制模切版方法。
4. 熟悉常用的模切压痕设备。
5. 掌握模切压痕常见故障及解决方法。

任务一 认识模切压痕

包装产品有各种立体的、曲线的异形造型。各种各样造型纸包装产品的折弯处、结合处等部位都需要模切压痕工艺实现。

模切就是用模切刀根据产品设计要求的图样组合成模切版，在压力作用下，将印刷品或其他板状坯料轧切成所需形状和切痕的成型工艺。

压痕则是利用压线刀或压线模，通过压力在板料上压出线痕，或利用滚线轮在板料上滚出线痕，以便板料能按预定位置进行弯折成型。用这种方法压出的痕迹多为直线型，故又称压线。压痕还包括利用阴阳模在压力作用下将板料压出凹凸或其他条纹形状，使产品显得更加精美并富有立体感。

（一）模切压痕的特点及应用

在大多数情况下，模切压痕工艺往往是把模切刀和压线刀组合在同一个模版内，在模切机上同时进行模切和压痕加工，故可简单称之为模压。

模压加工操作简便、成本低、投资少、质量好、见效快，在提高产品包装附加值方面起着重要的作用。包装产品通过模切压痕工艺可制成精美箱盒产品；书封面经过压痕处理，使书背平整美观；塑料皮革产品经过模切压痕可以做成各种容器或用具。

目前，采用模压加工工艺的产品主要是各类纸容器。纸容器主要是指纸盒和纸箱（均由纸板经折叠、接合而成），但人们在习惯上往往从容器的尺寸、纸板的厚薄、被包装物的性质、容器结构的复杂程度等方面来加以区分。

（二）模切压痕的工艺原理

模压前，需先根据产品设计要求，用模切刀和压线刀排成模切压痕版，简称模压版，将模压版装到模切机上，在压力作用下，将纸板坯料轧切成型，并压出折叠线或其他模纹。模压版结构及工作原理如图6-1所示。图（a）为脱开状态，图（b）为压合状态。

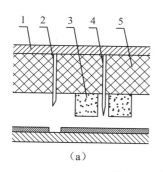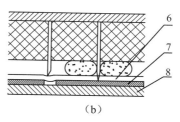

图 6-1　模切压痕工作原理图

1-版台；2-钢线；3-橡皮；4-钢刀；5-衬空材料；6-纸制品；7-垫版；8-压板

　　钢刀进行轧切，是一个剪切的物理过程；而钢线或钢模则对坯料起到压力变形的作用；橡皮用于使成品或废品易于从模切刀刃上分离出来；垫版的作用类似砧板。

　　目前，采用模压加工工艺的产品主要是各类纸容器。纸容器主要是指纸盒和纸箱（均由纸板经折叠、接合而成），这两者之间很难分开，但人们在习惯上往往从容器的尺寸、纸板的厚薄、被包装物的性质、容器结构的复杂程度以及型式是否规范等方面来加以区分。

　　纸盒按其加工成型的特点，可分为折叠纸盒和粘贴纸盒两大类。

　　折叠纸盒是用各类纸板或彩色小瓦楞纸板做的。制作时，主要经过印刷、表面加工、模切压痕、制盒等工作过程，其平面展开结构是由轮廓裁切线和压痕线组成，并经模切压痕技术成型，模压是其主要的工艺特点。这种纸盒对模切压痕质量要求较高，故规格尺寸要求严格，因而模切压痕是纸盒制作工艺的关键工序之一，是保证纸盒质量的基础。

　　粘贴纸盒是用贴面材料将基材纸板粘贴裱合而成。在基材纸板成型中，有时也需要用模压加工的方法。

　　制作瓦楞纸箱的原材料，是用瓦楞纸板，加工时多采用圆盘式分纸刀进行裁切，用压线轮滚出折叠线。但模切压痕也是一种有效的生产方法，尤其是对于一些非直线的异形外廓和功能性结构，如内外摇盖不等高以及开有提手孔、通风孔、开窗孔等，只有采用模压方法，才便于成型。

任务二　掌握纸容器的模切压痕工艺

　　纸容器是用于包装商品的纸板做的容器，如纸盒、纸杯等。评价纸容器的质量，不仅评价印刷的好坏，还要评价容器的造型和加工的繁简。

　　纸容器的制造工艺流程如下。

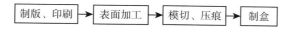

（一）纸容器的模切压痕材料的选用

　　一般选用印刷效果良好、适合所包商品的廉价材料制成，有使用黄板纸、牛皮纸、卡纸、白板纸等作为承印材料，要求高的，可在这些材料上裱贴铜版纸等上等纸张，印刷油墨也要根据包装的物品选用耐光、耐磨、耐油、耐药品、无毒的油墨。

（二）纸容器的模切压痕制版

采用凸版、平版、照像凹版、柔性版印刷。现在以平版印刷为主，凸版印刷可以得到印刷效果好、色调鲜明、光泽好的成品，但制版工艺繁杂，不如平版印刷简单。在印刷过程中进行喷粉，防止背面粘脏。

根据需要可进行涂覆聚乙烯，粘贴表面薄膜、涂蜡以及压箔、压凸等工艺，但并非所有产品都要经过表面加工。

模切版的制版较好的方法是用胶合板制作模切版材。先将纸盒图样转移到胶合板上，用线锯沿切线和折线锯缝，再把模切和折缝刀线嵌入胶合板，制成模切版，它具有版轻、外形尺寸准确、可以保存等优点。也有用计算机控制，激光制模切版的，把纸盒的尺寸、形状、纸板克重输入计算机，然后由电子计算机控制激光移动，在胶合板上刻出纸盒的全部切线的折线，最后嵌入刀线。激光制模切版精度高、速度快、重复性好，同时其适用面也较宽。

其工艺流程如下。

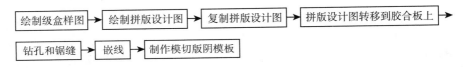

①绘制纸盒样图

绘制纸盒的黑白稿刀线图，要求线条准确，符合尺寸要求。

②绘制拼版设计图

根据纸盒样图和可印刷的最大纸张尺寸，进行拼版设计，拼版设计要考虑节约纸张和便于模切后自动清除废边。按拼版设计绘制拼版设计图。

③复制拼版设计图

复制两张拼版设计图，一份供制印版印刷用，另一份供模切版制版用，这两张拼版设计图须保证一致性，模切时能精确套准。

④拼版设计图转移到胶合板上可用手工描绘或照像复制。

⑤钻孔和锯缝

有专用锯缝机，该机是上下移动的线锯。在两只盒芯相连处钻孔，便于穿线锯，沿切线和折线锯开。线锯的厚度应与模切刀线和折缝刀线的厚度相适应。

⑥嵌线

根据盒子形状用铡线机、弯线机、冲孔机等把刀线轧断、弯圆或弯成各种角度。

横切刀线的高度是 23.8mm，厚为 0.7mm，嵌入模切版上的模切线必须高度一致。折缝刀线的高度和厚度取决于纸张的厚度。折缝刀线高度为模切刀线高度减去纸张厚度即可。

在刀线嵌好后，两边要贴上泡沫橡皮，以便纸板从模切版上弹出来，如图 6-2 所示。

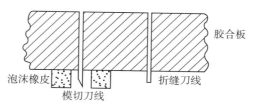

图 6-2　嵌线示意图

⑦制作模切版阴模板

阴模板是为了获得良好的缝，在钢板上贴好绝缘纸，放入机器，放好复写纸，再盖一层卡纸，开动机器压获得压痕，在压痕上开出折缝线槽。

（三）纸容器的模切压痕工艺的流程

1. 一般模切压痕工艺的流程如下。

以模切压痕加工的主要对象纸盒为例，一般需要经过的过程如下。

模切压痕的工艺主要是制模切版和模切压痕加工过程。

（1）制模切版

模切版的制作可大致分为两个阶段。第一阶段是先做好底版，第二阶段是将弯曲成型的各种钢片，按照要求，排放在底版内。

模切底版有金属底版和木板底版两类。金属底版有衬铅排版、浇铅版、钢型刻版等。目前常用的是衬铅排版。衬铅排版是用大小空铅排成版面。将比空铅略高的带锋口的钢线，弯曲成所需要的形状，按照图文的要求嵌在底版上，做成模切版。不带锋口的钢线可制成压痕版。

木底版有胶合版、木版、锌木合钉版等。近几年，胶合版较常用。把拼版设计图转移到胶合板上，在线条处钻洞锯缝。再把刀线和折缝线嵌进去，在空白处钉上橡皮，制成模切压痕版。

（2）装模切版

模切上版指的是将制作好的模压版，准确地安装固定在模切机的版框中的工作过程。模切版装好后，就可以开机进行模切加工了。

上版前，须校对模切压痕版，确认符合要求后，方可开始上版操作。

调整版面压力。安装完模切版后，需要调整版面压力。首先调整钢刀的压力，垫纸后，先开机压印几次，目的是将钢刀碰平、靠紧垫版，然后用面积大于模切版版面的纸板进行试压，根据钢刀切在纸板上的切痕，采用局部或全部逐渐增加或减少垫纸层数的方法，使版面各刀线压力均匀一致；再调整钢线的压力，一般钢线比钢刀低 0.8mm，为使钢线和钢刀均获得理想的压力，应根据要模压的纸板性质对钢线的压力进行调整。

橡皮粘塞在模版主要钢刀刃口的两侧，利用橡皮弹性恢复力的作用，可将模切分离后的纸板从刃口部推出。通常橡皮布高出刀口 3 ～ 5mm。

对模切压痕加工后的产品，应将多余边料清除，称为清废。即将盒芯从胚料中取出并进行清理。清理后的产品切口应平整光洁，必要时用砂纸对切口进行打磨或用刮刀刮光。

任务三　常用模切压痕设备

用以进行模切压痕加工的设备称为模切机或模压机。模切机由模切版台和压切机构两部分组成。

图 6-3 所示为模切机的几种类型。根据模切版和压切机构主要工作部件的形状，模切机可分为平压平、圆压平和圆压圆三种类型；而根据平压平模切机中版台及压板的方向位置不同，又可分为立式和卧式模切机两种。

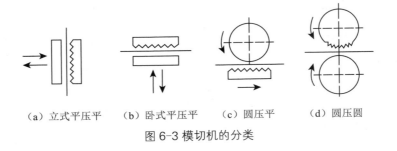

（a）立式平压平　　（b）卧式平压平　　（c）圆压平　　（d）圆压圆

图 6-3 模切机的分类

（一）平压平型模压机

版台及压切机构形状都是平板状，机器工作时两平板在一定的压力下对压完成模切压痕工作的模压机称为平压平型模压机。当版台和压板的平面工作时处在水平位置时为卧式平压平模压机，当版台和压板的平面工作时处在直立位置时为立式平压平模压机。

模压机工作时，版台固定不动，压板压向版台而对版台施压。通常按压板与版台接触情况，模切形式又可分为先后接触式和同时接触式两类。先后接触式平压平模切机，压板绕固定铰链摆动，在开始模压的一瞬间，压板工作面与模版面之间有一定倾角，使模切版较早地切入纸板下部，纸板上部区域最后接触模切刀。其结果是纸板上下部区域模切压力不均衡，通常是模切版下部压力过重，而上部压力较轻甚至出现上部切不透的现象。图 6-4 为同时接触式立式平压平模压机压板运动机构图。同时接触式平压平模切机压板运动机构中，工作时，压板 4 在连杆 3 的带动下，先以圆柱滚子 8 为支点，在机座的平导轨 9 上摆动，待压板的工作面由倾斜转到与模压板 5 平面平行时，再平移压向模切版。压板和模切版同时大面积接触，保证了整个版面上的压力一致。

国产立式平压平模压机有 MLB880 等型号。立式平压平模压机结构简单、维修方便，容易更换模切压痕版，但劳动强度较大，生产效率低，每分钟工作次数为 20 ～ 30 次，常用于小批量生产。

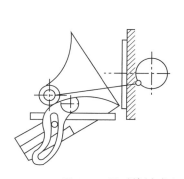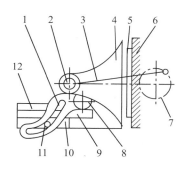

图 6-4　同时接触式立式平压平模压机压板运动机构

1- 曲线滑槽；2- 压板轴；3- 连杆；4- 压板；5- 模压板；6- 版台；
7- 曲柄齿轮；8- 圆柱滚子；9- 平导轨；10- 定位滑块；11- 定位圆柱销

　　卧式平压平模压机的版台和压板工作面均呈水平位置，下面的压板压向上面的版台进行模切压痕工作。如图 6-5 所示为卧式平压平模压机的外形图。

　　卧式平压平模压机由纸板自动输入系统、模压部分、纸板输出部分以及电气控制、机械传动等部分组成，有的还带有自动清废装置，如图 6-6 所示。卧式模压机压板行程小，其自动输纸系统的总体结构与单张纸胶印机类似。

　　纸板输入部分 1 和收纸部分 4 与单张纸胶印机原理基本相同。模压部分 2 由肘节、凸轮轴或双肘杆机构组成。模压部分属施压装置，该部分设有压力渐进和压力延时装置，可按模压工艺的需要设计保压时间。压力可调节，且可实现不停机调节和停机调节。图 6-6 中 3 为清废排屑部分。

图 6-5　卧式平压平模压机外形图

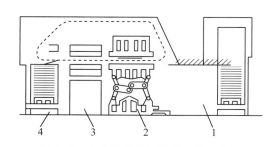

图 6-6　自动卧式平压平模压机示意图

1- 送纸部分；2- 模压部分；3- 排屑部分；4- 收纸部分

视频 6-1

视频 6-2

视频 6-3

　　模切设备应用极为广泛，其中单张纸模切机以卧式平压平自动模切机应用最广。卧式平压平模压机自动化程度高，工作安全可靠，是目前较先进的机型。

　　模切机视频见视频 6-1（自动模切机操作运行视频），视频 6-2（清废），视频 6-3（PVC材料模切操作）和视频 6-4（不干胶模切操作），请扫描本页二维码观看。

视频 6-4

（二）圆压平型模压机

圆压平模压机如图 6-7 所示，其主要由做往复运动的平面版台和转动的滚筒组成。工作中，版台向前移动，滚筒压住纸板，并以版台相同的表面线速度转动，即对纸板进行了模切与压痕。复位时，版台向后退回，压力滚筒工作表面不与模切版接触。圆压平模压机根据模压滚筒在一个工作循环中不同的旋转情况，又可分为停回转、一回转、二回转等几种，正反转圆压平模压机属简易型。

因圆压平模压机采用了压力滚筒代替压板，模切时不再是面接触，而是线接触，故机器在模压时承受的压力较小，因而机器的负载比较平稳，可进行较大幅面的模切。但压力滚筒与版台对滚产生的分力容易引起刀线刃口的变形或移位，从而影响模切质量。

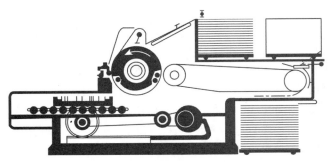

图 6-7　圆压平模压机原理示意图

（三）圆压圆型模压机

圆压圆模压机的版台和压切机构是滚筒对滚筒形式，如图 6-8 所示。工作时送纸辊将纸板送到模压版滚筒与压力滚筒之间，二滚筒夹住纸板对滚，完成模压工作。由于圆压圆模压机工作时，滚筒连续旋转，适合高速下工作。因此，生产效率是各类模压机构中最高的。但模切版要弯曲成曲面，制版、装版工艺复杂，成本也较高。圆压圆型模压机适合于大批量生产。

圆压圆型模压机的模切方式，一般分为硬切法和软切法两种。硬切法是指模切时模切刀与压力滚筒表

图 6-8　圆压圆模压机模切部分

面硬性接触，模切力量大，模切刀容易磨损。软切法是指在压力滚筒的表面覆盖一层塑料。模切时，切刀可有一定的吃刀深度，这样既可保护切刀，又能保证完全切断。

模切设备目前向印刷、模切组合方向发展，将模切机构和印刷机连成一条自动生产线，结构形式也是多种多样的。这种生产线由即进料、印刷、模切、送出四部分组成。进料部分间歇地将纸板输入印刷部分。印刷部分可由 4 ～ 8 色印刷单元组成，可采用凹版、胶版、柔性版等不同印刷方法。生产线中备有专用的自动干燥系统。生产线中的模切部分可以是平压平模压机，也可以是圆压平模压机，且都备有清废装置，可自动排除模切后产生的边角废料。输送部分是将模压加工完成后的产品收集整理并送出。

图 6-9 是带自动排废装置的双色印刷模切机简图。从图中可清楚地看到该组合设备的结构组成。

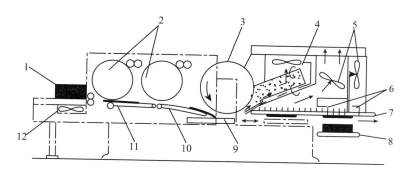

图 6-9　带自动排废装置的双色印刷模切机简图

1- 纸板；2- 印刷；3- 模切；4- 吸力自动排废；5- 风扇；6- 吹风；7- 输送部分
8- 成品输送；9- 床台；10、11- 吸力传送带；12- 真空进料

（四）卷筒纸模压机

NDM-320 型自动不干胶防伪商标模切机属卷筒纸模切压痕机。其外形如图 6-10 所示。它以平压平形式进行模切，拖料及切片由电脑控制，印刷商标的两边及纵向由三只光电传感器跟踪定位，模切、收废、切片一次完成。该机适合纸张不干胶商标、涤纶薄膜商标及激光防伪商标的模切。该机是柔性版印刷机、连续丝印机、凹版印刷机及防伪商标模压机的配套设备。

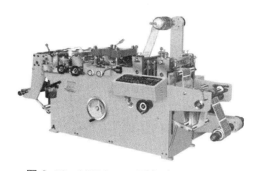

图 6-10　NDM-320 型自动不干胶防伪
商标模切机

（五）联机型模压机

YMW2000 瓦楞纸板印刷模切机，属印刷模切联机，外形如图 6-11 所示。

该机集印刷、模切压痕为一体，采用 PC 整机统一控制，通过触摸屏进行人机对话，主电机变频控制，主要用于生产较高质量的瓦楞纸板箱。生产效率高，适合对异形纸箱、彩箱的生产加工。

该机的结构及特点如下。

①采用了机组固定式有轴传动结构，使传动更平稳。

②齿箱、墙板采用合金铸铁，整体加工，使整机更加稳定。

图 6-11　YMW2000 瓦楞纸板印刷模切机

③采用真空吸附送纸，并带有辅助吸力系统，加强了对有一定弯度纸板的吸附，前沿定位，保证了给纸精度和对版精度。

④印刷滚筒动态调整，定位精度高，调整方便。

⑤采用高质量的陶瓷网纹辊，并带有反向刮刀系统，匀墨电机变频调速使匀墨效果更加理想。

⑥采用滚珠丝杠调节开槽及压痕位置，自动定位，精度高。

⑦采用圆压圆软模切方式，并带有红外线干燥装置，可避免模切时因油墨不干燥而蹭坏印刷图案，保证了高质量的印刷效果。

任务四　模切压痕常见故障及排除

模切压痕常见故障及解决方法如下。

（1）模切刃口不光

产生原因是钢刀质量不良，刃口不锋利，模切适性差；钢刀刃口磨损严重，未及时更换；模切压力调整时，钢刀处垫纸处理不当，模切时压力不适；机器压力不够。

排除方法是根据模切纸板的性能，选用不同质量特性的钢刀，提高其模切适性；经常检查钢刀刃口及磨损情况，及时更换新的钢刀；重新调整钢刀压力并更换垫纸；适当增加模切机的模切压力。

（2）模切压痕位置不合适

产生故障的原因是排列模切刀位置不符合印刷产品要求；模切与印刷的位置不对正；操作中纸板变形或伸长，套印不准；纸板叼口规矩不一；模切操作中输纸位置不严格统一。

解决办法是根据产品要求，重新校正模版，调整印刷与模切位置；减少印刷和材料本身缺陷对模切质量的影响；调整模切输纸定位规矩，使其输纸位置保持一致。

（3）模切后纸板粘连刀版

原因是刀口周围填塞的橡皮过稀，引起回弹力不足，或橡皮硬、中、软的性能选用不合适；钢刀刃口不锋利，纸张厚度过大，引起夹刀或模切时压力过大。

可根据模版钢刀分布情况，合理选用不同硬度的橡皮，注意粘塞时要疏密分布适度；适当调整模切压力，必要时更换钢刀。

（4）压痕不清晰有暗线、炸线

暗线是指不应有的压痕，炸线是指由于压痕压力过重沿线折叠时纸板断裂的线。

引起故障的原因是：垫纸过低或过高；模压机压力调整不当，过大或过小；纸质差，纸张含水量过低，脆性增大；钢线选择不合适。

解决的方法是重新计算并调整钢线垫纸厚度；适当调整模切机的压力大小；检查钢线选择是否合适。

（5）压痕线规则程度不够

原因之一是排刀、固刀紧度不合适。钢线太紧，底部不能同压板平面实现理想接触，压痕时易出现扭动；钢线太松，压痕时易左右窜动。原因之二是钢线垫纸上的压痕槽太宽，纸板压痕时钢线会产生一定的晃动。

排除办法是更换钢线垫纸，排刀因刀对其紧度应适宜。将压痕的槽适当开窄；增加钢线垫纸厚度，修整槽角。

（6）折叠成型时，纸板折痕处开裂

折叠时，如纸板压痕外侧开裂，原因是压痕过深或压痕宽度不够；若是纸板内侧开裂，则为模压压痕力过大，折叠太深。

排除办法是适当减少钢线垫纸厚度；根据纸板厚度将压痕线加宽；适当减小模切机的压力；减小钢线高度。

（7）压力不均匀

模切压痕过程中压力不均匀，一般有两种情况。

①如果压力有轻微的不均匀，可能是由于模切刀、线（钢刀、钢线）分布不均，造成动平台在模切时受力歪斜所致，此时应在刀模上加装平衡刀线，使平台受力均匀。

②如果平台前后或四角处出现比较严重的压力不均匀现象，则主要是支撑动平台的四个连杆摆杆高度不一致造成的，此时应打开模切底座的护罩，检查摆杆是否磨损，如磨损严重则需要更换，否则需要调整四个压力调整斜铁，直到压力一致为止。

※ 思考题

1. 什么是模切、压痕加工？

2. 模切、压痕的工艺流程是怎样的？

3. 什么是激光切割制作模切底板？

4. 激光切割模切版的优点是什么？

5. 模切版制作中粘贴胶条的作用是什么？

6. 什么是平压平模切？

7. 什么是圆压平模切？

8. 什么是圆压圆模切？

9. 模切压痕的工艺流程是什么？

10. 模切压痕常见故障及排除方法是什么？

11. 根据模切压痕认知实践完成一份实践报告，内容包括模压工艺和模压设备的操作要点及相应结构的调节。

项目七 折页

学习目标：
1. 了解常见的折页形式。
2. 掌握折页机的工作原理和结构。
3. 掌握折页机主要部件的调节。
4. 熟悉折页机的常见故障及解决方法。
5. 掌握折页的质量标准。

任务一 了解折页

折页是书刊装订的第一道工序。通过折页，将较大幅面的印张折叠成一个个小幅面书帖，然后经过配帖、包本和裁切等工序，完成通用书刊的装订工作。

将印张按照页码顺序折叠成书刊开本大小的帖子，将大幅面印张按照要求折成一定规格的幅面，这个过程称为折页。折成几折后成为多张页的一沓，称为书帖。大页印张在书刊装订时首先要加工成书帖，才能进行下一工序的加工。

（一）折页形式

折页形式随版面排列方式的变化而变化。在选择折页形式时，还要考虑书芯的规格、纸张厚薄等因素的影响。折页可分为平行折、垂直交叉折和混合折三种形式，如图7-1所示。

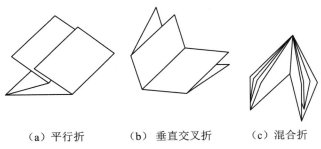

   （a）平行折   （b）垂直交叉折   （c）混合折

图 7-1　折页方式

相邻两折的折缝相互平行的折页方式称为平行折页法。平行折页法适用于纸张结实的儿童读物、图片等。平行折又可分为扇形折、卷筒折（即卷心折）及对对折三种，如图7-2所示。

相邻两折的折缝相互垂直的折页方式称为垂直交叉折页法。大部分印张都采用垂直交叉折页法进行折页。在同一书帖中，折缝既有相互垂直的，又有相互平行的，这种折法称为混合折页法。根据折页的方向又可分为正折和反折。逆时针折页为正折，顺时针折页为反折，如图 7-3 所示。

图 7-2　扇形折和卷筒折

（a）扇形折　（b）卷筒折　（c）对对折

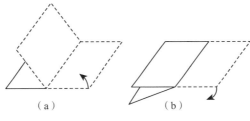

图 7-3　正折和反折

（a）正折　（b）反折

折页方法见视频 7-1（折页方法），请扫描本页二维码观看。

视频 7-1

（二）折页机的分类与组成

把大幅印张按一定规格要求折叠成书帖的机器称为折页机。除卷筒纸轮转印刷机有专门的折页装置外，其余印刷机的大幅面印张都要由单独的折页机折成书帖。折页机按结构可分为三种类型：刀式折页机、栅栏式折页机和栅刀混合式折页机。在卷筒纸轮转印刷机上装有专用折页装置。

刀式折页机由给纸系统、折页系统和电气控制系统三部分组成。折刀和折页辊是刀式折页机的主要工作部件。折刀和折页辊配合动作，共同完成折页工作。刀式折页机折页精度高，书刊折缝压得实，但折页速度较慢。一般适用于大幅面印张的折页。

栅栏式折页机是利用折页栅栏与相对旋转的折页辊相互配合完成折页工作的。栅栏式折页机由机架、传动机构、给纸部分、折页系统、收帖台及气泵组成。因此，折页栅栏和折页辊是栅栏式折页机的主要工作部件。不同数量和不同排列形式的折页栅栏和折页辊配合，可完成不同的折页要求。栅栏式折页机折页速度快，但不适合折幅面大、薄而软的纸张。

栅刀混合式折页机既有刀式折页机构，又有栅栏式折页机构，是两种折页形式的组合。因此，栅刀混合式折页机既具有栅栏式折页机折页速度快的优点，又具备刀式折页机折页质量高的长处。因此，栅刀混合式折页机得到了广泛的应用。

任务二 掌握折页机的工作原理与结构

（一）刀式折页机

刀式折页机适用于折叠 $40 \sim 100 g/m^2$ 的纸张。可实现自动给纸、分切并折叠成各种规格的书帖。

1. 刀式折页机的结构特点

其结构特点是每一折的折刀都是由凸轮连杆机构带动，做往复的直线运动或接近直线的定轴摆动，以将待折印张或书帖送入折刀下方一对高速旋转的折页辊之间的缝隙处。通常在第一折后装分切刀，用于纸张的分切。在第二折与第四折之间装花轮刀，用以给下一折的折线处打孔，以便排出书帖中的空气，为后面的装订工序做好准备。

ZY104 折页机是一种典型的我国自行设计生产的全张刀式折页机。多年来广泛应用于我国的各大中型印刷企业。随着科技的进步，刀式折页机的加工质量和电气控制方面有了较大的改进，折页精度也不断提高。下面以 ZY104 全张刀式折页机为例，讲述刀式折页机的工作原理和典型机构。

2. ZY104 全张刀式折页机的工作原理和典型机构

图 7-4 为 ZY104 刀式折页机工作原理图。折页机上印张的分离和输送由自动给纸机完成。给纸机将印张 1 交给传送带 2，由传送带 2 带着印张 1 向前运动。当印张快要到达一折刀 4 下面时，由于有四个压纸球 3 压在正在前进的印张上，增加了纸张前进的阻力，使印张缓慢而平稳地运行到一折刀 4 的下面。此时，第一折页辊 8 的盖板 7 正处于合拢位置，印张顺利通过，到达前挡规 5 进行纵向定位。这时，压纸球 3 的中心压在后纸边上，使印张不能后退，进行纵向准确定位。纵向定位完成后，安置在一边的侧拉规 6 将印张朝侧向拉齐，进行横向定位。

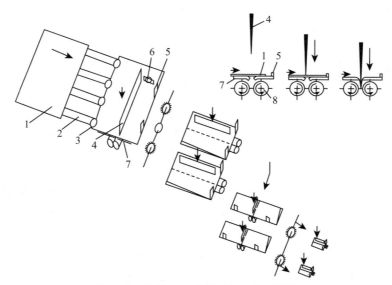

图 7-4 ZY104 刀式折页机工作原理图

1- 印张；2- 传送带；3- 压纸球；4- 折刀；5- 前挡规；6- 侧拉规；7- 盖板；8- 折页辊

　　两个方向定位完成后，系统中由凸轮控制折刀 4 向下运动，将待折印张插入两折页辊之间的缝隙处。在一折刀的刀片上装有 6 根定位针，折刀下落时，首先由定位针扎住印张，保证定好位的印张在受到折刀冲击时不致歪斜和错位。折刀继续下降，印张被折刀压入两块盖板 7 的开口中，折刀下降到一定的深度后（约离折页辊中心 4.2mm）就不再下降，随即上升复位。印张 1 由于传送带的推动和折刀冲击的惯性作用仍继续向下运动，进入两个相对旋转的折页辊 8 之间的缝隙中，依靠折页辊和印张之间的挤压和摩擦作用完成一折折页工作。当印张从一折页辊下面的滑纸块经过时，切断刀在印张中间进行切断，同时打孔刀在二折线上进行打孔。被切断和打孔的一折书帖由传送带又送到二折位置，重复上述过程。进行第二、第三折时，同时在下一折的折缝处打孔，以利于排出书帖内的空气。而后再完成三折、四折。

　　ZY104 折页机的主要机构有给纸机构、折页机构、拉规、切断和打孔装置、自动控制装置、收帖装置等。这里只介绍折刀运动机构、折页辊调节机构、切断和打孔装置，对给纸机构、自动控制机构等从略。

　　刀式折页原理见视频 7-2（刀式折页原理）和视频 7-5（刀式折页机实际运行），请扫描本页二维码观看。

视频 7-2

　　（1）折刀运动机构

　　折刀的运动形式有往复移动式和往复摆动式两种，它们的运动一般都是利用凸轮机构或者凸轮连杆机构来实现的。图 7-5（a）、（b）中折刀是往复摆动的，图（c）、（d）中的折刀是往复移动的。在 ZY104 折页机上，一、二折刀的运动形式如图 7-5（d）所示，而三、四折刀的运动如图 7-5（a）所示。从运动迹线上分析，（c）、（d）结构中折刀做的是往复移动，运动精确度高，折页质量高。而（a）、（b）结构中是微小的定轴摆动，折刀是用弧线代替直线，所在地精度较低，且由于悬臂较大，易产生一定的振动，机器的工作稳定性差。但有时设计时考虑到工作空间等因素，还是经常采用图 7-5（a）、（b）这种往复摆动式结构的。

视频 7-5

　　（2）折页辊

　　刀式折页机上每一对折页辊之间的缝隙应当合适，应能保证书帖顺利通过，且使两辊与书帖之间能够形成一定的摩擦力。两折页辊就是靠这个摩擦力将书帖碾出，完成折页的。由于纸张或书页的厚度经常变化，因此要求两个折页辊之间的间隙可调。为此，每对折页辊中有一个折页辊轴两端的轴套固定在轴承座上，而另一折页辊两端的轴套则是可以移动的。图 7-6 为 ZY104 折页机一折页辊结构简图。折页辊 1 两端的轴颈装在轴套 4 里，轴套 4 装在轴承座上，折页辊 1 安装有齿轮 11 和齿轮 12，齿轮 11 转动带动折页辊 1 转动，折页辊 1 上另一端的齿轮 12 与折页辊 2 上的齿轮 13 啮合，带动折页辊 2 转动。纸张由折刀压入，折页辊相对旋转完成折页工作。折页辊 2 两端轴颈装在滑动轴套 5 里，滑动轴套 5 上装着螺杆 7。旋转螺母 9 可以使螺杆 7 带动轴套 5 移动，从而实现两个折页辊之间距离的调节。由于被折纸张厚度变化微小，实际上两个折页辊之间的距离调节很小，因此，两折页辊上的齿轮齿隙虽有变化，但对传动影响不大。

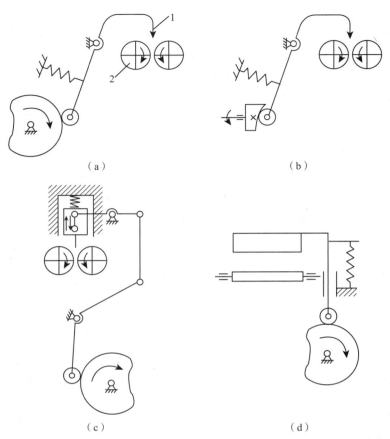

图 7-5　折刀的运动形式

1- 折刀；2- 折页辊

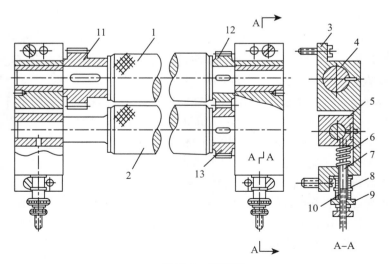

图 7-6　折页辊

1、2-折页辊；3-轴承座；4-轴套；5-滑动轴套；6-压簧；7-螺杆；
8-垫圈；9-螺母；10-垫管；11、12、13-齿轮

（3）切断与打孔装置

纸张折页数越多，书帖抗弯能力越强，折页质量降低。又因折页过程中，书贴中的空气不易逸出，导致折页时纸张发皱。折页机上设有切断与打孔装置。其中切断的作用将一个书页分成两个书页，即可使出来后的书帖厚度减薄，降低书贴的抗弯能力。打孔装置的作用是在下一折的折缝处打孔，将书帖内空气排出，便于下折折页，防止纸张皱褶。

ZY104 折页机一折辊下面装有两个打孔装置和一个切断装置。它们都装在 Ⅱ 轴上，和 Ⅱ 轴同步旋转。切断装置位于两个打孔装置的中间。打孔装置与切断装置的结构基本相同，区别在于切断装置上装的是切断刀片，而打孔装置上装的是打孔刀片。

图 7-7 为切断装置结构简图。手柄 1 空套在轴 8 上，齿轮 Z_1、Z_2 和 Z_3 分别固定在轴 10、轴 9 和小轴 5 上。齿轮 Z_1 的动力来自轴 10，齿轮 Z_1 经介轮 Z_2 带动 Z_3，齿轮 Z_2 所在的小轴 5 上装有切断刀片 4，切断刀片 4 与装在轴 8 上的刀环 7 相配合，使得从一折辊下来的纸张经滑纸块 6 进入切断刀片 4 和刀环 7 之间，通过两者的相对运动将其切断。刀环 7 的转动由轴 8 带动。图 7-7 中，A 为切断刀工作时手柄的位置。如不用切断刀，可将定位销从孔 2 拨出，使手柄绕轴 9 逆时针转到 B 位置，再将定位销插入孔 3。此时小轴 5 也随手柄 1 绕轴 9 的固定轴线转过相应的角度，切断刀片 4 抬起，刀片 4 与刀环 7 之间距离加大，机器再工作时，刀片 4 与刀环 7 尽管仍在转动，但不能再将纸张剪切断，即此时机器的分切功能不起作用。`

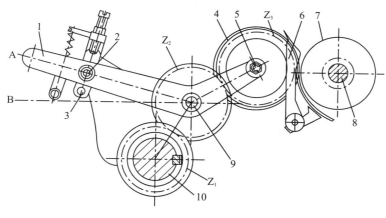

图 7-7　切断装置

1- 手柄；2、3- 定位销孔；4- 切断刀片；5- 小轴；6- 滑纸块；7- 刀环；8、9、10- 轴

3. 刀式折页机常见故障及解决方法

刀式折页机在折页过程中常见的故障主要有输纸歪斜、页码忽正忽歪、传送纸张时堵塞、折叠边底角不齐等。这些故障影响折页质量，必须采取相应措施予以解决。

（1）输纸歪斜

产生的原因及解决的方法如下。

①接纸轮的压力不一致。应调节接纸轮的压力，使每个接纸轮在印刷页面上的压力一致。

②传送带松紧不一，缝纫不平直或有破口。应将传送带的松紧调节一致，缝纫时要平整，

没有破口，使其运动平稳，不打滑。

③纸边不平撞刀或撞拉轨。上纸时如发现纸边不平，可事先将纸边揉平，以免输纸歪斜。

（2）页码忽正忽歪

产生的原因及解决的方法如下。

①四个压纸球的位置不一致，压纸球的中心没有顶住纸张的后边，致使印刷页定位不准确。

②折刀下降过深或不在两折页辊间隙中心位置。

③切断刀或打孔刀不锋利或安装不当。应将不锋利的刀片或打孔刀片及时换下，装上新刀。

④折刀上的定位针长短不一，在折刀运动中致使印刷页位移。为此，必须将折刀上的定位针安装一致，并在刀刃的中心，针尖露出刀刃 2mm。

⑤可能是传送带有破口，使输纸歪斜。

（3）传送纸张时堵塞

产生的原因及解决的方法如下。

①走纸歪斜，纸张有折角和破碎，出现双张或多张。应及时检查走纸情况，调节给纸装置，控制双张出现，发现破碎或折角的纸张应及时挑出。

②传送带有破口，缝制不平整。

③折刀下降位置不够，折页辊过松。应调节折刀下降深度和两折页辊的间隙。

（4）折叠边底角不齐

产生的原因及解决的方法如下。

①折刀下降过深，并且与折页辊不平行，折页辊的松紧不一致所致。应按纸张的厚度将折刀下降的深度和折页辊的间隙调节适中，并使折刀与折页辊平行。

②可能是挡纸规调节不当。

③折刀上的定位针有断尖。

④打孔刀安装不当等。应检查挡纸规是否与折帖平行，折刀上的定位针是否需要更换，打孔刀片所对的刀槽是否清洁，刀台与承受环的间隙要调节合适。

（二）栅栏式折页机

图 7-8 为栅栏式折页机工作原理图。工作时，由输页装置送出的印张，经过两个旋转的折页辊，输送到折页栅栏里，撞到栅栏挡板时，印张便被迫弯曲成对半形插入折页辊中间，完成折页。然后将折过一折的书帖输送到下一个折页栅栏里，用同样的方法进行第二、第三折。最后被送到收帖台，完成一个书贴的折叠工作。

栅栏式折页原理见视频 7-3（栅栏式折页原理）和视频 7-6（栅栏式折页机实际运行），请扫描本页二维码观看。

视频 7-3

视频 7-6

（三）栅刀混合式折页机

1. 机器的组成及结构特点

栅刀混合式折页机是采用栅栏式折页机构和刀式折页机构组合而成的折页机，常用的有对开和四开两种形式。其结构特点是：1、2 折采用栅栏式结构，故折页速度快；3、4 折采用刀式结构，因而折页质量好、性能稳定。栅刀混合式折页机器占地面积小，折页速度快，折页方式多，折缝结实不起皱褶，操作维修及保养方便，所需辅助时间少。栅刀混合式折页形式得到了广泛的应用。

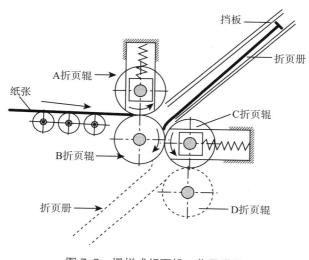

图 7-8　栅栏式折页机工作原理图

栅刀混合式折页原理见视频 7-4（混合式折页原理），请扫描本页二维码观看。

ZYHD490B 折页机属四开混合式折页机。以下以该机为例说明混合式折页机的组成及结构特点。

视频 7-4

ZYHD490B 型折页机由 FD 型平堆式给纸部件、输纸台、栅栏折页部分、刀式折页部分、收帖部分、动力传动部分及光电检测部分组成。

该机可折 40 ～ 180/m² 的纸张，可将 150mm×200mm 至 490mm×660mm 的纸张分别进行多种形式的折页。并可在折页的同时进行打孔、分切、压痕等工作。采用栅栏折页时，可进行四次平行折页。折页方式为平行折、扇形折和卷筒折。采用混合折页时，利用折页栅栏和折页刀，可进行 8 开、16 开、32 开折页。

2. 主要机构及调节方法

①FD 型平堆式给纸机的结构及调节

图 7-9 所示为 FD 型平堆式给纸机的结构示意图。首先待折印张被放入放纸台板 5 上，纸叠的周围有侧挡纸杆 3、11 和挡纸角铁 12 对纸叠进行控制，以防止纸叠歪斜，影响输纸和折页。挡纸角铁的位置沿台板前边可以根据纸叠尺寸移动。操作方法是先松开把手 4，然后按纸台前刻度尺上的尺寸数值移动挡纸角铁，调节好位置后，再旋紧把手 4。挡纸杆 11 的左右位置和前后位置根据纸叠尺寸也均可调节。方法是松开夹紧手柄 10，可沿左右和前后两个方向改变侧挡纸杆 11 的位置，我们仍可根据尺寸进行调整，调整合适后，将夹紧手柄 10 旋紧。

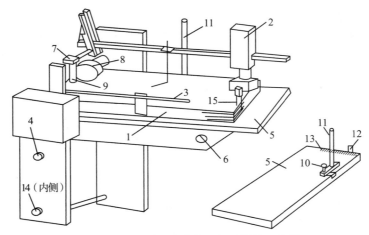

图 7-9　FD 型平堆式给纸机的结构示意图

1- 印张；2- 自动分离器；3、11- 侧挡纸杆；4- 把手；5- 放纸台板；6- 插头；7- 螺母；
8- 风轮；9- 传感器；10- 夹紧手柄；12- 挡纸角铁；14- 行程开关；15- 压纸杆

　　自动分离器 2 的作用是输送纸张时能自动将纸叠最上面的一张纸的纸尾部吸起，风轮 8 上的圆柱表面分布有许多吸气孔，将最上面的一张纸吸起，且带着纸张旋转，放置时因纸张得到一水平向前的速度，纸张向前进，进入输纸传送带，被继续向前传递。纸堆与风轮之间有一合理的工作距离：纸堆最上面的纸面到风轮 8 最下面的轮廓线的距离为 10mm 左右。这个高度由纸堆传感器 9 控制。根据纸张的质量及厚度，调节螺母 7，可以改变传感器 9 的位置，从而折页机工作时改变纸面到风轮 8 的距离。若需要上纸，需先提起纸张自动分离器两旁的压纸杆 15，将压纸杆上的凸销卡入弹簧片内，使压纸杆不至于因自重而自动掉下。再将纸张自动分离器抬起。纸台上升至距风轮最下轮廓线 10mm 距离时，传感器发信号，纸台自动停止上升。当纸台下降至碰到行程开关 14 时，纸台也自动停止下降。所以行程开关 14 的作用是限制纸台的最低位置。

　　无论是初次上纸还是重新上纸，为了避免损坏纸张自动分离器，都应该在纸台下降之前先提起压纸杆 15，待整个飞达上升到最高位置后再进行后序操作。

　　送纸风轮的吸气长短，由总操作站吸气时间按钮控制。吸气长短的选择，要根据送纸风轮的速度来定，风轮速度慢，吸气时间要长，反之，吸气时间要短。折叠薄纸时，送纸风轮上应装有上风轮胶圈，同时还要适当减小吸气量，以免风轮拉坏纸张。

　　在输纸台的进纸端有一个双张控制器。调整双张控制器上的滚花螺钉，可只容许一张纸在控制元件下通过，而双张纸则受控制。当双张纸偶尔来到控制器下，控制元件触动微动开关，电磁阀断电，吸气被切断，机器给纸停止。抬起双张控制器上的手柄，便可将压在下面的纸张取出。

　　②折页机组的使用与调整

　　该折页机共分为三个折页机组，栅栏折页部分为第一折页机组，第一折刀折页部分为第二折页机组，最后一把折刀的折页部分为第三折页部分。

　　前面已讲过，不管是刀式折页机还是栅栏式折页机，两对滚的折页辊中有一个辊的轴线是可动的，以便调节两折页辊之间的间隙。另外，折页辊下面的分切刀轴、传纸轮轴的轴线位置都应是可动的，这些都是根据所折纸张的厚度以及所折纸叠的层数而调整和适应的。

图 7-10 为折页辊、分切轴及传纸轮间隙调整的原理图。

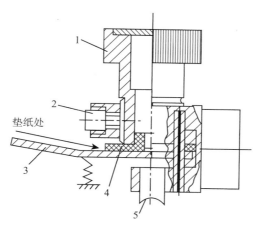

图 7-10 折页辊、分切轴及传纸轮间隙调整原理

1- 螺塞；2- 紧定螺钉；3- 压板；4- 胶垫；5- 推动杆

调节间隙的过程如下：将压板 3 下压，将需要折页的同样质量的纸条塞入胶垫 4 和压板 3 之间。压板 3 实际向下移动了一张纸的厚度。同样，若塞入了两张纸，则压板 3 向下移动的位数是两张纸的厚度。压板 3 向下移动时推动杆 5 向下移动，杆 5 的另一头推动活动轴承座产生同样的位移，而活动折页辊的两轴端分别装在活动轴承座中。这样压板 3 位移的大小 1：1 地传递给所调折页辊。分切轴和传纸轮的调节原理相同。因此相应的执行部件辊子的轴线也产生同样位移，实现了间隙的调节。由此我们还看出，在相应的调节位置塞入纸条的厚度也应是几层。只有这样，才能使通过调节装置塞纸产生的间隙与两辊工作时所要求的实际间隙相一致。几组折页辊间隙进行调节时，根据纸张折页的先后顺序，应第一组、第二组等顺序进行调节。

通常机组出厂时已将各折页辊、刀轴、传纸辊的基本位置调整好，使用过程中，只需接前述步骤塞入纸条即可调节。

若机器在拆卸修理后，需重新调节基本位置，其方法如下。

首先松开紧定螺钉 2，将裁好的纸片按折页辊间的过纸层数塞入相应的调节压板 3 与胶垫 4 之间，再将滚花螺塞 1 顺时针转动一定角度，使折页辊间的距离先调得偏大一些。然后开动机器，将同样厚度同样层数的纸条插入两相对旋转的折页辊缝隙中。调节时先将纸条插入两长辊的一端调一端间隙，然后再用同样的方法调整另一端。将纸条插入一端间隙后，一手抓紧纸条未插入端，另一手旋动螺塞 1，使螺塞 1 逆时针转动，逐渐减少两折页辊之间间隙。当纸条被拖动，并有一定的拉力时，即可停止旋转螺塞。然后用同样的方法调整两折页辊另一端间隙。间隙调整后，将紧定螺钉旋紧，以防止螺塞 1 松动。

③栅栏板及纸张转向板的操作与调整

在栅栏板两边的中下部，有一对定位调整螺钉，该螺钉应与支撑导轨端面接触。机构中有一专用定位块确定栅栏板的位置。在栅栏板的两侧靠近支撑导轨端面处刻有标准位置线，以便复位之用。折不同厚度的纸张时，调整栅栏板与折辊之间形成的三角空间（图7-11中的1），通常纸张越厚空间应越大。此时可在栅栏板两定位螺钉（图7-12中的3）与支座导轨端面（图7-12中的2）之间垫入适当厚度的纸片。栅栏板通过夹紧手柄夹紧。松开栅栏板顶部的锁紧螺钉（图7-13中的7），转动调节手轮（图7-13中的4），对照刻度表（图7-13中的5），按折纸长度可进行规矩调节。在栅栏板顶部设有规矩微调机构（图7-13中的6），便于规矩前后微量调整。拧紧紧固手柄（图7-13中的3），松开锁紧螺钉（图7-13中的7），转动外边的调节轮（图7-13中的8），可改变规矩板的角度，使规矩板与碰纸边平行，也可以对纸张进行斜折。

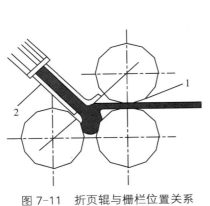

图7-11　折页辊与栅栏位置关系

1-折弯处；2-栅栏板

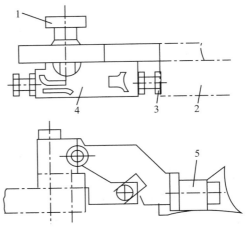

图7-12　栅栏板的调节

1-定位螺钉；2-支座导轨端面；3-定位螺钉；
4-定位支座；5-转向板

调整栅栏板上部的两个滚花螺钉（图7-13中的9），可使栅栏板（图7-11中的2）上下移动，以改变栅栏板与折页辊间形成的空间大小。折薄纸时，栅栏唇板应往下移动一段位置，使空间变小；折厚纸时，栅栏唇板则应相对往上移动，以增大折页空间。移动的距离，可以通过上栅栏两侧面的刻度标尺（图7-13中的10）反映出来。如果不用该栅栏折页，应将栅栏板前端的转向板（图7-12中的5）放下，同时松开定位支座（图7-12中的4）的定位螺钉（图7-12中的1），把支座调头，再用滚花螺钉锁紧定位支座，使转向端处于工作位置。

④打孔、纵切、压痕刀的使用与调节

一、二、三折组在栅栏折页之后有一副刀轴。在刀轴上可以安装打孔刀片、纵切刀片、压痕刀片，在折页过程中，对纸张同时进行打孔、纵切分纸和对纸压痕等工作。根据需要可安装一套刀具，也可以安装多套刀具，可以单独使用其中一种功能，也可几种功能组合使用。

打孔：打孔是为了将书页间滞留的空气排出，避免在垂直折页时纸帖产生皱纹。在刀轴上安装的刀片及其安装方式如图7-14所示。刀片4的装卸很容易，不需要卸下刀轴1，只要先将压紧螺母3松开，脱挂在刀轴上，沿刀片4的断开部位错位扳开，卡进刀座5。然后再紧固压紧螺母3，将刀片压紧在刀座5上。松开刀环7上的紧定螺钉8，移动刀环使其刀口面与刀片的平面相接近，并留有 0.1mm 左右的间隙。选择打孔刀片的齿数与齿形，视所折纸张质量与用途而定，有些打孔刀片的刀齿倾斜一定角度（为锯齿形），安装时，斜齿口应朝纸面，再装上理纸器 10 导向，纸便不会被刀片齿带起，对 $90g/m^2$ 以下的纸进行打孔时宜采用短齿刀片打孔，对较厚（$90g/m^2$ 以上）的纸则采用长齿刀片打孔。

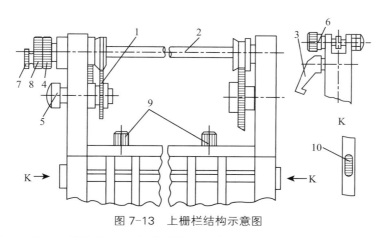

图 7-13　上栅栏结构示意图

1- 齿形带；2- 轴；3- 紧固手柄；4- 调节手轮；5- 刻度表；6- 规矩微调机构；7- 锁紧螺钉；
8- 调节轮；9- 滚花螺钉；10- 刻度标尺

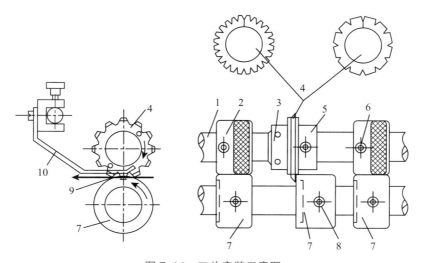

图 7-14　刀片安装示意图

1- 刀轴；2- 刀座；3- 螺母；4- 刀片；5- 刀座；6、8- 紧定螺钉；7- 刀环；9- 纸张；10- 理纸器

纵切分纸：纵切与打孔原理方法相同，只是所使用的刀片是无齿槽的连续刀刃。其作用是分割纸张。可以同时使用几把纵切刀，将折帖分割成几个折本，也可以与打孔结合使用。分切和打孔时，相邻的输纸轮应靠近纵切与打孔部位，分切时，应采用随机附件分切理纸器进行理纸。

压痕：结构如图7-15所示，作用是对纸压出一道折痕。压痕时使用两个对装的圆角刀环2和一把无刃口的压痕刀片1，对装在圆角刀环和压痕刀之间的间隙应在0.5～1mm。间隙小适用于薄纸或锋利的压痕刀片，厚纸或较钝的压痕刀片则取较大的间隙。注意：和打孔及纵切相反，相邻的输纸轮不应该和压痕部位靠得太近，避免将纸拉断。

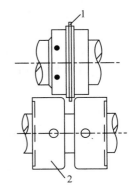

图7-15 压痕结构示意图
1- 刀片；2- 刀环

⑤折刀的使用与调节

ZYHD490B折页机有2套垂直折刀，全部采用电子自动控制。每把折刀都分别有光电检测头安装在压纸杆上。当一纸张通过光电检测头下方后，电磁离合器吸合，带动折刀向下运动折页，从光电检测纸张信号到折刀下刀的时间是可以设定的。根据所折纸张的尺寸，在调整第二折组光电检测头的安装位置时，必须保证纸张到达前挡规后，光电检测头下方没有纸张，否则自动控制系统将其视为堵塞，机器停止运转，同时该折刀的故障显示灯亮。第三折组光电检测头工作原理与第二折相反，即纸张到达前规后，检测头下方应有纸张。

折刀相对于折页辊的对中性、平行度以及高度位置，是可以进行调整的。其方法如图7-16所示。

折刀高度的调整：松开刀体滑动杆上部锁紧螺母3，顺时针方向旋动滑动杆顶端的螺钉2（螺钉旋进），通过螺纹旋合使折刀升高；逆时针方向旋动滑动杆顶端螺钉2（螺钉旋出），折刀下降。调整完毕时，将锁紧螺母3锁紧。

折刀与折辊平行度的调整：把两钢球7放在折辊5两头，检查折刀刃口与钢球7间的距离。松开螺钉9，调整折刀柄上的两调节螺钉8，使折刀刃口与折辊平行，然后拧紧螺钉9。

折刀与折辊对中性的调整：将机器断电，松开折刀夹板的螺钉9，松开折刀柄的两导向夹板，用手轻轻扳动传动盘，使折刀把一张厚度与折辊间隙相等的纸张送至最低位置，折刀自动成直线状态与折辊对中。然后拧紧折刀夹板螺钉9，固定好两导向夹板。

松开立柱中部的星形把手锁紧杆3（图7-17），收纸床高度可以在550～830m范围内任意调整。当调整后的高度还不能满足收帖要求时，可以松开锁紧手柄4（图7-17），将收纸板前部5（图7-17）倾斜一定角度，以满足收帖的要求。但在松开锁紧手柄4（图7-17）的同时，应将收纸床前半部托起，以免当锁紧手柄松开后，收纸板前部5（图7-17）突然下落。

SZ490B型收纸机与ZYHD490B型混合式折页机联机后，该收纸机按钮站上的按钮与折页机上的按钮完全联用。各按钮的功能用符号表示在按钮板上，表示方法与ZYHD490B各按钮的表示方法安全一致。

为满足收帖的要求，拧动电位器手柄，本收纸机可以单独实现无级调速。

栅栏式折页机调试操作见视频7-7（视频折页机调试操作），请扫描本页二维码观看。

⑥收纸部分的使用与调节

SZ490B型收纸机为流水作业式收纸机（见图7-17）。机架下部设有一个固定轮1和两个活动轮2。松开两活动轮2上的制动闸，收纸机可以随意推动，选择好收帖位置后，应将两个活动轮上的制动闸锁好。

视频7-7

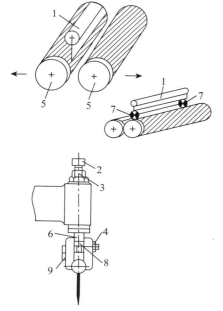

图 7-16 折刀的调整

1- 折刀体；2、4、9- 螺钉；3- 锁紧螺母；
5- 折辊；6- 滑动杆；7- 钢球；8- 调节螺钉

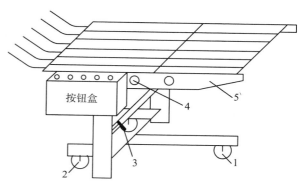

图 7-17 SZ490B 型收纸机

1- 固定轮；2- 活动轮；3- 锁紧杆；
4- 锁紧手柄；5- 收纸板前部

任务三 掌握折页机的常见故障及解决方法

（一）吸嘴上下不灵活

产生的原因及解决方法如下。

①吸嘴内的弹簧失效。更换弹簧。

②吸嘴上有异物或毛刺。去除异物或毛刺。

③吸嘴气路阻塞。将气泵的吹气管和吸气管暂时调换，开气泵将吸嘴内纸灰吹出，然后复位。

（二）吸嘴吸纸不正常

产生的原因及解决方法如下。

①吸嘴吸力不够。调节吸嘴的气量旋阀，加大吸气量。

②纸堆分纸弹片压纸过长。分纸弹片伸进纸堆 4mm 左右为宜。

（三）风轮送纸不出

产生的原因及解决方法如下。

①吸嘴吸力大于风轮吸力。调节风轮吸气量。

②风轮端面与阀体上出气嘴间隙太大或漏气。调节出气嘴，使之与吸轮间隙小于0.06mm 或更换出气嘴。

③电磁阀工作不正常，吸纸长度时长时短。检查电磁阀的吸纸长度，对于对开纸，吸纸长度一般为 250 ~ 300mm；是否有零件损坏，更换零件或电磁阀。

④风轮与纸堆的工作距离太远。风轮与纸堆的正确工作距离为 5 ~ 10mm。

（四）风轮处阻纸

产生的原因及解决方法如下。

①风轮下挡纸板偏高。调节挡纸板高度，距风轮 3 ~ 5mm 为宜。

②风轮的吸纸点不是在最下方。松开阀体上的锁紧手柄，调节阀体，使出气嘴位置处于最下方。

（五）双张、间张

产生的原因及解决方法如下。

①分纸吹嘴未将纸张吹松。调节分纸吹嘴的高度和吹风量使之吹起纸堆最上面的 15 张纸并彼此分离。

②分纸弹片压纸长度不够。调节弹片的压纸长度，3 ~ 5mm 为宜。

③风轮下挡纸板位置过低。调节挡纸板高度，距风轮 3 ~ 5mm 为宜。

④纸堆两侧压纸杆座相距太远。将压纸杆座向中间调整。

⑤纸张有静电或油墨未干。堆纸前应先将纸抖松。

（六）纸台自动上升频率太高或太低

产生的原因及解决方法如下。

控制纸台位置的接近开关检测的范围太大或太小。调节滚花螺母，使接近开关与风轮的相对高度适中，以 15 ~ 20 张 / 次为一动作单元为宜。

（七）输纸速度不均匀

产生的原因及解决方法如下。

①风轮外侧传动装置中滑动带轮磨损或弹簧失效。更换相应零件。

②风轮线速度与过桥输纸轮线速度不协调。调节风轮外侧传动装置中小带轮，使风轮与过桥输纸轮线速度同步。

③电磁阀工作不正常，吸纸轮吸纸长度时长时短。检查电磁阀的吸纸长度，对于对开纸，吸纸长度一般为 250 ~ 300mm；是否有零件损坏，更换零件。

④压纸球重量与纸张不匹配。根据所折纸张重量，变动过桥上压纸钢球和塑料球的数量和位置。

（八）送纸不顺利，输纸带与风轮交替纸张时有前后拖拉现象，送纸不到位

产生的原因及解决方法如下。

①电磁阀工作不正常。检查电磁阀的吸纸长度和零件损坏情况。

②折页主机处的无级变速带磨损严重。更换无级变速带。

③风轮线速度与过桥输纸轮速度不同步。调节风轮外侧传动装置中小带轮，使风轮与过桥输纸轮线速度同步或略低。

④双张机构调整过紧。调整双张机构，使之能刚好顺利通过一张纸。

⑤机械刀与气阀送纸不同步。调整气阀与感应片的位置，使机械刀与气阀送纸同步。

（九）纸张不进栅栏或进栅栏不到位

产生的原因及解决方法如下。

①栅栏下唇板位置偏高。调节栅栏上的螺母使下唇板下移。

②过桥处托纸钢带位置不对。托纸钢带应位于纸张边缘。

③纸张不平整。处理好纸张。

（十）一折底角误差变化

产生的原因及解决方法如下。

①折辊间隙不均匀。调整折辊间隙。

②压纸球数量或位置不对。根据所折纸张重量布置钢球或塑料球。

③栅栏间隙不均匀。调节栅栏板侧边螺钉。

（十一）折对边误差变化

产生的原因及解决方法如下。

①折辊间隙不均匀。调整折辊间隙。

②栅栏板中前挡规倾斜。拧紧锁紧手柄，松开外调节轮上的锁紧螺钉，转动外调节轮，使前挡规与纸边平行，锁紧锁紧螺钉。

③栅栏下唇板位置偏高。调节栅栏板上的螺钉，使之下移。

（十二）一折打孔不准

产生的原因及解决方法如下。

①折辊间隙及打孔刀轴间隙不均匀。调整折辊之间和刀轴之间的间隙。

②离打孔刀最近的两组传纸轮距离太远。调节传纸轮组的距离，使之起到支撑和输送纸张的作用。

③打孔刀片与刀环距离太远。调节刀环，使其刃口与刀片平面靠近并有 0.02 ~ 0.04mm 的间隙。

④刀片磨损。更换刀片。

（十三）一折出纸处阻塞

产生的原因及解决方法如下。

①刀片装反了。刀片应该齿面向前安装。

②刀片磨损。更换刀片。

③没装理纸器。装上理纸器。

④纸张没有进栅栏。见前述"纸张不进栅栏"。

⑤纸距的变化。见前述"纸距的变化"。

（十四）二折底角不准

产生的原因及解决方法如下。

①二折前挡规与二折辊不垂直。调整二折前挡规，使之与二折辊垂直。

②二折辊间隙不均匀。调节折辊间隙，使之均匀。最好能使用一折打孔刀。

③压纸球排放不当。压纸球相对折辊中心对称排列，止退压纸球应该压住纸尾。

（十五）二折对边不准

产生的原因及解决方法如下。

①纸张折痕中心与折刀中心不合。调整纸堆位置，使其偏移量适中。

②二折软侧挡规没有充分压住纸边。调整压纸弹片的压纸量。

③压纸球排放不好。压纸球相对折辊中心对称排列，止退压纸球应该压住纸尾。

（十六）三折对边不准

产生的原因及解决方法如下。

①三折前挡规与三折辊不垂直。调整三折前挡规使之与三折辊垂直。

②三折辊间隙不均匀。调整折辊间隙使之均匀。

③纸张折痕中心与折刀中心不重合。调整三折前挡规的位置，使其偏移量适中。

④三折软侧挡规没有充分压住纸边。调整压纸弹片的压纸量。

（十七）折刀碰折辊

产生的原因及解决方法如下。

①折刀的位置偏下。调整折刀的高度，右旋折刀滑动轴顶部螺钉，抬高折刀。

②折刀刃口与两折辊中心不对称。参见"折刀的调整"。

③折刀刃口与两折辊不平行。参见"折刀的调整"。

（十八）纸张碰折刀

产生的原因及解决方法如下。

①纸张定位时间偏长。调整同步开关，顺时钟方向转动，使整机同步。

②纸距不均匀。参见"纸距的变化"。

任务四　掌握折页的质量要求

（1）所折书帖应无颠倒、无翻身、无死折、无页码串号、无筒张、无套帖、无双张、无外白版、无折角和大走版。

（2）书帖页码和版面顺序正确，以页码中心点为准，相连两页码位置允许误差≤3mm，折口齐边（纸边）误差最多不超过 2mm（超过 2mm，书册裁切后易出现小页现象）。全书页码位置允许误差≤ 5mm，画面接版误差≤ 1mm。

（3）折完的书帖外折缝中，黑色折标要居中一致，全部整齐地露在书帖最后一折的外折缝处。

（4）三折及三折以上书帖应划口排除空气。打孔刀（划口刀）必须正确地划在折缝中间，并与折缝重叠，划口在后背上排列整齐，其划透深度以书页不断裂、不掉落页张为宜。分纸刀切割分出的纸边要光洁，纸边无拉破现象。

（5）折锁线订的书帖，前口毛边要比前口折边大 4mm，以配合锁线机自动搭页工作的顺利进行。折骑马联运机双联的书帖，前口里层毛边要比外层毛边大 10mm，以配合搭页机钢皮叨页分离工作的完成。

（6）59 g/m^2 以下的纸张最多折四折，60 ～ 80 g/m^2 的纸张最多折三折，81 g/m^2 以上的纸张最多折 2 折。

（7）折完的书帖要保持页面的整齐、清洁、无油脏、无撕页、无破碎、无残页、无死折或八字波浪皱褶，保持书帖平整。收帖时要注意帖背上有无黑方块帖码标志，以避免印刷外白面的漏下。

※ 思考题

1. 什么是折页？

2. 折页方法分为哪几种？

3. 什么是正折和反折？

4. 折页机分为哪几种类型？

5. 刀式折页机和栅栏式折页机的折页特点是什么？

6. 刀式折页机的折页原理是什么？

7. 栅栏式折页机的折页原理是什么？

8. 书刊折页的质量要求有哪些？

9. 根据折页认知实践完成一份实践报告，内容为根据获得不同折页产品进行相应结构调节的要求。

项目八 配页

学习目标：

1. 了解叠配和套配的配页方法。
2. 熟悉配页联动线。
3. 掌握配页机的工作原理。
4. 掌握配页质量检查的方法。

任务一 了解配页

配页又叫配帖，是指将书帖或单张书页按页码顺序配集成书册的工序。配页工序是书刊装订的第二大工序。大张印页经折页工序变成了所需幅面的书帖，一本书刊的书芯由若干个书帖按页码顺序集配组成。

配页的方式有两种：套配法和叠配法，如图8-1所示。

套配法常用于骑马订法装订的杂志或较薄的本、册，一般是用搭页机配页。其工艺是将书帖按页码顺序依次套在另一个书帖的外面（或里面），使其成为一本书刊的书芯，如图8-1（a）所示。

叠配的工艺是按各个书帖的页码顺序叠加在一起，如图8-1（b）所示。叠配法适合配置较厚的书芯。叠配在工厂中应用广泛，目前，大部分书籍都是用叠配法进行配页的。

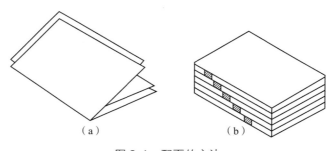

（a） （b）

图8-1 配页的方法

任务二 掌握配页机联动线

把书帖按照页码顺序配集成册的机器叫配页机，配页机以叼页时采用的结构及其运动方式的不同，可以分为钳式配页机和滚式配页机两种，如图8-2所示。其中图8-2（a）是钳式配页机，图8-2（b）是滚式配页机。

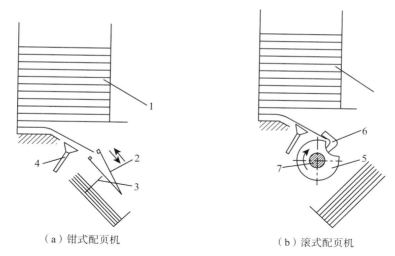

（a）钳式配页机　　　　　　　（b）滚式配页机

图 8-2　配页机叼页原理

1- 书帖；2- 叼页钳；3- 拨书棍；4- 吸嘴；5- 叼页轮；6- 叼牙；7- 配页机主轴

　　钳式配页机的叼页工作是由往复移动的叼页钳 2 完成的。叼页钳往复运动一次，叼下一个书帖。叼页钳的张合由凸轮机构控制。当叼页钳向斜上方运动时，张开钳口准备叼页；咬住书帖之后，叼页钳返回，把书帖放到下面的传送链条上。

　　辊式配页机的叼页部分是利用连续旋转的叼页轮与叼页轮上的叼牙配合完成叼页的。叼页轮带着叼牙旋转，叼牙转到上方时叼住书帖，转到下方时放开书帖，使书帖落到传送链条的隔页板上。叼牙的张合由叼页凸轮控制，叼页凸轮每转动一周，完成一帖（双叼配页机为两帖）的叼页工作。

（一）PYGL450 配页联动线

　　上海紫光（Purlux）公司生产的 PYGL450 配页联动线采用的是滚式配页机，它的基本配置为：输送链张紧装置一台，PYGL450 滚式配页机组 8 组（每 3 台配为 1 组），TCD-C 剔除机一台，SFD440B 输送翻转机一台，CSDA 配页出书台一台，PYGL450 电气控制箱一台，真空压力气泵 4 台，如图 8-3 所示。

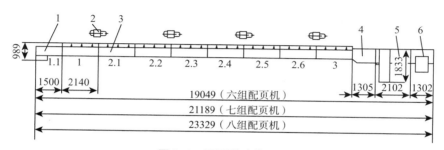

图 8-3　配页联动线平面图

1- 传动链张紧装置；2- 真空压力气泵；3-PYGD450 滚式配页机；4-TCD-C 剔除机；
5-SFD440B 输送翻转机；6-CSDA 配页出书台

该机组采用电气、机械相结合检测系统，带有记忆功能，可自动将不合格书帖经剔除机送出，整机不停车，确保了书刊的配页质量。当某一组配页机出现无序工作时，该机组可停止工作。

其联动线由 PYGD450 滚式配页机 18 台（可按用户需要扩至 24 台）组成，工作过程是在工作台上经压紧扎捆的书帖，按编书页码分别由吸嘴将书帖吸下，然后由叼牙叼住后送至承书斗中，再由传送链上的拨书杆带走。在配页过程中发生多帖、缺帖、错帖，均由检测装置检查后发出信号，拨杆带动书帖前行时，下一台配页机在电磁阀的作用下，关闭气泵，停止配页，联动线不停机，拨书杆将书帖送至剔除机时，翻板抬起，不合格书芯经剔除机送至输送台上，正常的书帖经配页成册，通过输送翻转机，经配页出书台交错竖立推出，完成配页工作。由于增加了错帖检测装置，因此书帖背脊应印有色标，便于检测错帖。

（二）PYGD450 滚式配页机工作原理

滚动式配页机利用转动的叼纸轮与叼纸轮上的叼爪配合完成叼页。如图 8-4 是 PYGD450 滚式配页机工作原理图。

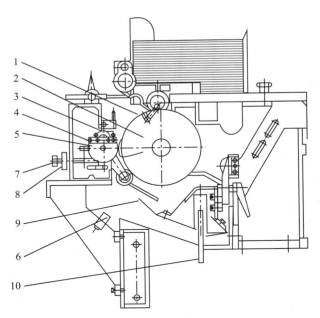

图 8-4　滚式配页机工作原理图

1- 吸气头；2- 叼纸轮；3- 叼爪；4- 接近开关；5- 检测轮；6- 光电开关；
7- 调节螺钉；8- 螺母；9- 承书斗；10- 拨书杆

配页时将经压紧扎捆的书帖放在工作台上，由二只吸气头 1 把最下面的一帖吸住往后拉，接着被转动的叼纸轮 2 上的二只叼爪 3 同时叼住，此时吸气头立即停止吸气，叼纸轮 2 把书帖拉出台板，同时书帖在向下输送的过程中通过检测装置，经过检测后正常书帖即被送至承书斗 9 中，书帖被集书链拨书杆 10 带走，以便书帖在输送过程中光边处整齐。随着集书链拨杆的向前移动，逐一将书帖从承书斗 9 中推下配页成册。对多帖或缺帖的书册在剔除机处由翻板抬起送至输送台上。每组配页机有三只气阀 2（图 8-5），同时控制吸气管吸气的时间，当叼纸轮转动至叼牙 3 与叼纸轮 2 表面间距离为 10mm 时，吸气控制凸轮 1（图 8-5）关闭气阀，停止吸气。要求三只吸气控制凸轮调整基本一致。

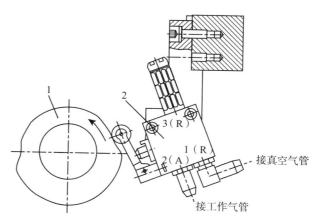

图 8-5　凸轮控制机构

1- 控制凸轮；2- 气阀

书帖的检测装置对多帖和缺帖进行检测控制，把要配页的一个书帖夹在叼爪 3 与叼纸轮 2 之间，当叼爪 3 带住书帖转动到图 8-4 所示的位置时，使检测轮 5 与叼爪 3 脱离至二者之间距离要小于所配书帖一帖的厚度，这样当配页机工作正常，叼爪 3 叼住一帖书时，叼纸轮 2 带住书帖通过检测轮 5。当双张时，叼爪 3 与检测轮 5 相擦，使检测轮 5 顺时针偏转，接近开关 4 接通，给出一个不合格信号，当缺帖时，光电开关 6 没有反射信号，也会给出一个不合格信号。

（三）TCD-C 剔除机工作原理

图 8-6 是剔除机外形图。

剔除机工作原理图如图 8-7 所示。工作时，当收到配页机检测控制多帖、缺帖的信号后，电磁铁 1 动作，滚珠摇臂 2 在凸轮 3 的推动下顶起翻板，将多帖和缺帖的书册送入传送带装置，抛入输送平台，至废书斗，正常书册则被集书链拨书杆带走，通过走书道被送至输送翻转机。

图 8-6　剔除机外形图

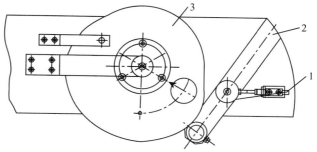

图 8-7　剔除机工作原理图

1- 电磁铁；2- 滚珠摆臂；3- 凸轮

（四）SFD440B 输送翻转机

输送翻转机是把从剔除机输送过来呈平卧状的书册，沿翻转面板向右侧往上侧翻，使书脊向下竖立起来，同时集书链上的拨书杆在带动书册前行时，由垂直状沿着侧弯链轨成平行状，以保证书册在翻转时不停靠，顺利输送至配页出书台。

（五）TCDA 配页出书台工作原理

图 8-8 是配页出书台。

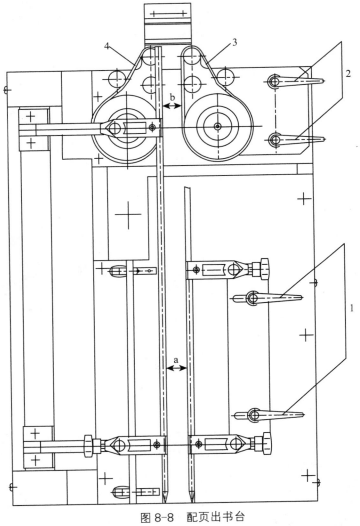

图 8-8　配页出书台

1、2- 手柄；3、4- 输送带

书帖在拨书杆的输送下，进入配页出书台，当书帖头部被送入二根输送带 3、4 之间后，由于输送带 3、4 的直线运行速度比拨书杆的速度快，使书帖能快速往前输送，进入配页出书台的收书台面，书帖的光边尾部脱离拨书杆，拨书杆则进入下集书链轨道，回转至集书链 1 张紧装置。当书帖经二根输送带 3、4（图 8-8）夹紧加速送出后，被挡书块 2（图 8-9）挡住定位，当凸轮 6（图 8-9）转动到凹口向上，在拉簧 3（图 8-9）的作用下，推书杆 1（图 8-9）将书帖推到承书平台上，随着机器的继续转动，当连杆 9（图 8-9）转动到最高位置时，摆叉 1（图 8-10）带动承书平台到右极限位置。第二本书帖被推书杆 1（图 8-9）推下后，与第一本书册相互间有了 40mm 的错位，这样就使操作者方便收集。

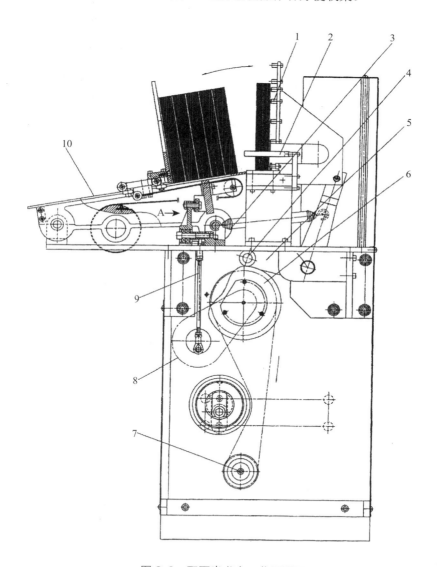

图 8-9　配页出书台工作原理图

1- 推书杆；2- 挡书块；3- 拉簧；4- 滚轮；5- 摆臂；6- 凸轮；7- 螺钉；
8- 齿形带；9- 连杆；10- 承书平台

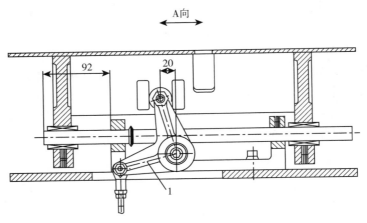

图 8-10 配页出书台 A 向图

1- 摆叉

（六）拨书杆过载保护装置

如图 8-11 是拨书杆过载保护装置。

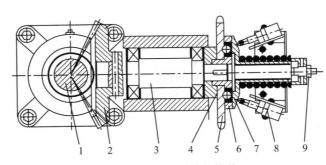

图 8-11 拨书杆过载保护装置

1- 主轴；2- 伞齿轮；3- 连接轴；4- 轴套；5- 链轮；6- 钢球；7- 斜块；8- 微动开关；9- 螺母

拨书杆过载保护装置的工作过程是：主轴 1 将动力通过伞齿轮 2 传递到轴 3 上，轴套 4 通过钢球 6 将动力传递到链轮 5 上，当拨书杆被书帖堵住后，链轮 5 转不动，钢球 6 会弹出，这样使斜块 7 将微动开关 8 压下，机器就立即停车，起到过载保护的作用。通过调整螺母 9，可改变弹簧作用钢球上的力，从而达到调整链轮 5 上转矩的目的。

配页机视频见视频 8-1（配页机结构与运行）和视频 8-2（配页机配页原理），请扫描本页二维码观看。

视频 8-1

视频 8-2

任务三　掌握配页质量检查的方法

配页质量的好坏直接影响读者的阅读，错帖等有原则性错误的书是不允许出厂的。

配页质量检查的方法是检查折标的阶梯是否混乱，折标是每帖书页的最外页订口处，按帖序印上的一个小黑方块，如图 8-12 所示。折标的作用是防止配帖时发生错误。

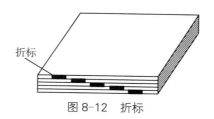

图 8-12　折标

配书芯后，折标在书背处应形成阶梯形排列。折标的阶梯混乱，说明可能有重帖、少帖、多帖和乱帖等错误出现。如图 8-13 所示是折标正确和混乱的图例。

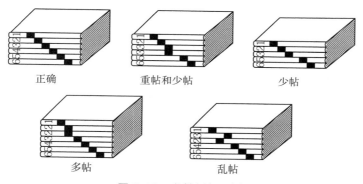

图 8-13　书帖折标图例

※ 思考题

1. 什么是配页？

2. 配页方法有几种？

3. 叠配法配页机的工作原理是什么？

4. 怎样检查配页质量？

项目九　书芯订联

学习目标：
1. 了解常用书芯订联的方法。
2. 掌握锁线订的工作过程和工艺特点。
3. 掌握锁线订常见故障及解决方法。
4. 熟悉无线胶订的方法。

任务一　了解常用书芯订联方法

订联工序是通过某种连接方法将配好的散帖书册订在一起，使之成为可翻阅书芯的加工过程。在书刊的印后加工中订联工序是一道重要工序，订联的质量关系到书刊的使用寿命。

目前书芯订联的方法有订缝连接法和非订缝连接法两种。

订缝连接法是用纤维丝或金属丝将书帖连接起来。这种方法可以用于书帖的整体订缝和一帖一帖的订缝。锁线订和缝纫订是用纤维订缝，铁丝订和骑马订是用金属铁丝订联。

非订缝连接法是通过胶黏剂把配好的散帖书页连接在一起，使之成为一本书芯的加工方法，又称为无线胶订法。

按照书刊装饰装饰技术的发展及演变过程，现代书刊订联的方法可分为三眼订、缝纫订、铁丝订、骑马订、锁线订、无线胶订和塑料线烫订等多种装订方法。

任务二　常用书芯订联的工作过程

（一）锁线订的方法及工作过程

将配好的书帖逐帖以线串订成书芯的装订方式叫锁线订。经过锁线工艺加工成本的书帖称为锁线订书芯。由于这种装订工艺是沿书帖订口折缝订联的，因此各页均能摊平，阅读方便，牢固度高，使用寿命长。锁线后的书芯，可以制成平装或精装书册。要求高质量和耐用的书籍多采用锁线装订。

锁线装订方法分为平订和交叉订两种。在装订中相邻书帖的订锔互相平行的锁线方式为平订。只要有一锁线组中相邻书帖的订锔不互相平行而是交叉互锁，这样的锁线方式为交叉订。

平订锁线方式简单，且容易操作，装订速度快，通常订速可达 80 ～ 120 帖 / 分。平订是锁线装订中应用最广的装订方式。交叉订锁线方式的特点是装订线分布均匀，还能在书背处穿以纱布带，书籍牢固、美观，但速度较慢，一般每分钟可锁订 80 帖。通常质量要求较高的精装书籍需采用交叉订装订方法进行锁线。

平订又分为普通平订和交错平订两种订联形式。

1.普通平订

普通平订锁线后的书芯形状如图 9-1 所示，各个订锅互相平行。纱线从针孔 1 穿入，沿着书帖折缝内侧由针孔 2 穿出，并留下一个活扣，如此连续将书帖依次串联，将配页后的散帖通过纱线连在一起。根据书芯开本的大小在一本书芯的订联中还可采用不同的锁线针组数或锁线订锅数，如图 9-1 中为用两组锁线针进行锁线而形成的两组订锅。一般 32 开书刊采用 3 组；64 开采用 2 组。

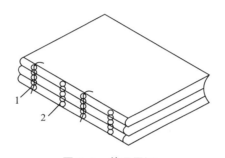

图 9-1　普通平订

1- 穿线针孔；2- 钩针线孔

锁线机上的主要锁线部件是底针、穿线针、钩线针和牵线钩爪。

在普通平订中，每一根穿线针、一个牵线钩爪和一根钩线针构成一组，它们的相互位置和动作顺序如图 9-2 所示。穿线针 2 的作用是将纱线引入书帖，牵线钩爪 6 的作用是将纱线拉动交给钩线针 4。齿轮 3 与齿条 1 的作用是互相啮合，使钩线针 4 产生一定轴摆动以形成纱线活结。

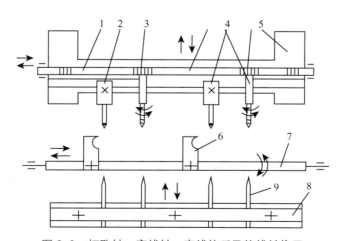

图 9-2　打孔针、穿线针、牵线钩爪及钩线针位置

1- 齿条；2- 穿线针；3- 齿轮；4- 钩线针；5- 升降架；6- 钩爪；7- 滑杆；8- 底针板；9- 底针

　　普通平订的工作过程如图 9-3 所示。书帖沿着订书架进入锁线位置后，底针 2 向上运动，从收帖的中间沿折缝从里向外将所有订书孔打好，如图 9-3（a）所示，然后安装在升降架上的穿线针 4 和钩线针 5 一起向下移动，使穿线针和钩线针（此时钩槽向外）从相应的订孔中将线穿入书帖内，同时底针退回如图 9-3（b）所示。钩线针在伸入书帖的同时，逆时针旋转 180°，使钩线针 5 的钩槽向里，准备钩线。当穿线针将线引入书帖后，穿线针和钩线针随升降架回升一定距离，使引入的纱线形成线套，便于钩爪 1 牵线。钩爪从左向右移动，将纱线套拉成双股；当钩爪越过钩线针时，钩爪向外稍微抬头并将纱线送入钩线槽中如图 9-3（c）、9-3（d）所示。接着，钩线针接住线后，钩线针和穿线针被升降架带动回升，此时钩线针又反向（顺时针）旋转 180°，将钩出的纱线在书帖外面绕成一个活扣如图 9-3（e）所示。同时，钩爪向里低头并退回到原始位置。一个书帖的锁线过程结束。

　　接下来是开始锁第二帖，其锁线过程与第一帖相同。钩线针钩出的活扣从前一帖的活结中拉出来的，如此一个套一个形成一串锁链状，直至锁完一本书芯。

　　一本书芯的最后一个书帖锁完后，不送书帖，让机器空运转一次，所有的针再空工作一次，最后一帖勾出的线圈也被打成活扣留在书帖外面，将线割断后，最后一个书帖的外边形成一个死扣，纱线不会自动松开，完成一本书芯的锁线过程。

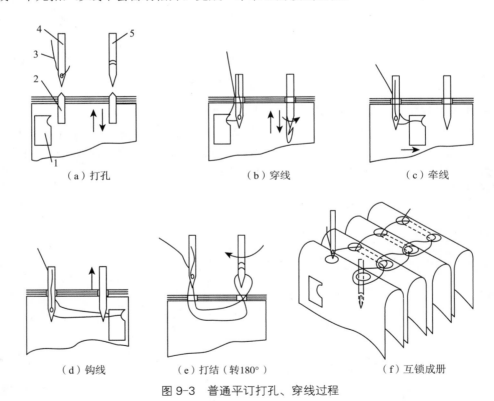

（a）打孔　　　　　　　（b）穿线　　　　　　　（c）牵线

（d）钩线　　　　　（e）打结（转180°）　　　　（f）互锁成册

图 9-3　普通平订打孔、穿线过程

1- 牵线钩爪；2- 底针；3- 纱线；4- 穿线针；5- 钩线针

视频 9-1　　锁线见视频 9-1（锁线穿线动画），请扫描本页二维码观看。

2. 交错平订

交错平订的书芯如图 9-4 所示，在每组锁线中，各帖书页跳间互锁。交错平订是平订的另一种锁线方式，当纸张较薄或纱线较粗时，为了避免书背锁线部位过高地鼓起，就采用这种交错平订。

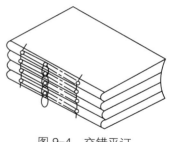

图 9-4 交错平订

图 9-5 所示为交错平订的锁线过程。由两根穿线针、两个牵线钩爪和一根钩线针构成一组，动作相互配合，完成锁线工作。原理基本与普通平订相同。锁第一帖书页时，左钩爪 1 工作，钩住左穿线针 4 引入的纱线向右移动，将纱线牵送给钩线针 5，而后复位；此时右穿线针 6 也被升降架带着穿入书帖中，右钩爪 7 和左钩爪 1 同步运动，此时右钩爪不起作用，只是空走行程，钩不住纱线。因而此时右穿线针 6 和右钩爪 7 无作用。

在第二帖锁线时，打孔和穿线后，右钩爪 7 向左移动，将右穿线针 6 引入的纱线牵送到钩线针上，而后复位；此时左穿线针和左钩爪不起作用。

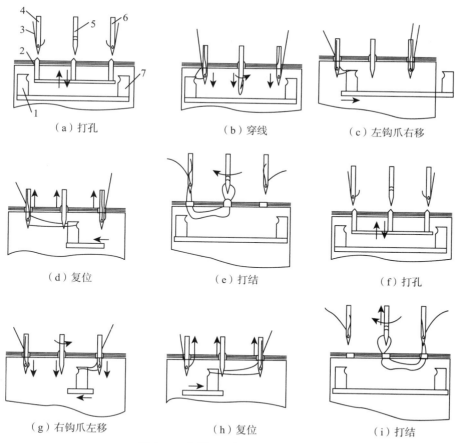

（a）打孔　　　　　　　　（b）穿线　　　　　　　　（c）左钩爪右移

（d）复位　　　　　　　　（e）打结　　　　　　　　（f）打孔

（g）右钩爪左移　　　　　　（h）复位　　　　　　　　（i）打结

图 9-5 交错平订打孔和穿线过程

1- 左钩爪；2- 底针；3- 纱线；4- 左穿线针；5- 钩线针；6- 右穿线针；7- 右钩爪

3.交叉订

交叉订是锁线订中最为复杂的一种装订方式。交叉订针组排列如图 9-6 所示。交叉订时左右两端应各装一组双钉夹针器 1、2，右边加装一个牵线钩爪 8，中间加装底针 7，其他针组的安装与普通平锁相同，交叉订时在二根固定的钩线针 6 之间有一根活动的穿线针 5，左、右往复跳锁穿线，锁第一帖时插入左端穿线孔，牵线钩爪 8 左移，将线交给左钩线针 6，左钩线针在钩住线后回升时，向右转动一个大于 180°的角度，在锁第二帖时，又向右移动，插入右端的穿线孔，牵线钩爪 8 右移，将线交给右钩线针，右钩线针在钩住线回升时，向左转动一个大于 180°的角度，这样往复锁订工作，将纱线跳间穿入各帖书页内，互锁成册。交叉锁订须使用交叉锁承针板，交叉锁承针板的针槽距只有一种，一般适用于各种开本书的订距需要。当一本书锁订完成后，在这本书的书背上用力压紧时就能获得厚度均匀书背，这也是交叉锁订的优点。

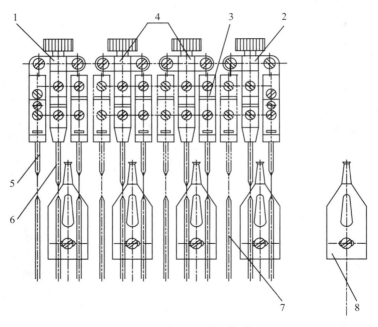

图 9-6　交叉订针组排列图

1- 左双针夹针器；2- 右双针夹针器；3- 穿线针夹针器；4- 钩线针夹针器；
5- 穿线针；6- 左钩线针；7- 底针；8- 牵线钩爪

视频 9-2　　锁线机操作见视频 9-2（锁线机的操作），请扫描本页二维码观看。

（二）锁线订的常见故障及解决方法

锁线过程中常见的故障有缩帖、脱针、断线、断针、穿线过松或过紧等。

（1）书帖从输帖链送到订书架时产生缩帖、书帖歪斜或破碎现象

产生原因及解决方法如下。

①上输帖轮下压的时间和订书架接帖的时间配合不当，形成送帖过慢或过快，这种情况应改变送帖轮升降摆动凸轮的角度，调节送帖轮下降的时间。

②送帖轮速度过慢或过快，造成送帖不足或回弹，为使送帖轮的送帖速度符合生产要求，可将变速箱增高或调慢一挡。

③输帖链推帖位置不准，书帖在输送过程中有堵塞现象，挡帖毛刷的位置和压力调节不当等，应按规定调节输帖链的位置，仔细调节挡帖毛刷的位置和松紧。

（2）脱针或漏针

产生原因及解决方法如下。

①牵线钩爪和穿线针间距过大，钩不住纱线，一般情况下，两者的距离为0.2mm左右，太近会碰针，太远钩不住纱线。

②牵线钩爪和钩线针间距过大，纱线套不进钩线针的四槽中，一般情况下，两者的距离为0.8mm左右。

③钩线针装的过程或位置不对。

④牵线钩爪摆动的时间不恰当，摆动的时间过迟或过早，将会导致钩线针钩不住纱线，此时，应松开牵线钩爪摆动凸轮的定位螺钉，根据需要转动凸轮位置，使牵线钩爪摆动的时间适应钩线针的要求。

⑤牵线钩爪的钩线角被磨损，应更换新的牵线钩爪。

（3）断线

产生断线故障的原因如下。

①压线盘压得过紧，或拉线杠杆过紧。

②牵线钩爪的钩线三角板带毛刺、不光滑。

③针孔不够光滑。

④牵线钩爪摆动过迟，复位动作过慢，容易将线拉断。

⑤底针与穿线针或钩线针相碰，上下针眼的位置未对准，穿线针穿过书帖时容易断线。

⑥纱线质量不好，牢度差。

（4）断针

产生断针故障的原因如下。

①穿线针和钩线针安装的位置不对，或降架上下移动时，针头碰到承针板而断裂，应根据承针板针槽的位置，重新安装穿线针和钩线针。

②穿线针、钩线针和底针的位置不对，穿线针或钩线针装得过低，或者底针装得过高，锁线时底针同穿线针或钩线针相碰而断针，或者底针与穿线针、钩线针的位置没有对准，不是沿底针预先打好的针孔穿线，造成穿线针或钩线针被书帖蹩断。

③牵线钩爪与穿线针或钩线针相碰而引起断针。

④穿线过松或过紧。穿线过松，线结浮泡，书芯松散；穿线过紧，容易把书帖拉破。

穿线过松或过紧产生的原因如下。

①压线盘弹簧过松或过紧，应适当调压线盘对纱线的压力。

②牵线钩爪左右移动的距离过长，拉出纱线的长度超过钩线针所移动的距离，结果纱线无法拉紧，应按标准调节牵线钩爪左右移动的距离。

③拉线杠杆摆动的幅度过小或过大，使纱线放得过紧或过松，也容易引起穿线过紧或过松，应及时调节拉线杠杆的摆动幅度。

④不割线。割线刀不割线，主要是因为割线刀杆距穿线针过远，钩不住纱线所致。

（三）无线胶订

使用胶粘材料将每一帖书页沿订口相互黏结为一体的固背装订方式叫无线胶订。它具有不占订口，翻阅方便等优点。用无线胶订装订的书芯可用于平装、精装书籍。

无线胶订的方法有切孔胶粘装订法、铣背打毛胶粘装订法、单页胶粘装订法等。

（1）切孔胶粘装订法

印刷页在折页机上折页时，沿书帖最后一折的折缝线上用打孔刀打成一排孔，折叠以后，切口处外大内小成喇叭口。再经配页、压平、捆扎后，在书背上涂刷胶液，胶液从背部孔中渗透到书帖内的每张书页，使每页的切孔处相互牢固黏结，干燥后分本，成为无线胶粘装订的书芯。如图9-7所示。

在切孔时，切孔长度一般为15～28mm，口与口之间的距离一般为3～5mm，口的深度以划透书帖为准。切孔胶粘装订法适用于8开和16开的书帖。使用这一装订法时，书芯的黏结质量取决于印刷用纸的种类、书芯的厚度和胶液的性质。为使胶液渗透到每张书页，胶液必须具有较低的黏度，因此得到的胶层就比较薄，黏结牢度就差，尤其是书帖里面的书页不能得到足够牢固的黏结。

（2）铣背打毛胶粘装订法

将配好页的书芯撞齐、夹紧、沿订口用刀把书背铣平，铣削的深度以铣成单张书页为准。而后经打毛，或在书背上铣成若干小沟，深度一般在0.8～1.5mm，间隔为3～10mm，把胶液材料涂刷在书背表面，并使沟槽中灌满胶液，干燥后，即成为无线胶粘装订书芯。如图9-8所示。

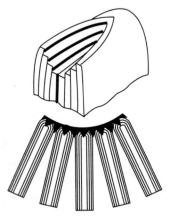 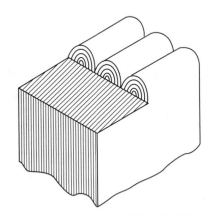

图9-7　切孔胶粘装订法书芯　　　　图9-8　铣背打毛胶粘装订法书芯

（3）单页胶粘装订法

全书以单张书页或以一折书帖为单位，沿订口撞齐后，再将各页的订口均匀地错开约1.5～2mm，刷上胶液，然后沿订口撞齐并加压，使页与页相互连成书芯。用这种方法黏结的书芯非常牢固，精美画册、地图册等常用这种胶粘方法装订。

（4）影响无线胶订牢度的因素

影响无线胶订牢度的因素主要有书背表面加工的质量，热熔胶的温度，书背胶液的厚度，封面和书背压紧的程度。

①书背表面加工的质量。书背铣削和打毛的质量是影响无线胶订牢度的主要因素。

书背铣削、打毛，使纸张边沿的纤维松散，并形成粗糙的表面，胶液沿纤维渗入纸张表面，互相黏结。（书背未经打毛，铣削切口平滑，纸张和胶液黏结面小，以至不能保证胶液在纸张中的浸润和黏附。）书背经打毛后形成过于粗糙的表面，同样胶液在纸张中也不易浸润，影响无线胶订牢度。（因为在书背表面上聚集着纸毛和空气，防碍胶液和纸张接触。）

②热熔胶的温度。不同种类热熔胶的黏结性能不同，对于同一种热熔胶，随着温度的升高，其黏性越低，胶液在打毛的书背上和书页之间的浸润性越好，无线胶订的牢度越好。当温度过高时，作为热熔胶主要成分的聚合物，可能发生热解聚，从而降低热熔胶的附着性。如果温度太低，则胶液的流动性差，影响胶的黏结牢度。常用热熔胶的温度在170 ～ 185℃。

③书背胶液的厚度。随着热熔胶层厚度的增加，黏结牢度增加。但使用过厚的热熔胶层，不仅浪费胶液，而且粘接牢度会降低，也破坏了书籍的整体结构。热熔胶的厚度应依出版物的厚度，印刷及封面用纸的品种、热熔胶的种类及质量来决定。一般来讲，在后两个条件基本相同的情况下，无线胶订的牢度，取决于书芯的厚度。

④封面和书背压紧要求。封面与书芯压紧的程度。封面应与书背及其两侧的各个部位粘牢，不能出现皱褶，书背处应为整齐的长方形。

※ 思考题

1. 什么是订联？

2. 书芯订联的方法分为哪几种？

3. 什么是锁线订？锁线订的工艺特点是什么？

4. 锁线订分为哪几种方法？

5. 普通平订的工作过程是怎样进行的？

6. 什么是无线胶订？

7. 影响无线胶订牢度的因素有哪些？

项目十　包封面

学习目标：

1. 了解包封面的几种方法。
2. 掌握包封面机的工作原理。
3. 掌握书籍包封面时应注意的问题。

任务一　了解包封面、包本和粘衬页

　　包封面、包本和粘衬页是无线胶订的几种形式。包封面是在订或锁好线书芯的书脊两侧及书背，涂上胶液并粘贴封面。包本是在叠配好的书芯折页处，用铣背刀洗去使书芯成为单张的散页，并在铣过的表面，用拉槽刀割出若干槽沟，用胶液涂满书脊的背面、槽沟及两侧，并粘帖上封面。粘衬页是将书帖，单张页或双张页重叠粘连在一起，如书芯在锁线前统页、跨页及环衬的粘页加工。

　　对书芯背脊进行自动上胶并粘贴封皮的机器，叫包本机或包封面机。平订书刊需在单独的机器上包封面或在装订联动机上的上封面工序进行包封面工作。包好封面还没进行三面裁切的书刊称为毛本书，三面裁切后称为光本书，光本书即为成品书刊。

　　平订书刊的封面有"勒口"和无"勒口"两种。"勒口"又称"折口"。如图 10-1 所示。"勒口"折口在 30 ～ 50mm。

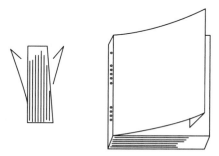

图 10-1　有勒口封面书

　　有"勒口"书与无"勒口"书在装订工艺上差别很大。无"勒口"的平装书称为普通平装书。它是先包上封面而后三面裁切成光本的；有"勒口"的平装书称为"勒口"平装书，它是先对书芯切口进行裁切而后上封面，再进行勒口操作，最后进行天头、地脚的裁切而成为光本的。"勒口"可用手工折出，也可采用专用设备折出。"勒口"平装书美观耐用，但成本较高。包本机所包的封面均为无"勒口"平装书的封面。

任务二　熟悉包本机

包本机又叫包封面机，按形状可分为圆盘式包本机和长条式包本机两种。

（一）YBF-103 型圆盘式包封面机

YBF-103 型圆盘式包封面机是目前应用较多的一种回转型包本机。它由主机、电气柜、气泵三大部分组成。因为它有两套相同的执行机构同时工作，故又常称为双头圆盘包本机。圆盘式包本机的占地面积小、生产效率较高。主机由直流电机驱动，可以进行无级变速。

如图 10-2 所示为 YBF-103 型圆盘式包封面机外形，俯视图即本机的平面布置图。本机的工作原理如下，书芯背脊向下放在进本架 1 上，凸轮控制的进本机构间歇地把书芯推到进本架 1 的顶端，由吸书芯板将书芯送入连续转动的大夹盘 6（转盘）的夹书器中，在凸轮机构作用下夹书器将书夹紧，转送到刷胶架 2 上，对书芯的背脊和侧面刷胶。同时，封面输送机构 3 将封面分离并送到包封台 4 上。此时在书背上涂好胶的书芯也随大夹盘 6 转到包封台 4 上。包封台上升把封面托起包在书芯上并夹紧，完成包本动作。为了防止在输送中封面从书芯上脱落，大夹盘 6 上的两个吸嘴将封面吸住。大夹盘 6 转到收书台板 5 时，吸嘴提前停止吸气放开封面，而后由于凸轮机构的作用松开书芯，书本落到收书台板 5 上，再由推书机构将其推出。由图可见，除大夹盘外其余均是两套机构同时工作。因此对每一个书夹来讲，随大夹盘转动一周，可以完成两本书芯的包封面工作。

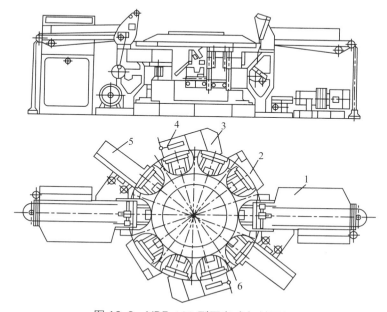

图 10-2　YBF-103 型圆盘式包封面机

1- 进本架；2- 刷胶架；3- 封面输送机构；4- 包封台；5- 收书台板；6- 大夹盘

（二）上海紫光 BBY40/5C 圆盘包本机

上海紫光（Purlux）公司生产的 BBY40/5C 圆盘包本机是一种典型的半自动圆盘包本机。如图10-3 所示。

1. BBY40/5C 圆盘包本机装订工艺流程

人工供给书芯，第一次落书振动将书芯振齐，铣背拉槽。第二次落书，上背胶，上侧胶，自动封面供给，包本，自动落书，手工收书等工序。

2. BBY40/5C 圆盘包本机工作原理

圆盘包本机书夹圆盘上有 5 个可调整的书夹

图 10-3　BBY40/5C 圆盘包本机外形图

子，书夹子夹住集合的书芯，并连续将其从一个工位送到另一个工位，完成书芯的铣背、撞齐、上胶、托实包本等工序。

工作时，操作人员手工把集合书芯放入书夹子中。书背向下将书芯落到第一次落书台上，通过振动电机颤动，将书芯振齐，随即闭合书夹子，夹住书芯并引导其进入转动的铣背工位，铣去书脊上的折页，使光滑的书脊变得粗糙，产生的磨削尘被离心风机吸入集屑袋中。书芯通过铣背工位后，书夹子张开，书芯落到第二次落书台上，随即被夹住，使书芯定位于正确的位置。然后，书芯被送往上背胶装置，上背胶胶轮浸在胶斗的胶液中。胶轮由主传动驱动，转动方向与书夹子转动方向相同，胶轮转动时，在胶轮的圆锥面上黏附着一层胶水，书芯经过时，书脊刮过胶轮，胶轮将胶水转移到书脊上，在上胶过程中，由上胶轮侧的刮胶装置控制使书芯长出封面的部分不上胶。接着，反转的匀胶棒刮平书脊上胶膜，并除去多余的胶水。胶斗中溶胶所产生的气体由离心风机排出。书芯经过背胶工位后，到达侧胶工位。书夹子圆盘转动，带动侧胶机组中橡胶轮转动，通过啮合齿轮传动，带动侧胶斗中上胶轴转动，使侧胶轮摆杆上的侧胶轮上粘有胶水，这样书芯经过侧胶轮时书芯两侧就涂上胶水。书芯经过侧胶工位后，到达托实包本工位。在书芯到达托实包本工位前，封面由吸气头吸住并将其从封面堆中分离出来，然后将其传送至压折痕轮之间，压上压折痕。最后将封面输送到托实包本平台上定位。平台上升时，先后从三面将封面压在书芯上。下一步是书本到达收书工位，书夹子圆盘上的书夹子打开，书本落到直线输送式收书装置上，最后由人工收集起来。

3. BBY40/5C 圆盘包本机相应工序工作要求

（1）书夹子

书夹子的闭合是通过装于竖立筒体上部大气盘内的凸块来完成的。书夹子的开口处有标尺，上面的刻度值为所包书芯的实际厚度，也就是说，标尺上所显示的数字和要包本书芯的厚度必须相等，这样才能保证书夹子的正确夹紧。

（2）第一次落书平台

第一次落书平台的高度调节范围为 0.2 ~ 6.0mm 。平台底下装有振动电机，可将书芯振齐，便于铣背拉槽。平台面与书夹子底部边缘之间的距离决定书芯铣背的深度，铣背深度加铣背刀尖与书夹子底部边缘之间的间隙，即为第一次落书深度。

（3）铣背拉槽

铣背机构由电机、铣背刀（打槽刀）、防护罩等组成。如图 10-4 所示。

铣背刀是采用硬质合金焊接而成。铣背刀盘上装有八把铣背刀，四把打槽刀。通常打槽刀只用一把进行打槽。为了保持平衡，其他三把仍应装在铣刀盘上，但必须将其调至最低位置或将其反向安装。铣背刀刀尖与书夹子底部边缘的距离要小于 1mm。当书芯刚进入铣背工位铣削时，在强大的铣削力作用下，书芯将沿铣削力方向稍微倾斜。因此，铣刀盘必须稍微倾斜，以便铣背刀能在书芯离开铣背工位时再次铣削，使书脊更加平整。即铣背刀在书芯离开铣背工位处的高度比在书芯进入铣背工位处的高度高 0.1mm。

（4）第二次落书平台

当书芯转至第二次落书到平台时，书夹子张开，书芯落到第二次落书平台上撞齐，然后再将撞齐后的书芯夹紧。第二次落书平台的高度要比托实平台的高度略高，具体应根据书芯包本后的情况来决定第二次落书平台的高度。如果书脊凸显则表示底部压力太大，可将第二次落书平台略微升高。如果书脊略皱曲且书脊边缘轮廓不清楚，则表示底部压力不够，可将第二次落书平台略微放低。

（5）背胶

背胶机构如图 10-5 所示。

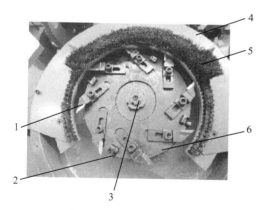

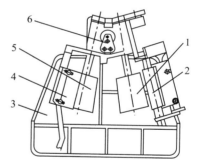

图 10-4　铣背打槽机构图

1- 铣背刀；2- 打槽刀；3- 电机轴；4- 防护罩；
5- 毛刷；6- 刀盘

图 10-5　背胶机构

1- 胶轮；2- 匀胶棒；3- 胶斗；4- 刮胶板；
5- 胶轮；6- 调节螺钉

书芯进入上背胶机构，胶轮 5 与第二次落书平台高度一致。接触到书芯，使书芯中页和页之间微量张开，使胶水能够渗入书芯，增加书芯页与页之间的黏度。胶轮 1 比胶轮 5 低 1.5mm，使胶水能全部上到书芯上，匀胶棒作用是使书脊上的胶层均匀，厚薄一致，比胶轮 1 高 0.5mm。

（6）侧胶

侧胶机构如图 10-6 所示。

侧胶装置上橡胶轮、滚轮在书夹子圆盘的接触下，被带着转动，胶斗内一对螺旋齿轮的轴带动胶水翻动。两只侧胶轮本身没有动力，它依靠与书芯接触被带着转动的。侧胶轮上胶层的厚薄由刮胶板的位置来调整，侧胶的胶层应该做到薄而均匀。

（7）封面输送

封面输送机构如图 10-7 所示。

图 10-6　侧胶机构

图 10-7　封面输送机构

　　封面输送装置必须与托实包本动作相配合，以使封面在书芯到达包本位置之前先到达托实工位上的正确位置。

　　通过两个凸轮分别来控制吸头的动作和压痕以及封面的输送。这两个凸轮装在同一根轴上，由同一根键连接，故二者相互位置是固定的。调整好一个凸轮后，另一个凸轮的位置也就调整好了。

　　上封台下装有一只二位三通电磁换向阀。它的开、闭动作是通过装在第二次落书处的光电开关及大底盘上三只接近开关中的两只来控制。通过控制使吸气管中有负压和无负压达到吸住封面和不吸封面的作用。书夹子中有无书芯，则由光电开关来控制电磁阀的开闭。

（8）托实夹紧

托实夹紧机构如图 10-8 所示。

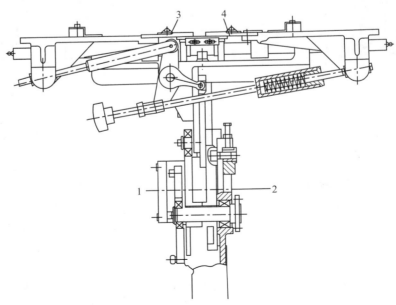

图 10-8　托实夹紧机构

1- 外圆凸轮；2- 槽凸轮；3- 右夹紧板；4- 左夹紧板

托实夹紧机构是通过两个凸轮（外圆凸轮用于托实，槽凸轮用于夹紧）分别控制托实架的上下运动和装在左右夹书架上的两块夹紧板的往复运动。

外圆凸轮外径尺寸从小到大，托实架从下向上移动，将书背托实。外径尺寸从大到小，托实架从上到下移动，将书背放松，同时槽凸轮，槽的中心到旋转中心尺寸从小到大摆杆逆时针转动，将左右夹书架和夹紧板向外移动，使书背放松。当尺寸从大到小时，摆杆顺时针转动，将左右夹书架和夹紧板向内移动，使书背夹紧。

两个凸轮的相对位置通过一个键连接，故一个凸轮的位置调整好后，另一个凸轮的位置也就调整好了。

任务三　掌握手工包本的质量标准和要求

（1）包本前的要求

检查书芯与书封、册、卷是否相同，注意无误后再进行包本操作。

（2）所用胶黏剂的要求

①要根据封面纸质、书芯纸质与厚度选择黏合剂的种类；

②黏合剂涂抹应均匀，粘口宽度为 3 ～ 7mm，平订以盖住订痕为宜。

（3）包本后的要求

书背字居中不歪斜，包紧不松套，包齐不上下掉，书背字左右允差 1/10；折前口边要齐整，最多允许误差 +1mm。

※ 思考题

1. 什么是包封面？包封面有几种方法？

2. 平装封面的包裹形式分为几种？

3. 什么是平订勒口包式封面？

5. 什么是包封面机？

6. 包封面机有哪几种类型？

7. 说明包封面机的工作原理。

项目十一　裁切

学习目标：
1. 了解裁切设备的种类及其各自的用途。
2. 了解单面切纸机的裁切原理。
3. 熟悉单面切纸机工作的操作要求。
4. 掌握三面切书机的切书过程。

任务一　了解裁切设备类型

在印后加工过程中，对装订、装帧产品的最后裁切叫成品裁切，如书刊、挂历、图册、图片、卡片等的裁切。

切书，指将印刷好的页张经折配、订包加工后，切去三面毛纸边成为一本可以翻阅的书册的操作过程。切书是平装加工中最后一道工序。切书是以各种书籍成品为主的、包括精装书芯半成品的裁切和双联本的裁切（俗称断段或断页）。所用的切书机以三面切书机为主，单面切纸机为辅。

视频 11-1

（一）裁切设备分类

裁切设备分为单面切纸机和三面切书机两大类。单面切纸机主要用于开料，也可裁切印刷的成品及半成品。三面切书机主要用于裁切各种书籍和杂志的成品，是印刷厂的装订专用设备。

视频 11-2

（二）单面切纸机

单面切纸机和三面切书机在结构上虽有不同，但裁切原理及过程基本相同。

视频 11-5

如图 11-1 所示为单面切纸机的主要部件，其中推纸器 1 是规矩，它推送纸张 2 并使其定位；压纸器 3 的作用是裁切过程中将纸叠压住。裁刀 4 是由刀架和刀片组成的裁切装置，用来对纸叠施行裁切。在机器的工作台 6 上的凹槽中嵌有刀条 5，当裁刀下落裁切纸叠到达底层时，刀刃对刀条有不深的切割，刀条的作用是保证下层纸张完全裁断及保护刀刃。

单面切纸机和裁切系统视频见视频 11-1（单面切纸机组成），视频 11-2（切纸机操作运行），视频 11-5（自动裁切系统动画 1），视频 11-6（自动裁切系统动画 2）和视频 11-7（裁切设备操作），请扫描本页二维码观看。

视频 11-7

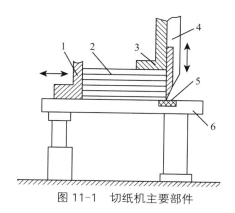

图 11-1 切纸机主要部件

1- 推纸器；2- 纸张；3- 压纸器；4- 裁刀；5- 刀条；6- 工作台

任务二 了解单面切纸机的主要部件

（一）裁刀

裁刀是切纸机和切书机的主要部件之一，它刃磨的角度和裁刀下落的方式，对机器结构和裁切质量有很大影响。

裁刀由刀架和刀片组成，而刀片又分为刀片基体和刀刃两部分，刀片基体材料为低碳钢，刀刃则要求采用硬度高及耐磨性好的特种钢或合金钢，如图 11-2 所示。刀刃的裁切角度应根据被裁切物的软硬即被裁切物抗切力的大小来确定。

很明显，α 角度越小刀越锋利，裁切物对刀刃的抗力亦小，机器磨损和功率消耗相应降低，裁切质量较高。但 α 角度如果太小，则刀刃的强度和耐磨性差，会影响裁切质量和裁切速度。我国目前所用刀片，其裁切角 α 一般在 16°～25°。

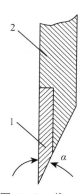

图 11-2 裁刀

1- 刀刃；2- 刀体

（二）压纸器

压纸器用来将裁切纸张压紧定位，使纸张在裁切过程中，不发生偏移，保证裁切精度。要满足这些要求，压纸器的压力大小须适当，调整方便，压纸器的起落时间和行程都必须和裁刀协调一致。根据机器的结构和使用要求，压纸器有以下三种不同形式。

（1）手动螺杆压纸器

这种压纸器常用于小型简易切纸机上，压纸器的升降由人工操作。如图 11-3 所示为螺杆结构压纸器的示意图。这种压纸器所产生的压力在压紧定位后，不能自动调节。裁切过程中随着裁切力的逐渐增大，裁刀使纸叠压缩变形，压纸器施加于纸叠的压力逐渐减小，故裁切精度较差。

（2）弹簧结构的压纸器

弹簧结构压纸器的压力是由弹簧作用产生的拉力。如图 11-4 所示，凸轮 1 转动，促使弹簧 2 拖动压纸器下降。使用中可根据情况调整好压力，在裁切过程中压力基本保持不变。当裁切时，纸叠被裁刀压缩，压纸器也随之下降将纸叠压实，裁切质量较高。这种机构应用范围广，其缺点是压力调整范围小，裁切过程中压力稍有降低。

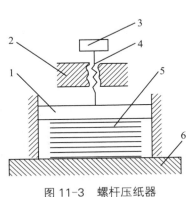 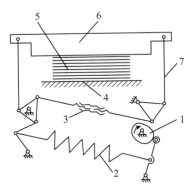

图 11-3　螺杆压纸器

图 11-4　弹簧压纸器

1- 压纸器；2- 螺母；3- 手轮；4- 螺杆；
5- 纸张；6- 工作台

1- 凸轮；2- 强力拉簧；3- 调整螺母；4- 工作台面；
5- 纸叠；6- 压纸器；7- 拉杆

（3）液压压纸器

液压压纸器是靠液压作用使压纸器上下运动并对纸叠加压的，它的工作原理如图 11-5 所示。手动二位三通阀 3 有开、关两个位置，当油路接通时，油泵 2 的高压油被送至油缸 9 底部，推动活塞 8 上升，经杠杆机构使压纸器 4 下压。其压力的大小，可以调节溢流阀 1 来得到。裁切完毕，扳动手柄使油缸接通油箱，在弹簧 7 的作用下，压纸器 4 上升复位。液压压纸器可以根据不同性质的纸张或裁切物来调整所需压力。调节范围大，且在裁切过程中，其压力随纸叠高度变化而自动调整，使压纸器压力恒定。故此类压纸器是一种较先进的压纸装置。

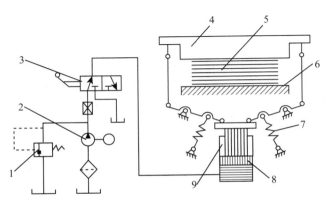

图 11-5　液压压纸器

1- 溢流阀；2- 油泵；3- 二位三通阀；4- 压纸器；5- 纸堆；6- 工作台；7- 弹簧；8- 活塞；9- 油缸

任务三　了解三面切书机

三面切书机可以连续裁切书籍的三个边缘，它主要用于裁切各种书籍和杂志的成品。如图 11-6 是三面切书机原理示意图。它主要由夹书器、压书器、左侧刀、右侧刀、前刀、递书滑道等组成。

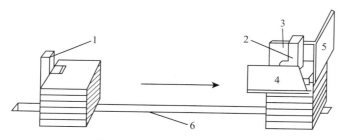

图 11-6　三面切书原理示意图

1- 夹书器；2- 压书器；3- 左侧刀；4- 右侧刀；5- 前刀；6- 递书滑道

工作时，把要裁切的书叠送入夹书器 1 的压舌板下面，自动夹紧，并将书叠送至裁切部位，书叠定位后，压书器 2 立即下降，将书叠压紧，压舌松开并随夹书器自动退回，左右侧刀 3、4 同时下落，按规定尺寸裁切书籍的天头、地脚，当裁刀切完开始回升时，前刀随之落下，裁切前口，切完后，前刀与压书器自动上升复位。出书机构的推书爪将成品书推到传送带上，这样完成一次工作循环。

三面切书机视频见视频 11-3（切书机动画视频）和视频 11-4（三面切书机 操作运行），请扫描本页二维码观看。

视频 11-3

视频 11-4

任务四　了解切书操作规程和质量标准要求

切书的操作规程主要是保证不出人身、机器和质量事故。质量标准是以保证所切尺寸的合格一致为准。主要规程及要求如下。

①开车前做好一切准备工作，如加添滚烫润滑油，检查各主要部位规矩是否正确，刀片是否妥当，走道是否清洁等，以保证正常工作的顺利进行。

②开车前，先按铃给信号，先开空车，停车，空切数刀无误后，再续纸叠开车。但在正常运转前，仍要发出信号，以示可正常运转。

③正常开车后，每刀（叠）书册要续准、放正，顶住侧后挡规，严禁开车中抢刀（即运转中有不合格书册不停机抢修现象）。如发现所切书册有不合格时，要立即停车，待排除后，方可开车运转。

④续书叠时，两手要配合协调。单面切书要严禁二人同时操作闸把，递本和续刀二者要互相配合，做到稳、准、快，动作干脆利落，少停车和保证机器的正常工作。

⑤所切工作物要首先看清加工方案上的尺寸，按其要求，保证所切书册尺寸的标准一致。

书叠裁切后无连刀（即切不断）、脏本现象，一叠书册切后的上、下本误差不超过 0.5mm，并经常自检，测量书册尺寸的标准，有规矩移动所造成尺寸不准，应及时调整正确。

⑥划砍刀安装要得当，砍刀和划刀要按其长度尺寸准确地和侧口刀配合，以保证书刊裁切后无双刀痕（双眼皮）和破头现象。

⑦根据国家标准和出版单位对出版物的规格要求，所切物的误差应是：剖双联 ±1.5mm；切前口 ±1mm。

国家标准规定的图书期刊纸张幅面与开本尺寸规格，参见 GB/T788—1999。

在实际工作中，根据出版者的要求，开本尺寸可按规定大些或小些，一般为 ±1mm。书本尺寸，由于排版印刷和折页的误差（即纸边大小的不同），有时则大于规定内尺寸。

※ 思考题

1. 什么是成品裁切？

2. 裁切设备分为几类？它们的用途各是什么？

3. 单面切纸机的裁切原理是什么？

4. 单面切纸机操作时应注意哪些工作事项？

5. 单面切纸机的维护、保养主要有哪些内容？

6. 什么是切书加工？

7. 一般三面切书机的切书过程是怎样进行的？

项目十二 平装

学习目标：

1. 了解无线胶订生产线的工艺流程。
2. 掌握无线胶订对配页、铣背和切槽的操作工艺。
3. 掌握胶粘订的适用范围。
4. 掌握无线胶订的质量标准和要求。
5. 熟悉平装胶订联动线。

任务一 了解平装书籍加工

平装是书刊装订中应用最多的装订方法。一般用纸质较软的封面，以齐口为多。平装书籍加工工艺简单，成本低廉。

（一）平装书籍加工工艺

平装书籍的加工包括书芯加工和包封面工序的加工。书芯加工工序通常为折页、配页、订书芯，其中订书芯可以是锁线订、无线胶订、铁丝订、缝纫订等形式。

平装书籍的装帧主要指包封面工序（包本工序）的加工。包本是在订或锁好线的书芯上包上软纸质封面，使其成为一本完整的平装书。

平装书籍除用单机加工外，在我国还普通使用骑马订生产线、平装无线胶订生产线和订、包、烫生产线等。

平装书籍包封面后再经烫背、三面裁切，成为一本可供翻阅的书籍。

（二）平装书籍加工设备

平装书籍加工设备是由其装订工艺决定的。

通常平订所需的设备是折页机、配页机、铁丝订书机、无线胶订机或锁线机、包本机、书芯压平机、烫背机、单面切纸机或三面切书机、铁丝平订生产线和无线胶订生产线。

塑线烫订所需的设备是塑线烫订折页机、配页机、包本机、书芯压平机、烫背机、单面切纸机或三面切书机。

轻型无线胶订所需的设备是轻型配页机、简易无线胶订机、书芯压平机、三面切书机等。

任务二　了解平装胶订工艺及设备

（一）平装胶订的加工工艺

随着高分子化学的发展，特别是热熔胶的出现，书刊无线胶粘装订（简称无线胶订）工艺和有线胶订工艺成为平装书刊在生产中的主要加工方法。

与传统的线订、铁丝订等工艺相比，无线胶订工艺有如下优点。

①装订速度快。采用热熔胶做粘剂时，粘胶后数十秒钟内即可进行书本裁切，因此便于组织自动化流水作业。

②装订质量高。书背坚固挺实，平整美观，没有线迹和铁丝的锈迹，而且书籍容易摊平，便于翻阅。

无线胶订工艺加工可分为书芯供给、书芯振齐、铣背、落书定位、上背胶、上侧胶、封面供给、包本、落书、收书等。有线胶订工艺加工则不用铣背。

（二）平装胶订的加工设备

目前各印刷企业普遍使用的平装胶订机有两种，即半自动平装胶订机和自动平装胶订机。半自动平装胶订机其形状多为圆盘形或椭圆盘形。自动胶订机又称为平装胶订联动线，形状多为椭圆形。

任务三　熟悉平装生产线

下面选择几条比较成熟的无线胶粘装订生产线，进行简单介绍。

（一）ZXJD450/25 平装胶订自动线

1. ZXJD450/25 平装胶订自动线的配置

① PYGD450 滚式配页机组：PYGD450 滚式配页机（标准 21 配）TCD-C 剔除机、SFD440 输送翻转机、ZSD440A 振动输送机；② CS450 出书台；③ JD450/25 平装胶订机；④ QF60B 分切机；⑤ JD 堆积机；⑥ QS70 三面切书机；⑦各类直线回转输送机。

该平装胶订自动线主要由机架，主变速箱，进本装置，斜坡传动装置，书芯闯齐装置，铣背打磨、精铣、起槽、毛刷装置，第一次背胶装置，第二次背胶装置，侧胶装置，上封机构，第一次托实夹紧装置，第二次托实夹紧装置，二十五只书夹子，书本输出装置，预热桶，机罩，润滑部分等组成。

2. ZXJD450/25 平装胶订自动线工艺流程和特点

JD450/25 平装胶订机能将配好帖的书芯和封面自动地胶订在一起。它可部分代替锁线机和铁丝订书机，特别适合于大批量平装书籍的装订。

（1）平装胶订自动线装订工艺流程

如图 12-1 所示是 ZXJD450/25 平装胶订联动线布局图。胶订联动线工作时，将已配成册的书帖，通过配页机组的传送交给胶订机，在胶订机上，经过书背振齐、铣背、精铣（反铣）、打槽、第一次上底胶、第二次上底胶、上侧胶、上封压痕、第一次托实夹紧、第二次托实夹紧等工序，最后由书本输出装置送出，完成书本的装订。

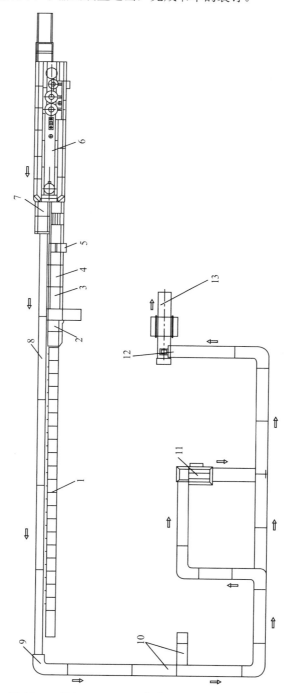

图 12-1　ZXJD450/25 平装胶订联动线平面布置图

1- 滚式配页机；2- 剔除机；3- 输送翻转机；4- 振动输送机；5- 出书台；6- 平装胶订机；7- 翻转输送机；8- 各类直线输送机；9- 各类回转输送机；10- 直线输送机（紧急出口）；11- 分切机；12- 堆积机；13- 三面切书机

（2）平装胶订自动线主要特点

① 采用 PLC 可编程控制，触摸屏人机操作界面，变频调速等一系列先进的控制技术。胶水加热采用微电脑控制的温度控制仪。PID 自整定功能，电路二级保护功能等，确保加热系统控制精确，安全可靠。由于采用了高性能的可编程控制器，变频调速器，带微电脑控制的具有 PID 自整定动能的高精度温度控制器以及真彩的触摸屏。它能实现书芯由输入通道输入，经铣背、毛刷、开槽、打毛、两次上背胶、上侧胶、上封面、两次托实，再由输出通道输出的全过程自动控制。控制功能包括：触摸屏的操作控制，主传动速度控制，书芯检测和传送控制，铣背，拉槽，打毛控制，各胶斗的加热控制，上封面控制，气泵控制，成品计数及故障显示等。

② 采用国际流行的铣背—精铣（反铣）—打槽—毛刷—二次上背胶—上侧胶—上封压痕—二次托实夹紧等胶订工艺。使书脊处理后更加平整、干净、胶层更加饱满，粘接更加牢固，书形的轮廓更加分明、外形更加美观，装订的书本质量能与进口同类机器的装订质量相媲美。

③ 使用打槽电机变频调速，随时跟踪主机的速度。

④ 采用大直径的打槽刀盘，寿命长的硬质合金后靠山。提高了书脊的打槽质量，从而显著地提高了书本的胶订质量。

⑤ 合理的背胶、侧胶预热桶。使加热迅速、均匀，保证了高速胶订时胶水的连续供给。

⑥ 增加的水平落书平台，有效地保护了书本胶订后的定型质量，避免了书本落到斜坡上而易被撞坏的缺陷。

⑦ 安全保护合理。在设计时，充分考虑到了对操作者的安全保护。在机器上安装了带安全开关的全封闭罩壳，在不影响操作方便的同时，给操作者提供了最大程度的保护。

⑧机器上方装有两只背胶预热桶，一只侧胶预热桶。预热桶内分别均匀分布了18块和8块加热板，保证桶内热熔胶均匀受热后熔化（桶内胶水温度可调到比上胶温度低15～20℃）。当背胶、侧胶斗内胶水少时，通过放胶管上的手动阀门，将预热桶内的胶水经管道流入胶斗内。也可将胶水流量控制在和上胶时的耗量保持同量，以保证胶水在胶斗内的工作液面。

⑨ 使用面板集中和触摸屏操作。机身上除有少量的启动，急停按钮，使用开关外，大部分操作都集中在面板或触摸屏上。几乎所有的故障都将以指示灯闪亮的方式显示在故障显示屏上，同时在触摸屏上显示相应的故障及其原因。

（3）平装胶订自动线传动特点

7.5 千瓦的主电机安装在胶订机前端的主变速箱处，通过齿轮、链轮、链条把动力分成两路。

一路经齿轮将动力传递给主传动轴，再由主传动轴上的齿轮、变速箱体、链轮等把动力分配给胶订机的各运动部件。通过主传动轴上一对圆弧圆锥齿轮带动大链轮、链条、被动链轮，使二十五只书夹子运转。通过主传动轴上链轮、链条，将动力传给斜坡转动，再进一步传给进本装置。通过主传动轴上的五只变速箱，将动力分别传给托实夹紧装置，背胶侧胶装置和上封机构。

另一路径齿轮，链轮，链条和电磁离合器。在系统工作时（胶订机和配页机联动），将动力传给配页机组的主传动轴和推书杆链轮，以带动配页机组工作。图 12-2 所示是平装胶订机部套分布图。

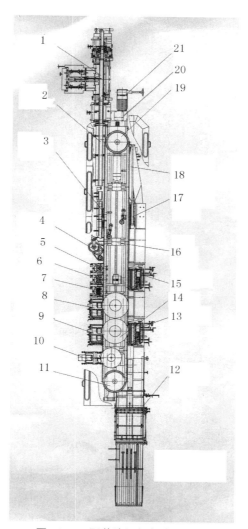

图 12-2　平装胶订机部套分布图

1- 进本装置；2- 斜坡传送装置；3- 书帖闯齐装置；4- 铣背打磨装置；5- 精铣装置；6- 打槽装置；
7- 毛刷装置；8- 第一次背胶装置；9- 第二次背胶装置；10- 侧胶装置；11- 被动链轮；12- 上封压痕装置；
13- 第一次托实装置；14- 预热桶；15- 第二次托实装置；16- 机架；17-25 只夹子；18- 书本输出装置；
19- 主动链轮；20- 主变速箱；21- 主电机

（二）PRD-1 型平装无线胶订生产线

PRD-1 型无线胶订生产线的平面布置如图 12-3 所示，它由 PY44-05 型双叼页滚筒式高速配页机 1、PRD-1 型无线胶订机 8、DJ 计数堆积机 11 和电气控制箱 7 与 9 组成。在线外还附有吸尘器 13 和预热胶锅 14。

配页机通过一过桥交换链条 6 与胶订机相连接，共同由主电机 5 驱动，其运动由主控制箱 7 来控制。堆积机 11 由单独电机驱动，其传动部分采用机械式无级调速，并由控制箱 9 控制毛书的堆积本数。吸尘器 13 将加工书芯时热胶锅产生的废气吸走。预热胶锅 14 能不断向胶订机的胶锅内补充具有一定温度的胶液。若增加出书传送带 12 的长度，或增设一干燥装置，则可与 QS-02 型三面切书机相连接，使生产线延长至出光书。

配页机与胶订机的另一种连接方式是取消了过桥传送链条，书芯从配页机直接进入胶订机的进本机构。

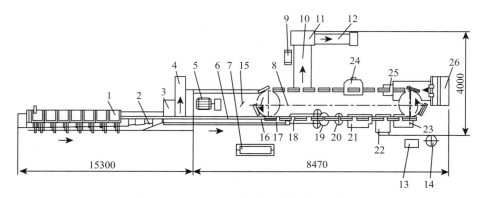

图 12-3　PRD-1 无线胶订生产线平面布置

1- 配页机；2- 翻转立本；3- 除废书；4- 出书芯；5- 主电机；6- 交换链条；7、9- 控制箱；
8- 胶订机；10、12- 传送带；11- 堆积机；13- 吸尘器；14- 预热胶锅；15- 计速表；
16- 进本机构；17- 夹书器；18- 定位平台；19- 铣背圆刀；20- 打主刀；21- 上书芯胶锅；
22- 贴纱卡机构；23- 上封皮胶锅；24- 加压成型机构；25- 贴封皮机构；26- 给封皮机构

1. PRD-1 型无线胶订生产线的结构特点

① PRD-1 型无线胶订生产采用了短工艺流程排列，因而结构紧凑，使用灵活，占地面积小，适合对多种平装书刊半成品的加工。

②配页机与胶订机共用一个动力源，在传动轴的连接处设有一个离合装置，不仅保证了两机在运转中严格同步，而且当出现配页故障时，配页机能立即与胶订机分离，实现单独停机。

③配页机与胶订机之间有一离合装置，所以两机可分别单独使用。单独使用时，对整个生产线的生产率影响不大。例如，利用人工续本在胶订机上进行线订或铁丝订书芯的包本成型时，配页机可同时进行单工序配页工作，只需将铣背、打毛和贴纱卡机构退离工作位置即可。

④各主要工作部件均有过载保护装置，任何一处出现超负荷运转时，能立即停车。

⑤热胶锅和预热胶锅都设有温度调节和恒温自动控制装置。

⑥生产线还设有多种故障控制系统。当配页工位出现多帖、少帖等故障时，由检测装置将信号寄存下来，待该故障书芯运行至除废书工位时，立即被剔出线外；若配页机本身发生故障，如气嘴裂、通气管道阻塞等，往往连续出现废书，不及时发现和排除，将造成很大浪费。因此生产线设有专门装置，能确保配页机在运行中连续出现三个故障循环（即出三本废书）就能立即停车，切断与胶订机的联系，以便人工排除故障。这时，胶订机继续按原速运转，并通过延时控制，待最后一本书芯包封完毕，自动减速，以 2000 本 / 时的速度运行。故障

排除后，由离合装置保证配页在同步点启动，并与胶订机同步运行。由于采用了延时控制，经过一段时间的低速运行，自动回升至原来的工作速度，全线工作恢复正常；纱卡、封皮的送进由触点控制机构控制，当夹书器无书芯时，送纱卡和给封皮机构的控制装置就得不到有书信号，因此待该夹书器行经这两个工位时，不送进纱卡和封皮；当书芯从配页机送往胶订机的路程中发生乱帖，给封皮机构未按节拍供给封皮，装订好的毛书在落书工位不能顺利地离开夹书器，线内任一电机过热等故障时，能立即停车并给出指示。

2. 工艺流程

见图12-3，由配页机将书帖配成书芯，翻转立本后，松散书芯通过交换链条6被送入胶订机的进本机构，并由进本机构的链条传送装置带着爬坡，然后进入胶订机的夹书器。

固定在椭圆形封闭链条上的夹书器夹持着待加工书芯按箭头所示方向连续运行，在通过胶订机的各个工位时，由诸机构或装置顺序完成对书芯的加工和包本成型。夹书器行至传送带10处便松开，包本成型后的毛书掉落在高速传送带10上，被迅速送往堆积机11进行计数堆积。按规定堆积好的毛书最后由慢速传送带12送至搬运台，进行人工搬运和堆放，以完成书背的干燥过程。其工艺流程如图12-4所示。

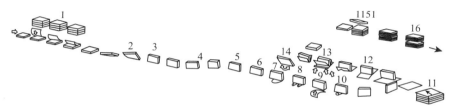

图12-4　PRD-1型无线胶粘装订生产线工艺流程

1- 配页；2- 翻转立本；3- 除废书；4- 爬坡；5- 定位；6- 铣背；7- 打毛；8- 上书芯胶；
9- 贴纱布卡纸；10- 上封皮胶；11- 给封皮；12- 贴封皮（一次托打）；13- 加压成型（二次托打）；
14- 落书；15- 计数堆积；16- 出书

为提高装订精度，有的机器上仍保留或增设闯齐工位，在图12-4中的定位工位5处由一振荡装置同时完成对松散书芯的定位和闯齐。

在无线胶订中，书芯的加工通常包括铣背、打毛、上书芯胶和贴纱布卡纸四道工序。

（1）铣背

见图12-4中的6，将书芯书背用刀铣平，成为单张书页，以便上胶后使每张书页都能受胶粘牢。书背的铣削深度与纸张厚度和书帖折数有关，纸张越厚，折数越多，铣削量越大，应以铣透为准，一般在1.4～2.2mm。

（2）打毛

"打毛"即对铣削过的光整书背进行粗糙处理，使其起毛的工艺方法。目的是使纸张边沿的纤维松散，以利于吃胶和互相黏结。另一种广为采用的方法，是在经过铣削的书背上，切出许多间隔相等的小沟槽，以便储存胶液，扩大着胶面积，增强纸张的黏结牢度。本机进行书背打毛时采用了切槽的方法，见图12-4中的7。

沟槽的深度一般为0.8～1.5mm，间隔h所取范围较大（2～20mm）。铣背切槽后的书芯书背如图12-5所示。

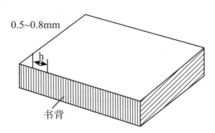

图 12-5　经过铣背切槽后的书芯书背

用预先经过处理的书帖（如花轮刀轧口和塑料线烫订），所配成的书芯，在进行胶订时，不再做铣背、打毛的加工处理，可直接进入上胶工位。

（3）上胶

在经过机械处理的书芯书背上涂一定厚度的黏结剂，以固定书脊，粘牢书页。上胶应使整体书芯的脊背部分具有足够的黏结强度，这是书芯加工中的关键工序。

（4）贴纱布卡纸

对于厚度大于 15mm 的书芯，为提高书脊的连接强度和平整度，在上过胶的书背上粘贴一层相应尺寸的纱布或卡纸条。

粘贴纱卡后，再上一次胶即可进行包本。厚度小于 15mm 的书芯不贴纱卡，上书芯胶后直接进行包本。

（三）Jet-Binder 型高速无线胶订生产线

1. 功用和组成

瑞士米勒（Muller）公司生产的 Jet-Binder 型高速无线胶订生产线属于高速薄本胶订设备。它以热熔胶为主要粘料，用于装订最大厚度为 13mm 的期刊、目录、小册子和杂志等。生产线能连续自动完成配页、书芯加工、包本成型、三面裁切和书籍堆积打包等工序的全部工作。生产速度为 3000 本／时到 10000 本／时。

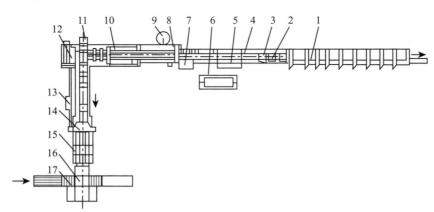

图 12-6　Jet-Binder 型高速无线胶订生产线平面布置图

1- 配页机；2- 书芯；3- 翻书板；4- 书芯通道；5- 离合装置；6- 控制台；7- 驱动部件；8-209 型无线胶订机；
9- 预热胶锅；10- 履带式传送链条；11- 风车式干燥轮；12- 给封皮机；13- 主传动部件；
14- 三面切书机；15- 传送装置；16- 堆式收书机；17- 辊子传送带

Jet-Binder 型高速无线胶订生产线的组成可有不同的方案，最常见的是如图 12-6 所示的具有 9 个配页工位的排列形式。它由 210 型配页机 1、209 型无线胶订机 8、DSS-K 型三面切书机 14 和 207 型堆式收书机 16 等主要单机组成。在胶订机的终端，垂直地装有一个风车式干燥装置 11，用来在线内完成对书背的干燥处理。根据生产和车间布置的需要还可在此基础上增设或改动某些工艺环节：当需要增加书本帖数的时候，可任意加装以三个配页工位为一组的配页机单元机组；当装订好的书本需要加插页时，可以在三面切书机和堆式收书机之间加接一台 EM-10 型插页机；当需要从堆式收书机的右边出书时，可将出书传送带移至收书机的右边。总之该线的组成比较灵活，可以适应各种生产方式的需要。

2. 工艺流程

配页机配好的书芯 2 离开配页工位后首先爬坡，同时在爬坡的路程上由翻书板 3 将书芯逐渐翻转成书背朝下。经过爬坡，书芯被提升到后工序的加工高度，便由传送链条水平地送往链条 10 的前方，先通过振荡器把书帖闯齐。闯齐后的书芯由链条 10 夹持着在胶订机上进行铣背、打毛、上胶、包本和加压成型等。所有这些工序均在一条直线上进行。包本成型后，毛书离开胶订机单本进入一垂直转动着的风车式干燥轮 11，进行干燥处理。经过干燥处理的毛书直接进入三面切书机进行单本裁切，先切天头地脚，后切切口。裁切后的光书继续被送往堆式收书机 16，经过计数堆积后由辊子传送带 17 将成品书籍分组送出线外。

全部工艺流程如图 12-7 所示。

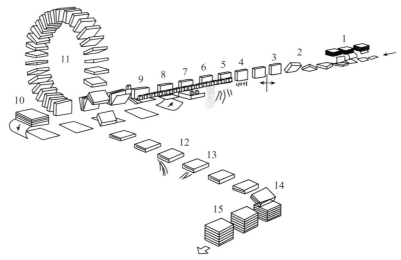

图 12-7 Jet-Binder 型无线胶订生产线工艺流程

1- 配页；2- 翻转立本、爬坡；3- 离合装置；4- 闯齐；5- 铣背；6- 打毛；7- 上胶；8- 贴封皮；9- 加压成型；10- 给封皮；11- 风车式干燥、冷却；12- 裁切天头地脚；13- 裁切切口；14- 计数堆积；15- 出书

3. 结构和工作特点

结构紧凑和装订速度高是生产线的主要特点。尽管它完成的加工项目较多，但全线的总长度仅有 20m 左右。各单级的设计也都适应了高速生产的需要，因而运转平稳，工作可靠，自动化程度较高。

（1）配页部分

如图 12-8 所示，在配页机传送链条的上方增设了做往复运动的预加速台 1，由于预加速台的速度比传送链条 9 的速度低，所以当它运动到一定位置时，拨书棍 10 赶上书帖，并将其拨落在传送链条 9 上。这样，书帖在落入传送链条 9 之前，先在预加速台板上得到了沿传送链条运动方向的加速，因而使配页工作在高速下稳定可靠，出帖整齐。同时，在贮页台板 6 上接有送气装置，通过吹气在书帖和台板之间形成气垫，减少了书帖与贮页台板间的摩擦和由此而产生的静电。

故障控制部分比较完善，除设有多帖、少帖控制外，在配页机和胶订机之间的离合装置能在配页机发生故障时使两机分离。在继续运转的胶订机上，当最后一本待胶书芯进入履带式传送链条时，通过一个中间控制装置使运行速度减至原来的 1/5，故障排除后，两机重新结合并同步运行，全线回升至预调速度。

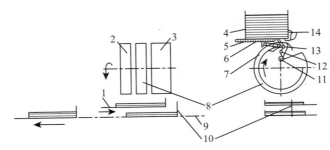

图 12-8　书帖预加速装置

1- 预加速台；2- 左托轮；3- 右托轮；4- 书帖；5- 气垫；6- 贮页台板；7- 吸嘴；8- 叼页轮；
9- 传送链条；10- 拨书棍；11- 滚子；12- 支撑轴；13- 叼页爪；14- 分页爪

（2）胶订机部分

胶订机为直线型结构。书芯的传送采用两个封闭的履带式链条，它是由许多矩形链板组成的。工作中，两组履带式传送链条各用一边从两侧将书芯夹紧，沿直线向前运送。结构紧凑，机构简单，适于高速运行。

在 209 型无线胶订机上主要使用热熔胶。但当待胶书芯的纸张不适于使用热熔胶时，也可在 5000 本 / 时的速度以内使用聚醋酸乙烯乳胶。由于乳胶的干燥速度慢，所以用乳胶装订的书本必须在干燥轮内进行较长时间的干燥或进行产品堆积，直至书背定型干燥后方能进行裁切。需要时，还可在 209 型胶订机上加装上侧胶装置。

（3）干燥轮

在胶订机终端的上方，垂直地安排着一个风车式干燥轮，整个干燥轮沿圆周被轮叶等分成 60 个冷却干燥槽，每个干燥槽内容纳一本书。当装订速度为 7000 本 / 时，每本书大约能在干燥轮内停留半分钟，既保证了书背定型干燥所需要的时间又缩小了占地面积。

（4）裁切和堆积部分

三面切书机分两个工位进行单本裁切，它有结构紧凑、消耗功率小等优点，是高速平装生产线的专用设备。207 型堆式收书机上有专门的电子设备，控制书籍的计数和打捆。

视频 12-1　　胶订联动线视频见视频 12-1（胶订联动线介绍），请扫描本页二维码观看。

（四）RB5-201 型全自动无线胶订生产线

RB5-201 型无线胶订生产线如图 12-9 所示，它由 201S 配页机 1、RB5 圆盘式胶订机 9、240 型三面切书机 15 和 207 型堆式收书机 16 等主要单机组成。在圆盘式胶订机和三面切书机之间，有一卧式风车形干燥器平列于书芯的传送方向上，使生产线的布局紧凑、操作方便。生产线还有一些附加部件如侧订头、上侧胶装置等，扩大了它的使用范围。

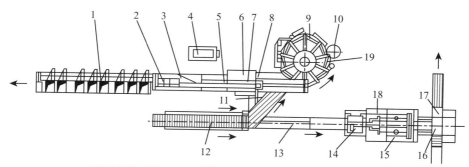

图 12-9　RB5-201 型全自动无线胶订生产线平面布置

1-201S 型配页机；2- 书芯；3- 翻书板；4- 主控制箱；5- 书芯通道；6- 主传动部件；7- 侧面订书头；
8- 离合装置；9-RB5 圆盘式胶订机；10- 预热胶锅；11- 传送带；12- 卧式风车干燥器；13- 传送带；
14- 滑动续本器；15-240 型三面切书机；16-207 型堆式收书机；17- 辊子传送带；18- 切书机控制台

1. RB5-201 型无线胶订生产线的结构特点

（1）配页部分：201S 型配页机的工作特点与 201 型配页机基本相同，但检测废书采用了光电装置，对配成书芯的书背折标集中进行一次校对，使控制部件集中，工作简单可靠。

（2）装订部分：RB5 胶订机设计成圆盘状，在圆盘上装有十个可自动启闭的夹书器。工作时圆盘绕中心回转，夹书器夹持着书芯在沿圆周排列的各个工位上完成各项加工处理。这种结构形式具有排列紧凑、适合高速运行等优点，至今仍被广泛采用。

铣背刀和打毛刀统装在一个刀盘上，在同一个工位上进行铣背打毛，实现了两个工序的重合，缩短了书芯的传送路程。其不利的一面是增大了对书背的总切削力和冲击力。

（3）裁切部分：在切书机的前面有一滑动续本器。毛书从干燥器出来后，经滑动续本器被单本送入切书工位。这起到补偿前后机组节拍误差的作用，若切书机短时间停车，装订部分可继续工作，送出的干燥毛书可在续本器上方连续进行储备性堆积；当续本器前边的某机组做短时间停车时，切书机亦可继续工作，从而使生产线维持连续出书。

2. 工艺流程

在 RB5-201 型无线胶订生产线上完成的工序有配页、翻转立本、闯齐、校对折标、定位夹紧、铣背打毛、上胶、贴纱布、贴封皮、加压成型、定型干燥、三面裁切和书籍堆积打包等，全部作业自动化。线上的两个侧钉头，可对厚度在 19mm 以内的书芯进行铁丝钉。

RB5-201 型无线胶订生产线的装订工艺流程如图 12-10 所示，书芯配好后，也是在前进中爬坡并完成翻转立本。立本后书芯经第一次闯齐，在工位 4 处由一光电检测装置进行折标校对，发现故障书芯即剔出线外。

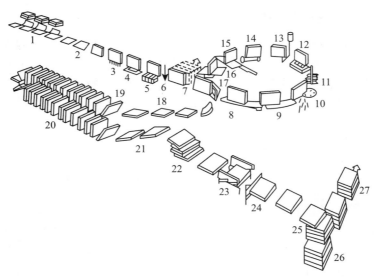

图 12-10　RB5-201 型全自动无线胶订生产线工艺流程

1- 配页；2- 翻转立本、爬坡；3- 闯齐；4- 校对折标；5- 侧订（铁丝订）；6- 离合装置；7- 交叉排列输出；
8- 闯齐；9- 定位夹紧；10- 铣背和打毛（在同一个刀盘上）；11- 定位调准；12- 书背上胶；
13- 上侧胶；14- 贴纱布；15- 贴封皮；16- 加压成型；17- 落书；18- 送书至干燥器；19- 进书；
20- 在卧式风车干燥器内冷却干燥；21- 向滑动续本器送书；22- 单本滑动续本；23- 裁切天头地脚；
24- 裁切切口；25- 计数堆积；26- 落书；27- 出书

经过检测的合格书芯继续向前运行，在工位 8 处再经过一次闯齐便离开配页机和胶订
机之间的传送装置，由胶订机的夹书器在工位 9 处将书芯接过并夹紧，带着它在工位 10 一
直到工位 16 处完成铣背打毛、定位调准、上胶、贴纱布、上封皮、加压成型等加工处理。
在工位 17 处，包封好的毛书离开胶订机的夹书器，由一传送带将其送入卧式风车干燥器进
行冷却干燥。经过定型干燥的毛书离开干燥器后，由一传送装置将单本毛书送入滑动续本器
的储书工位 22，并在该工位上由滑动续本器从书堆的底部将书一本一本地送给三面切书机。
在切书机上先切天头、地脚，后切切口，然后将切好的光书送给堆式收书机，在工位 25 处进
行书本的计数堆积。按预调本数堆好后，书堆下降至工位 26，由一辊子传送带分组送出线外。

在生产线上进行书芯的铁丝订时，在工位 5 处有两个附加的做往复运动的侧订头，从
侧面对行进中的书芯一本一本地进行双局铁丝订。这时，在工位 10 处不再进行铣背打毛（铣
背打毛刀盘退离工作位置）。若配页后进行书芯锁线订，在工位 7 处经交叉排列后输出散装
书芯。

任务四　掌握无线胶粘订的质量标准与要求

1. 书芯正文顺序正确，封面与书芯吻合，无窜册现象。

2. 铣背深度一致，保持在 1.5mm+0.5mm，以能将最里面的页张粘住、粘牢为准，侧胶
宽度为 3 ～ 7mm。

3. 包封面后，书背平直无皱褶，马蹄状钢线不超过 1mm；无油脏、破损、空泡、掉页、露胶底等。

4. 正确选用黏合剂，使用前必须预胶，用胶温度适当，胶层厚度为 0.6 ～ 1.2mm。

5. 机械粘封面时侧胶宽度为 3.0 ～ 7.0mm。

6. 粘封面应正确、平整、牢固。

7. 定型后的书册应书背平直，无粘坏封面，无折角。

8. 按时清理胶锅，预胶锅应每 3 个月清理一次，工作胶锅每两周清理一次。

※ 思考题

1. 什么是无线胶订联动线？

2. 无线胶订工艺有哪些优点？

3. ZXJD450/25 平装胶订自动线工艺流程是什么？

4. PRD-1 型无线胶订生产线的结构特点是什么？

5. PRD-1 型无线胶订生产线的工艺流程是什么？

6. 无线胶订对配页的操作工艺要求是什么？

7. 无线胶订对铣背的操作工艺要求是什么？

8. 无线胶订对切槽的操作工艺要求是什么？

9. 无线胶粘订的质量要求有哪些？

10. 根据平装无线胶订认知实践完成一份实践报告，说明无线胶订联动线的主要工艺和工艺要求。

项目十三　骑马订

学习目标：

1. 了解骑马订的工艺特点。
2. 掌握骑马订联动机的工作原理。

任务一　了解骑马订加工

书页用套配法配齐后，加上封面套合成一个整帖，用铁丝钉从书籍折缝处穿进里面，将其弯脚锁牢，把书帖装订成本，采用这种方法装订时，需将书帖摊平，搭骑在订书三角架上，故称骑马订。

骑马订采用套配法，将折页成帖的书帖按编书页码的顺序，从最中间一帖开始，依次码放在编组的搭页机上，通过搭页机，书帖被依次套叠在集书链上，被传递至订书机的订头下，铁丝在订头的压力下从套叠成册的外帖折缝处穿进内帖里面形成┌┐字形。在弯脚装置的作用下，将铁丝弯曲成[‾]字形，从而锁紧套叠的书帖，完成订书，并经过抛书装置送至三面切书机裁切，最后加工成可供翻阅的书刊。

采用骑马订方法装订书刊，工艺流程短，出书快，成本低，翻阅时可以将书摊平，便于阅读。但铁丝易锈，牢度低，不利于保存。骑马订适用于装订杂志、画册、广告及产品说明书之类的各种小册子，一般最多只能装订 100 个页码左右的薄本。

骑马订的穿订形式有两种，一种为[‾]字形，叫平订，目前使用最为广泛。另一种为⌒字形，叫环行订，可用于悬挂。

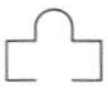

任务二　掌握骑马订联动机

骑马装订联动机适用于各种印刷厂做专业装订，是以铁丝骑马订装订各种画报、期刊、杂志等印刷品的高效率专用设备。

一、骑马订联动机的工作原理

骑马装订联动机的工作过程是由搭页机组的六台单机（按用户需要可增至十台），按编书页码自动地将书帖配搭在集书链上，并由折页搭页机配上封面，通过集书链的传送，同时在传送过程中经逐页分散的光电检测，歪帖检测和集中的总的厚薄检测后，当书本传送至订书机头下时，订书机根据检测结果，对检测合格的书本进行装订，并送至三面切书机裁切，对缺页（或多页）、歪页的则不予装订，并输入废品斗。装订后的书本送至三面切书机接书支架上，顺次通过两道挡规，完成切前口和切两侧。然后通过三面切书机上的光电点计数装置按预选的本数进入直线输送机。操作者便在直线输送机前收集成叠的成品。

二、LQD8E 骑马装订联动机的标准配置

上海紫光公司（Purlux）生产的 LQD8E 骑马装订联动机，它的标准配置为 DYQ440E 搭页机 6 台，ZYDY440E 折页搭页机 1 台，DQ8E 订书机 1 台，QS8E 三面切书机 1 台，DZQ440 直线输送机 1 台，气泵 3 台，LQD8E 电气控制箱 1 台。如图 13-1 所示。

图 13-1　骑马装订联动机外形图

（一）DYQ440E 搭页机

搭页机由底座上的传动轴，通过链条带动三组传动轴而形成循环，这三组轴按一定的相对位置关系连续转动。图 13-2 是搭页机的外形图，其工作原理如图 13-3 所示。

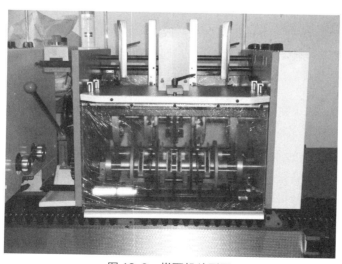

图 13-2　搭页机外形图

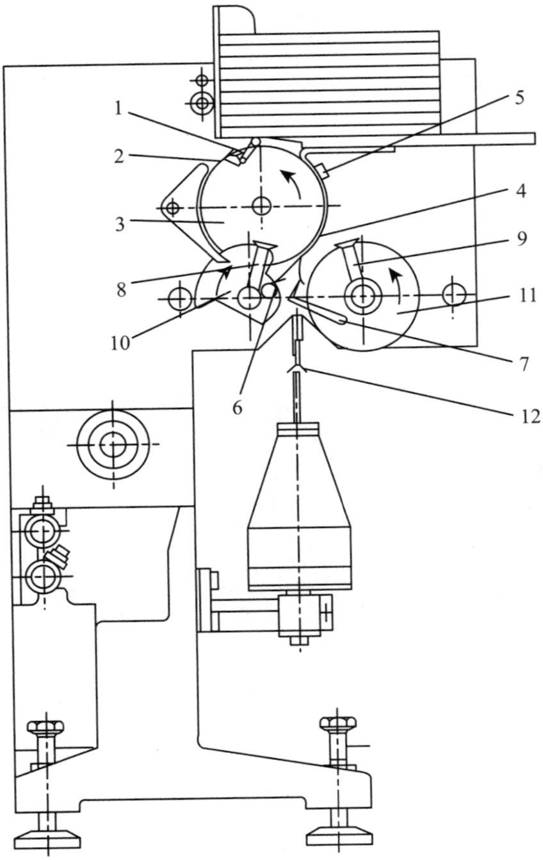

图 13-3　搭页机工作原理图

1- 吸气头；2- 叼爪；3- 叼纸轮；4- 调节架；5- 挡规；6- 钢皮叼牙；
7- 分纸钩；8、9- 吸气头；10、11- 分纸轮；12- 落书杆

　　搭页时，将折成（6±1）mm 纸边的书帖放在台板上，由两个吸气头 1 把最下边的一帖吸住往后拉下，接着被转动的叼纸轮 3 上的二叼爪同时叼住。此时，吸气头 1 应立即停止吸气，叼纸轮继而把书帖拉下台板，书帖被转到调节架 4 处，叼爪 2 即自动放开。这时靠一组压轮保持书帖运送。随着叼纸轮的继续转动，书帖将被预先调整好的挡规 5 所挡住而停留片刻，然后由一组分纸轮 10 轴上的钢皮叼牙 6 转至书帖的长边处并将长边叼住，长边从此与短边分开。短边由另一组分纸轮 11 轴上的分纸钩 7 带住，这时书帖开始下降并被两只吸气头 8、9 吸住，当转过水平位置后，书帖已张开到一定程度。叼牙 6 和分纸钩 7 与书帖分开，吸气头继续把书帖张开并下降，直到两个吸气头 8、9 同时停止吸气。在左右两根对称的吹气杆作用下，书帖落到落书杆 12 上，集书链则将落书杆上的书帖顺次推下，把成册的书送至检测和装订位置。

　　搭页机可按 1∶1 和 1∶2 两种工作方式进行。所谓 1∶1 工作方式是指集书链走一节，搭页机搭下一帖书帖。即搭页机与订书机、三面切书机工作于同一速度。所谓 1∶2 工作方式，表示集书链走二节，搭页机下一帖书帖。即搭页机的工作速度为订书机、三面切书机工作速

度的一半。1∶2工作时，必须是两台搭页机配对使用，即两台搭页机搭同一编书页码的书帖，以确保每以一集书链上均有此书帖。当搭页较困难的书帖，且有空余的搭页机可供使用，也可采用1∶2的工作模式。

　　搭页机的书帖检测控制可分为分散检测装置和书帖检测预置。分散检测装置是在每台搭页机上安装一个光电开关，当落书板上每搭下一帖书页时，光电开关必须被书帖把光线遮住一次。电气装置就在这一过程的某个瞬间进行检查。如果搭页机缺帖，在检查时间内反射型光电开关输出一个缺帖信号，通过计算机做书帖检测控制，同时在订书机上的书帖移位显示器能正确地反映出缺帖的是哪一台搭页机。书帖检测预置，电控箱面板上的SB101～SB120均是搭页机书帖检测预置开关，它们是带灯自锁按键，其中SB101～SB110为1号～10号搭页机，按1∶1工作方式检测预置开关。SB111～SB120为1号～10号搭页机按1∶2工作方式检测预置开关。搭页机在1∶1工作方式时，每一送书链经过搭页机，搭页机都有一帖书经过光电检测点，即每一节拍都要进行一次光电书帖检测。搭页机在1∶2工作方式时，每两个节拍才有一帖书经过光电检测点。

（二）ZYDY440E折页搭页机

　　折页搭页机外形如图13-4所示。图13-5是折页搭页机工作原理图。

图 13-4　折页搭页机外形图

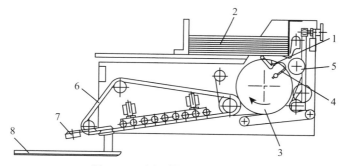

图 13-5　折页搭页机工作原理图

1- 吸嘴；2- 书帖；3- 叼纸轮；4- 叼爪；5- 压痕轮；6- 三角皮带；7- 滚压轮；8- 落书杆

折页搭页机采用先压折痕，后相对滚压折痕的工艺，将平张封面经折页后输送至落书杆上由集书链送走。它的工作过程是将书刊的封面放在折页搭页机的工作台板上，由吸嘴 1 把书帖 2 最下面的一帖吸住往后拉下，接着书帖被转动的叼纸轮 3 上的两只叼爪 4 同时叼住，此时吸嘴 1 已停止吸气，叼纸轮 3 继续转动，把封面拉出台面。在输送过程中由压痕轮 5 滚压出折痕，然后通过两根三角皮带 6 进行折页。最后经一对滚压轮 7 滚压后被送至落书杆 8 上，由集书链上的有尾输送板推下配页成册，连续进行，完成折页、搭页工序。

折页搭页机的书帖检测控制可分为分散检测装置和双张检测装置。分散检测装置与搭页机相同。双张检测装置如图 13-6 所示。

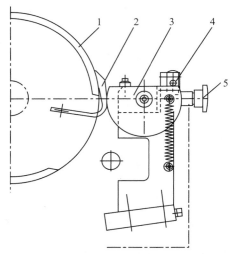

图 13-6　双张检测装置示意图

1-叼纸轮；2-叼爪；3-检测轮；4-接近开关

如图 13-6 所示，在折页搭页机双张检测装置上安装有一个接近开关 4，当叼爪 2 叼住一张封面纸旋转到与检测轮 3 相对时，叼爪与检测轮之间的距离应小于一张封面的厚度，这样当折页搭页机搭下一张封面时，叼爪 2 可以通过检测轮 3。当折页搭页机搭下二张封面时，叼爪 2 则与检测轮 3 相擦，并使其逆时针旋转，接近开关 4 灯亮后产生一个双张信号，机器停止运转。

（三）DQ8E 订书机

1. DQ8E 订书机的工作流程

由搭页机、折页搭页机依次套叠成册的书本，经集书链输送至订书机整页检测，然后再通过总厚薄检测。当被检测过的书本送至订书机的订头下时，订书机头控制器在检测信号控制下，并通过电磁阀的动作，实现订与不订的控制。好书被装订后，由叉书装置，经抛书装置送入三面切书机的接书支架上。坏书则不订，经叉书装置被送入抛书装置的坏书斗内。

2. 总厚薄检测装置

总厚薄检测装置是弥补分散检测的不足，即当通过光电检测的书帖在集书链上被运行过程中发生飘落时，防止其被误认为正常的书册。为此在装订前再经过一次总厚薄是否满足要求的检查。图 13-7 是总厚薄检测装置外形图。总厚薄检测装置工作原理如图 13-8 所示。

图 13-7　总厚薄检测装置外形图

1- 上滚轮；2- 下滚轮；3- 调节盘；4- 接近开关；5- 螺钉

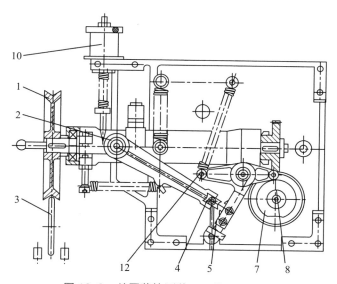

图 13-8　总厚薄检测装置工作原理图

1- 上滚轮；2- 摆杆；3- 下滚轮；4- 接触块；5- 撞块；6- 调节盘；7- 凸轮；
8- 滚轮；9- 螺钉；10- 微调螺母；11- 接近开关；12- 摆杆

总厚薄检测装置是用一对上下滚轮 1、3 将运送中的书册检测一下，通过放大摆杆 2 的摆动，使接触块 4 随着上下摆动。如果此时测书上滚轮 1 箭头朝下对准测书下滚轮 3 时，则要求滚轮 8 调正到凸轮 7 缺口的中间（即电气检查的时间）。如果在这一很短的时间内，接触块 4 嵌进两撞块 5 的中间，此时可调整螺钉 9，使接近开关 11 接通，表示总厚正常。如果书册由于缺页或多页而造成总厚的减少或增加，则此时接触块 4 嵌不进撞块 5 的中间而顶在外侧，摆杆 12 下移，则接近开关 11 断开，发出总厚不合要求的信号。

以上两种缺页或多页的信号，经电气装置后能使订书机头控制器的电磁阀动作。当缺帖或多帖的书册传送至装订位置时，订书机将不予装订，同时经计算机移位控制，控制出书传送组上的执行电磁阀动作，将该书输入废品斗。

3.订书机头控制器工作原理

如图 13-9 所示是订书机头控制器外形图，图 13-10 是订书机头控制器工作原理图。

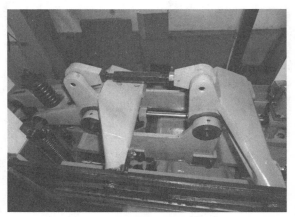

图 13-9　订书机头控制器外形图

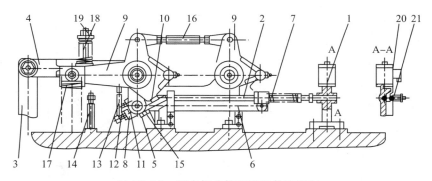

图 13-10　订书机头控制器工作原理图

1- 挡销；2- 滑杆；3- 连杆；4- 压头摆杆；5- 轴；6- 摆杆；7- 压簧；8- 订头钩；9- 压机头架；
10- 撞块；11- 摆块；12- 螺钉；13- 拉簧；14- 调节螺钉；15- 螺钉；16- 双头螺栓；17- 大拉簧；
18- 压簧；19- 螺母；20- 卡锁；21- 压簧

订书机头控制器机构主要有压机头架 9 和压头摆杆 4 等部件组成。压头摆杆 4 由连杆 3 带动，随订书机的运转而连续地摆动，它通过订头钩 8 与压机头架 9 连接或脱开，实现订与不订的控制。电磁阀的挡销 1 控制卡锁 20 和滑杆 2，操纵订头钩 8 与压机头架 9 的连接或脱开，滑杆 2 随压头摆杆 4 的摆动而不停地往复移动。

（1）订书位置

当电磁阀的挡销 1 在放松状态，卡锁 20 在压簧 21 的作用下呈嵌进状态，连杆 3 下移使压头摆杆 4 上小轴 5 的中心右摆，滑杆 2 随摆杆 6 右移而被卡锁 20 挡住，小轴 5 的中心带动摆杆 6 压缩压簧 7 继续右摆，夹紧在轴 5 上的摆块 11，调节螺钉 12 被滑杆 2 的左端顶住。而迫使轴 5 逆时针旋转，订头钩 8 是夹紧在轴 5 上的，这时逆转钩住压机头架 9 上的撞块 10，从而把压头摆杆 4 和压机头架 9 连接起来。随着订书机的运转，连杆 3 上移，而轴 5 中心左摆时，压机头架 9 通过双头螺栓 16 与另一压机头架 9 一起左摆，两压机头架 9 右端两滚轮推动曲线板，使订书机头完成订书动作，压机头架的复位，由左端大拉簧 17 实现。

（2）不订位置

挡销 1 由缺帖信号控制，使电磁阀动作而推下滑杆 2 随摆杆 6 右移就不受阻挡。当小轴 5 中心继续右摆时，螺钉 12 即不被滑杆 2 左端顶住，在拉簧 13 的作用下，轴 5 将顺时针旋转，订头钩 8 从撞块 10 上脱开，压机头架 9 在大拉簧作用下，使订书机头处在不订的位置上。

电磁阀每控制挡销有一次动作，就能使订书机由订的状态变为不订的状态，或由不订转变为订的状态。

压机头架复位的高度由调节螺钉 14 的高低控制，为了使订头钩 8 能钩住撞块 10，螺钉 14 应在适当的位置。若螺钉 14 过低，撞块 10 就偏高。致使订头钩 8 的右端在右摆时可能顶住挡块 10 而使压机头架 9 破坏。

订头钩 8 和撞块 10 连接或脱开的时间早晚，将由滑杆 2 上的两个挡圈和螺钉 12 等控制。一般应在撞块 10 至最高位置时连接或脱开。订头钩 8 在向上摆至最高位置时应越过撞块 10，并保持和接触面之间有 0.5 ～ 1mm 的间隙。

滑杆 2 被移至左端时，其右端面应缩进阀座约 6mm。滑杆被卡锁 20 挡住时，其上的右挡圈图应离阀座端面 8mm。这样可使电磁阀在自由状态下提起或释放。

订头钩 8 夹紧在小轴 5 上的位置，可通过松开螺钉 15 调节到根据机器机构的要求，连杆 3 上移至最高时，压机头架 9 的右端滚轮在最低点。这就是订书机头边刀处在订书的开始位置，这时要求滚轮中心至机头安装板燕尾槽上平面的距离为 154mm，此尺寸为机器的合理状态。

压头摆杆 4 的摆动通过压簧 18 带动连接小轴 5 摆动而完成装订过程，当装订厚度超过规定或其他原因过载时，压头摆杆 4 压缩弹簧 18，致使连接小轴 5 的摆杆与压头摆杆 4 分离，装在压头摆杆 4 上的微动开关 22 呈常闭的触点断开，使机器停止工作，确保安全。通过调整螺母 19，使压簧 18 调节到 4 个机头能同时工作，当故障排除后，按下故障排除按钮，即可恢复正常。

4. 订书机头工作原理

订书机头工作需完成送料、切料、做钉、订书及紧铜等动作，如图 13-11 所示。

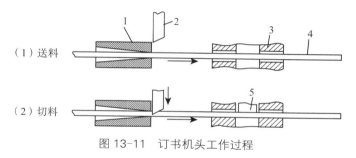

图 13-11　订书机头工作过程

1- 切料轴；2- 切料刀片；3- 成型钩；4- 铁丝；5- 咬丝钩；

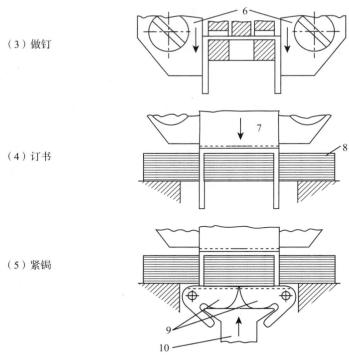

（3）做钉

（4）订书

（5）紧锔

图 13-11　订书机头工作过程（续）

6- 边刀；7- 中刀；8- 书帖；9- 弯脚；10- 顶杆

订书机头工作原理这里以上海紫光（purlux）公司生产的 PQ02-2-6 机头为例说明，PQ02-2-6 订书机头工作原理如图 13-12 所示。

图中订书机头控制器通过曲线板带动的中刀滑板 10 和边刀滑板 11 的上下循环运动，能完成送丝、切断、成型和订书四个主要动作。

送丝：中刀滑板 10 下行，短销 26 推动连杆 27，使单向机构逆时针旋转，铁丝穿过穿丝嘴 1，扳下手柄 5 使小齿轮 6 和大齿轮 7 啮合，铁丝便夹在二滚轮中靠摩擦力传送。经过导轨 2 进入切料轴 3 的小孔，当成型模 4 抬起时，便顺利穿入成型模长槽中。

切断：边刀滑板 11 上行，其中部的占块推动切丝摇臂 12 的斜面而使其逆时针转动，（见B-B 剖面），使刀架 13 下移，刀片 14 把铁丝切断。

成型：中刀滑板 10 上行到一定高度，成型模 4 由压簧 16 推入，使切断了的铁丝由叼丝钩 15 叼紧而送至边刀 17、18 铁丝槽的正下方，随后边刀滑板 11 下行，二边刀 17、18 上铁丝槽压向成型模 4 二端伸出的铁丝，弯成一个 ⌐¬ 字型订书钉。

订书：二滑板同时使中刀 19 和边刀 17、18 下行，由于中刀 19 下降速度快，迫使订书钉在边刀 17、18 槽内伸出而订入书本，直至订脚全部穿透。中边刀在最低位置时将停留片刻，这时下面的弯脚 20 在推杆 21 的作用下向上移动，使书钉弯成 ⌐¬ 字型，从而完成全部钉书过程。

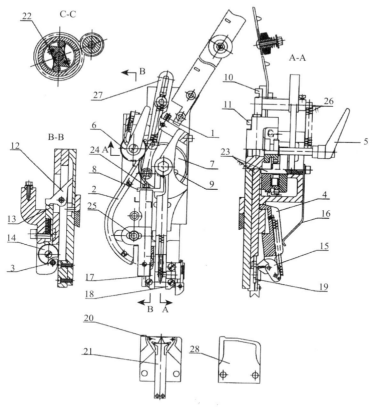

图 13-12 订书机头工作原理图

1- 穿丝嘴；2- 导轨；3- 切料轴；4- 成型模；5- 手柄；6- 小齿轮；7- 大齿轮；8- 挡块；9- 销子；
10- 中刀滑板；11- 边刀滑板；12- 切丝摇臂；13- 刀架；14- 刀片；15- 叼丝钩；16- 压簧；17- 左边刀；
18- 右边刀；19- 中刀；20- 弯脚；21- 推杆；22- 传动盘；23- 轴销；24、25- 螺钉；
26- 短销；27- 连杆；28- 导向板

在钉书过程中，中边刀在下端时，成型模向外退出，叼丝钩打开，等待下一次送丝，此时切丝摇臂在刀架弹簧作用下顺时针旋转，刀片 14 退至上端，刀中滑板上行过程中连杆 27 由其上的弹簧拉紧而向上复位，此时单向机构打滑，当前一只订书钉订入书本时，后一只订书钉正在送丝的过程中。由此循环不断，完成连续的装订过程。

（四）QS8E 三面切书机

图 13-13 是三面切书机外形图。

图 13-14 是三面切书机原理图。图中书册经过订书机装订后，通过抛书架传送到三面切书机的接书支架上，接书支架的传送带 1 立即把书册带走，同时书册又被运行速度比皮带慢的传动链条上挡指 3（图 13-15 所示）接住前行。

图 13-13　三面切书机外形图

图 13-14　三面切书机外形原理图

1、2- 传送带；3、4- 前传送带；5、6- 侧皮带；7、8- 挡规；
9、10、13- 触杆；11、12- 螺母；14- 横梁

图 13-15　三面切书机局部图

1- 观察窗；2- 压盖；3- 挡指；4- 毛刷

如图 13-14 所示，此时接书支架上的两侧皮带 5、6 起排齐书册的作用。在刀胎横梁 14 上升到最高位置即将下落时，书册被传送到刚好上升的第一道挡规 7、8 处，即两侧刀裁切处。在刀胎横梁继续下降的过程中，两侧敲书规 3（图 13-16 所示）再次将书册定位。

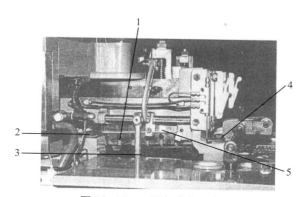

图 13-16　三面切书机局部图

1、2、4- 螺钉；3- 敲书规；5- 侧刀刀胎

随后两侧边刀压力板将书册压紧在两侧边刀底刀上，此时刀胎横梁继续下降，两侧上刀片将书册的两侧废边同时切除，然后刀胎横梁又上升，两侧刀挡规退回。被切除两侧废边的书册，通过三面刀内部皮带传送到刚好上升的前口刀挡规处，这时刀胎横梁在下降过程中，前口刀压力板将书册紧压在前口刀底刀上，刀胎横梁继续下降，前口上刀将书册的前口废边切除，从而完成整个书的裁切工作。

书册裁切完成后，刀胎横梁在上升的过程中，前口刀挡规退回，书册被三面切书机内的皮带输出，进入直线输送机，操作人员可以在直线输送机上方便地取出叠在一起的裁切好了的书册。

三面切书机内部皮带的速度是随时变化的，它在刀胎横梁上升时逐渐加速，在刀胎横梁上升到最高点时，皮带的速度最快，车刀架下降时，皮带逐渐减速。在裁切书册时，皮带的速度很低，接近于零。

机器内所用的毛刷 4（图 13-15 所示）都是用以防止书册回弹，保证切书质量，毛刷压住书册的压力可以通过毛刷顶部的滚花螺钉来调节。

在裁切书册两侧时，在刀胎横梁上可以安装中刀，用来裁切双联书本，这样一次裁切可以完成两本书册。

（五）DZQ440 直线输送机

直线输送机如图 13-17 所示。

它是用来接受前道装订工序转来的书册，由输送台面、齿轮减速电机、电气控制箱等组成。

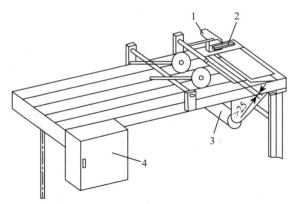

图 13-17　直线输送机示意图

1- 电磁阀；2- 触杆；3- 电机；4- 电箱

　　该机与三面切书机联结后，通过三面切书机上的光电计数装置，按预选的本数，通知电磁阀 1 动作，从而带动触杆 2 动作。触杆应调到最低能触及最后一本书的尾部的位置，将预选的最后一本书册打成歪斜，以方便操作者在台面上收集成品。书册进入输送机上时，书本之间是叠在一起的，其间距应控制在 25mm 以上，以利于书册输送。当整机速度变动时，直线输送机皮带速度应相应调整，以确保书册之间的间距。

　　直线输送机由逆变器控制，齿轮减速电机在运行中实现无级变速，成品数量由计数装置显示。

视频 13-1

　　骑马订联动线视频见视频 13-1（骑马订联动线视频），请扫描本页二维码观看。

※ 思考题

1. 什么是骑马订？骑马订的工艺特点是什么？

2. 什么是骑马订联动线？

3. 骑马订联动线的工作原理是什么？

4. 根据骑马订认知实践完成一份实践报告，说明骑马订联动线工艺和相应设备主要结构的调节。

项目十四 精装

学习目标：

1. 了解精装的特点。
2. 掌握精装书芯加工的工艺流程。
3. 掌握书芯扒圆、书芯起脊的作用和原理。
4. 了解如何进行书芯贴纱布、书芯贴堵头布及书芯贴书背纸的操作。
5. 了解 JZX-01 型精装生产线和德国柯尔布斯 70 型精装自动线的工艺流程。
6. 掌握精装书加工的质量标准及要求。

任务一 掌握精装书芯加工

　　精装是书刊装订加工中一种精致的装帧方法，通常指对书芯和封面进行精致造型加工。比如词海、高级手册等，都是采用精装的方法制作而成的。精装加工中封皮的面料常选用织品、皮革、塑料等，再用烫金机烫上花纹、图案、文字等，更显得美观大方。

　　精装加工主要包括书芯加工、封皮加工及套合加工三大工序。精装书造型亦分为三大类，即书芯造型、书封造型和套合造型。如图 14-1 所示，精装书由书芯 1、堵头布 2、纱布 3、衬纸 4 和书壳 5 组成。

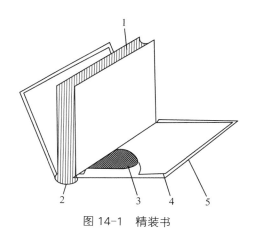

图 14-1　精装书

1- 书芯；2- 堵头布；3- 纱布；4- 衬纸；5- 书壳

（一）书芯造型

书芯造型，指对锁线、切边后的单本书芯进行造型装饰的加工。

1. 方背书芯和圆背书芯

经过造型后书背成一平面的书芯叫方背书芯，如图 14-2 所示。经过造型后在厚度方向成一圆弧面的书芯叫圆背书芯，如图 14-2（a）所示。

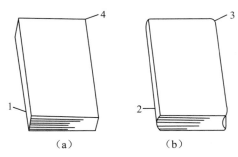

（a） （b）

图 14-2 书芯造型

1- 方背；2- 圆背；3- 圆角；4- 方角

2. 方角和圆角

将切完的光本书芯的书角切成圆形的书芯称圆角书芯。不切圆形的书芯称方角书芯。在加工圆背和方背书册时圆角和方角均可使用，如图 14-2（b）所示。

3. 堵头布

如图 14-3 所示。堵头布也称花头，贴在书芯后背两端，使书贴连接得更加牢固，并起装饰作用。一般用在圆背书芯或较厚的方背书芯上。其宽度为 10 ~ 15mm，长度则按书芯后背的厚度确定。

图 14-3 堵头布

1- 粘好的堵头布；2- 剪裁好的堵头布；3- 未裁剪的堵头布

（二）精装书芯加工工序

精装书芯加工，一般指折、配、锁以后的加工。精装书芯加工分为手工和机器加工两种。精装有压平、刷胶烘干、压脊、裁切、扒圆、起脊、贴背、上书壳、整形压槽共九个工序。

（1）压平

对书芯整个幅面用压板进行压实，其目的是将书芯书页间残留的空气挤出，使书芯平整、结实、厚度均匀，以利于后面工序的加工和提高书籍质量。压平的压力应适当，以保证书芯不产生过大的变形。压平后的书芯厚度应与制成的书壳相适应。

（2）刷胶烘干

书芯压平之后在书背上刷胶，把书帖黏结在一起，使书芯基本定形，防止后序加工时书帖之间的相互错动。胶固的程度应使书芯在后面起脊工序的压力下不致散开，刷胶后应进行干燥，一般在扒圆时书芯以干燥到80%左右较合适，过分干燥会影响扒圆质量。在手工精装中常用自然干燥法。在生产线中，为缩短干燥时间，常采用专门的烘干设备，使刷胶后的书芯在规定的时间内干燥。

（3）压脊

经过刷胶烘干的书芯书脊部分往往有少许膨胀，叠在一起后造成书芯倾斜影响裁切质量。为此，在生产线中，常在刷胶烘干与三面切书之间增设一压脊工位。

（4）裁切

刷胶烘干、压脊后的书芯放到三面切书机上进行裁切。为了提高工效，薄的书芯几本叠在一起在切书机上进行裁切，故生产线中三面切书机前应附加堆积装置，裁切后又有将叠起的书芯分成单本的分本装置。

（5）扒圆

把书背做成圆弧形，使书芯的各个书帖以至于书页相互均匀地错开，切口形成一个圆弧以便于翻阅，同时也提高了书芯与书壳的黏结牢度。

在有的机器上，为了提高扒圆质量，在扒圆之前又加上"冲圆"或"初扒圆"工序。

（6）起脊

为了防止已扒好圆的书芯回圆变形，也为了装上硬质书壳后书籍外形整齐美观，将书芯在较大压力下把扒圆后的书脊揉倒，起脊高度一般与书壳纸厚度相同，起脊是精装书装订中的一道关键工序，提高了书籍的耐用性。

（7）贴背

包括在书脊上粘纱布、粘背脊纸（又称卡纸）、粘堵头布（又称花头）三道工序，故又称"三粘"，在扒圆起脊后进行。前两粘的目的在于掩盖书脊的线缝，提高书脊牢固程度；堵头布贴在书脊两头，使书贴连接得更加牢固，并起装饰作用。在生产线中，贴纱布为单独工序，堵头布先粘贴在背脊纸上，裁切成适当宽度，再连同背脊纸一起贴到已粘纱布的书脊上去。

（8）上书壳

把加工好的书壳套到书芯外面，书壳由另外的制壳机制成。

（9）整形压槽

加上书壳的书籍再次加压定形，并在前封和后封靠近书脊边缘处压出一道凹槽，使书籍更加美观和便于翻阅。

在精装生产线中，压平、刷胶烘干、裁切、压脊、扒圆、起脊、贴背等工序都是自动完成的，为此专门设有压平机、刷胶机、压脊机、三面切书机、扒圆起脊机、贴背机、上书壳机、整形压槽机等。根据不同情况这些机器部分合并，如刷胶和烘干合并为刷胶烘干机、扒圆起脊和贴背合并合为扒圆起脊－贴背机（也有称为书芯加工联动机的）等。西德柯尔布斯公司的"紧凑－25"及"紧凑－40"型又进一步合并了扒圆起脊、贴背和上书壳机。在一台机器上完成较多的工序可以缩小占地面积，但工序合并越多，对机器可靠性就要求越高，一道工序发生故障将造成全机停车。

除上述完成各道工序的单机外，生产线中还需要有中间连接运输装置如输送翻转机，两头的进本和收本装置如自动供书芯机、自动堆积机等。

（三）书芯压平机的工作原理

锁线后的书芯虽已将各书帖连成一体，但帖与帖的连结还比较松散，而且纸张经过多次折叠也造成了书页间的蓬松不实。通过对书芯加压来排除书页间的残留空气，使书芯平整、结实，并以稳定的厚度尺寸与书壳相适应。在精装生产中，称这种对书芯加压的方法为"压平"或"压实"。

压平是精装书芯加工的第一道工序，也是后面各道工序的基础。影响本工序加工质量的主要因素是压力的大小。目前对书芯的最大压力可达 $50kg/cm^2$，特殊的有达到 $75kg/cm^2$。

在压平时，纸张的变形过程需要一定时间，因此在精装生产线中，书芯压平机多采用单本多工位加压的方法来分散纸张的变形时间，以适应全线统一的生产节拍。

由于折叠和锁线的缘故，书芯脊部的厚度和变形程度与其他部位有很大差别，因而在工序排列上是先对脊部加压，然后对整个书芯压平。

压平时书芯的位置多取书背朝下放置，这除了受生产线传送方式的制约之外，还因为它与平放相比具有能自然定型的优点。

常用的书芯压平机为 YP 型书芯压平机，故以此机器为例说明书芯压平机的工作原理和主要机构。该机是在书背上胶前压平书芯的多工位自动机。在 JZX-01 型精装生产线中位于 GX 型供书芯机之后，能对锁线后的松散毛坯书芯进行多次加压，然后向 SJ 型刷胶烘干机输送厚度均匀、平整挺实的书芯，为书背的刷胶烘干工序打下定型基础。在采用人工续本和收本时，也可进行单工序操作。

YP 型书芯压平机由进本部分、振荡器、压脊部分、压平部分、出书部分、传送机构、箱体部分和电气控制箱组成。在机器尾部的传送机构中，通过马尔他机构和一系列链传动使拨书棍拨动书芯做间歇送进运动。通过主轴传动使进书传送带连续送书。箱体内是机器的主传动部分。在机器工作的每一个循环之内，由主电机带动凸轮－连杆机构利用送书的间歇停顿时间对书芯和书脊部分加压。

机器的调速方式为手摇机械式无级调速，并与 SJ 型刷胶烘干机成灵活性连接。因生产线有连锁控制系统，所以不要求 YP 型书芯压平机和 SJ 型刷胶烘干机之间在速度上严格同步。前者只要能对后者供足书芯又不经常发生毛坯拥挤现象即可。

书芯压平机工作原理如图 14-4 所示，机器各工位做直线排列，书芯进入送书链条 9 后，按节拍从一个工位移向另一个工位，由加压机构对其进行多次加压。现按工位顺序介绍如下。

工位Ⅰ为进书。书芯从 GX 型供书芯机进入压平机上连续运行的进书传送带 1，在进书槽 13 中向前运行。最前一本书芯 3 行至挡板 4 处即被挡住。后面的书芯则依次排列在传送带上打滑。需要送本时，两个分书闸块 2 便收拢闸住后一本书芯，同时挡板 4 下降放过前一本书芯。经过加速传送带5时,书芯被快速送进下一工序。然后挡板4抬起,分书闸块2分开,放过后一本书芯向前行至被挡板4挡住,进入机器的下个工作循环。这样,书芯便一本一本地被送上加压工位。挡板4和分书闸块2受凸轮控制,严格地按照节拍进行工作。

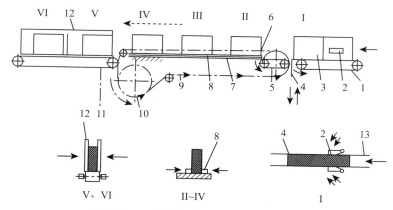

图 14-4　YP 型书芯压平机工作原理图

1- 进书传送带;2- 分书闸块;3- 书芯;4- 挡板;5- 加速传送带;6- 拨书棍;7- 定位平台;
8- 压脊条;9- 送书链条;10- 链轮;11- 传送带;12- 压平板;13- 进书槽

工位 Ⅱ～Ⅳ 为三次压脊。书芯在离开加速传送带5进入定位平台7之前,有一振荡器将其振齐(图中未示出)。然后,随链条做周期运动的拨书棍6推送书芯,使其在机器的每一个工作循环中前进一个步距。在停歇期间,两压脊条8同时挤压书脊两侧,然后退离书芯。接着拨书棍6又开始向前,把书芯推送一个步距,如此在三个工位上完成对书芯的三次压脊。

各拨书棍6在送书链条9上按相等距离分开,其两端铰接在两条平行的套筒滚子链上。各拨书棍间的距离等于书芯传送的一个步距。链轮10的周期运动由马尔他机构获得。

通过调节三组压脊条间的距离,使得三次压脊的压力逐工位增加。

工位 Ⅴ～Ⅵ 为书芯压平。与链条9做同步运动的传送带11接过压完脊的书芯,由压平板12在两个工位上进行两次全面压平,然后交给出书传送带送出机外。

在工位Ⅵ上,两压平板间的距离调整得比工位Ⅴ上的小,其目的是使工作压力逐渐增大。

压脊条8和压平板12的挤压运动分别从两组相类似的凸轮连杆机构获得。因压平的总压力远大于压脊的总压力,所以两者分开传动。

(四)刷胶烘干机的工作原理

刷胶是在压平后的书芯书背上涂刷黏结剂,固定书背,为下面的裁切、扒圆起脊等做准备的关键工序。

近年生产的刷胶烘干机均为单本上胶、强制烘干。书芯的传送方式最常见的有两种,一种为书芯成横向排列,在间歇行进中上胶、烘干,如 SJ 型刷胶烘干机;另一种系书芯沿其长度纵向排列,在连续行进中上胶和烘干,如 RB-461 型刷胶烘干机。前者机身短,但传送机构和上胶装置复杂,后者使传送机构上胶装置大为简化,但机身较长。

常用的刷胶烘干机为 YP 型刷胶烘干机,故以此机器为例说明刷胶烘干机的工作原理和主要机构。SJ 型刷胶烘干机系书芯横向排列、书背朝下、单本间歇输送的自动机。在生产线中它接收从 YP 型书芯压平机送来的书芯，经分本、送进后完成对书背的刷胶烘干处理，最后由出书和输送机构将上完胶的书芯送向压脊机。书芯经过压脊、三面裁切后便进入扒圆起脊机。

SJ 型刷胶烘干机由分本机构、进本机构、刷胶机构、烘干槽、落书机构、夹板提升机构、出书传送带和电气控制箱组成。烘干槽由若干电炉丝组成，沿机身布于书背下方，并通有吹风管道。一定流速的冷空气经过电炉丝后变成热风吹在书背上，从而缩短了书背的烘干时间。

SJ 型刷胶烘干机的工艺流程如图 14-5 所示。

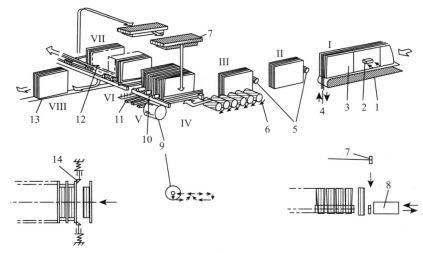

图 14-5　SJ—刷胶烘干机工艺流程图

1- 传送带；2- 分书挡块；3- 书芯；4- 挡板；5- 拨书爪；6- 组合辊子；7- 夹板；8- 推书头；
9- 上胶辊；10- 导轨；11- 烘干槽；12- 落书拨杆；13- 出书传送带；14- 单向爪

工位 I 为分本。书芯从压平机出来后进入连续运转的传送带 1，行至挡板 4 处被挡住。后面的书芯依次端面相顶在传送带上打滑。在书芯通道的侧面有分书挡块 2，依照节拍它代替挡板 4 压住第二本书芯。而后挡板 4 落下，第一本书芯 3 离开传送带被送进刷胶烘干机的进本装置（工位 II）。接着挡板 4 抬起，挡块 2 分开，为送进下一本书芯做好准备。

这种传送装置能将连续或不规则排列的书芯按节拍间隔分开，送入下一工序，因而用它来连接两机可实现中间储存，能在一定范围内补偿前后两单机的节拍偏差。

由于设有连锁控制系统，因机器故障或其他原因，在工位 II 上的书芯不按节拍离开时，书芯压平机会自动停车，避免书芯拥挤。

工位 II 为准备。在这里，书芯要进行一次交接。即当书芯离开传送带 1 失去传送动力时，由做往复运动的拨书爪 5 从后端拨动书芯向前移动一个步距。

工位 III 为闯齐。书芯进入本工位落在一排组合辊子 6 上。每一个辊子都是由若干小光轴组成的，每一根小光轴可视为一个组合辊子的母线。当辊子旋转时，沿圆周间断分布的小光轴即会对书背产生撞击，达到闯齐的目的。

整排辊子 6 各绕自己的中心沿顺时针方向旋转，会造成书芯的倒流。为此，在对应于两个拨书爪 5 的起始位置上有两个侧向挡板（图中未示出），在拨书爪 5 送书时它退离送书平面；在拨书爪返回之前挡板便伸进进书平面，从后端挡住书芯。因而书芯在工位Ⅲ上闯齐时具有两个定位面——底面和后端面。

工位Ⅳ为进本。拨书爪 5 将工位Ⅲ上的书芯准确地推至本工位后返回原位，书芯则靠可调的挡板扶住直立在推书头 8 的前面。这时储存在上导轨上的夹板 7 被一升降机构从最前面钩下，落于书芯和推书头之间。接着推书头 8 向前运动，借助夹板将书芯推进成横向排列。夹板进入下导轨后被单向爪 14 挡住，推书头 8 则返回原位准备下一个工作循环。由于沿导轨方向布有可调的阻尼装置施给夹板一定的前进阻力，所以与夹板相间排列的书芯始终处于被压紧的状态，形成一个整体书芯群，被夹板夹持着周期性地向前移动。移动的距离为一本书芯与一块夹板的厚度之和。

工位Ⅴ为刷胶。在书芯的下方布一刷胶辊 9，它随胶盒一起沿书背做往复运动。同时，胶辊做接近和远离书背的运动，胶辊至书背中间时抬起，至书背两端时落下。在接近书背时，胶辊 9 在书背上做无滑动的滚动，把胶转移给书背。胶辊所做的这种复杂运动能避免由于它从一端进入刷胶平面而使书背的两端粘满胶液。

在刷胶辊的同一轴线上还装有一个毛刷辊（图中未示出），它与胶辊相反方向旋转，作用是继刷胶辊之后进一步把胶揉入书帖和刷掉多余的胶液，使书背胶膜保持均匀。

工作中书芯以规定的速度和周期向前移动，在通过刷胶平面时书背被依次涂上胶。而刷胶机构由自己的电机驱动，因此胶辊的运动与机器的工作循环无关。

在确定胶辊的宽度和往复运动的速度时，应保证在加工最厚的书芯和最快的车速时至少使书背能获得一次上胶的机会。

工位Ⅵ为烘干。从刷胶后直到出书为止，均系烘干工位。在这里书芯间歇前进，书背下面的烘干槽持续向书背吹送热风，并通过循环管道将蒸发的水分排走。适当地确定烘干工位的长度，就可以在出书时将书背烘至所要求的干固程度。

烘干工位决定着机身的长短。而烘干工位的长短则是与预定的每本书芯的烘干时间有关。预定的烘干时间仅是一个估计量，当烘干条件确定后它还受着胶液的成分、纸张、气候等因素的影响。加之书芯的厚度和车速都在一定范围内变化，所以烘干时间只能依据试验给出一个范围。当这个范围确定后，便可以根据进本速度、书芯厚度和夹板厚度计算出烘干工位的长度。

工位Ⅶ为落书。书芯至烘干槽的末端，由对称分布的落书机构通过其滑杆 12 将书芯拨落在出书传送带上，出书传送带 13 将刷胶烘干后的书芯送出机外。当两个滑杆 12 从两侧向前拨动书芯时，挡压在书芯前面的一块夹板也被推着向前移动，脱离带有阻尼部分的导轨，由连续工作着的传送链将其送至机器的末端。当夹板在机器末端积存至一定数量（本机为 5 块）时，停在一组夹板下面的提升装置受到触发开始运动，将夹板推送到上导轨上，然后返回原位等待触发。进入上导轨的一组夹板的两端搭在两根套筒滚子链条上，由棘轮机构带动，随链条周期地向进本工位移动，补充由于不断进本而消耗的夹板。一端不断消耗，另一端不断补充，夹板的如此往复循环，保证了机器的正常工作。

当机身的长度确定后，不难算出能够维持机器正常工作的最少夹板数。

工位Ⅷ为出书。出书传送带 13 将刷胶烘干后的书芯直立地送出机外，再经压脊机压脊、三面切书机裁切后进入扒圆起脊工位。在进入三面切书机之前，直立的书芯被放倒，以便于裁切。

（五）扒圆起脊机工作原理

扒圆起脊机是用来自动化完成"扒圆"与"起脊"工序的机器。目前国内外已生产出各种形式的扒圆起脊机，但其基本工作原理大致相同。

1. 扒圆

扒圆的目的是将经过背脊刷胶和裁切后的书芯背脊"扒"成圆弧状，使整本书芯中的各个书帖以至于书页相互均匀地错开，以便翻阅。

如图 14-6 所示，扒圆前的书芯用实线表示，加工时，两个扒圆辊 1、2 从书芯两侧同时以一定的压力，将书夹紧，然后扒圆辊按图示的箭头方向同时转过一个角度，于是书芯在扒圆辊的作用下向下移动，书背被扒成圆弧状，如图中虚线所示，其弧度大小与扒圆辊压力大小和转角有关。

扒圆的原理如下。扒圆辊是在和书芯压紧的条件下转动的，因而书芯中各个书帖的运动速度不同，对一个扒圆辊而言，离扒圆辊越远的书帖的运动速度越高，但书芯同时从两面受到两个互做反向转动的扒圆辊的作用，双方互起制约作用的结果使中间的书帖运动最快，越往两边越慢，最外面的书帖运动最慢，其速度等于扒圆辊的表面线速度，于是形成了圆弧形的书脊。

扒圆完成后，扒圆辊向两边退回。

扒圆工序所需要的运动，即扒圆辊的相对进退运动（图 14-6 中的 A）及扒圆辊的相对转动（图 14-6 中的 n）。

进退运动 A 的距离不需控制，但扒圆辊的原始位置则应能调节，以适应书芯厚度和压力 P 的要求。

扒圆辊的转角大小直接与书脊形成的弧度有关（压力 P 的大小也有影响），因此在机构设计时应能较精确地进行调节。

扒圆视频见视频 14-1（扒圆原理），请扫描本页二维码观看。

视频 14-1

2. 冲圆

为了给扒圆工序创造良好的基础，使扒圆辊的转角不至于太大，有的机器在扒圆之前安排冲圆或称初扒圆工序，其方法如图 14-7 所示。

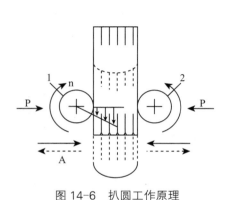

图 14-6　扒圆工作原理

1、2- 扒圆辊

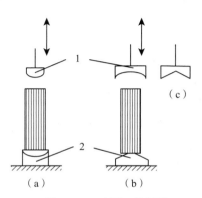

图 14-7　冲圆工作原理

1- 冲模；2- 底模

图 14-7 中（a）为书背朝下的情况，（b）为书背朝上的情况。1 为冲模，2 为底模。（a）中冲模制成凸形，底模制成凹形，（b）中则与之相反。底模一般固定不动，书芯传送过来后停在底模 2 上，冲模 1 向下压向书芯，在 1 和 2 的作用下书芯被冲出圆弧。冲力不能过大，否则会影响加工质量。冲模和底模根据不同圆弧要求可以更换，由于此工序只能使书芯达到初步成型，冲模和底模准备几套即可。有的机器中冲模制成 V 形如图 14-7（c）所示，适应范围更广，加工书芯厚度变化范围不大时，基本可以不换。

3. 起脊

在起脊工序中应使每个书帖背部受压变形倒向两侧。起脊是为了使扒圆后的书芯不致变形回圆，也为了装上厚书壳后书籍外形整齐美观。手工装订中是将书芯夹紧后用槌子均匀地敲击书脊，这种工艺效果好，但劳动强度大、工效低，不适于大批量生产。目前在大批量生产中均采用机械化起脊。机械化起脊工序一般有以下几种。

（1）用辊子碾出书脊。其原理示于图 14-8 中。图中所示为书脊朝下的情况，a 为单辊式，b 为双辊式。

书芯送到工位后，夹书块 1、2 分别从两面将书牢牢夹紧。然后起脊棍子 3 向上以 P 压力压紧书脊，同时左右摆动将书帖的书背部向两端揉倒，挤出书脊。由图可见，单辊式机构较简单，但摆动角度大，双辊式完成同样工作摆角只有单辊式的一半。

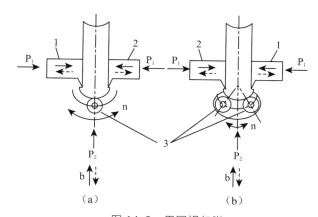

图 14-8 用圆辊起脊

1、2- 夹书块；3- 起脊辊子

辊碾式起脊需要的运动是，夹书块的夹紧和放松运动 a，碾辊上挤运动 b，以及碾辊的摆动 n，其中碾辊上的挤压运动和摆动需根据书芯要求进行调节。另外，辊子摆动半径与书脊形成的弧度有关，这些可证明需要调节。

分析此种起脊方式可知，在起脊过程中虽有一定的揉挤变形作用，但由于挤压力量有限，且滚子与书间属线接触，所以实际上往往是把脊背部分的各个书帖略微掰离，因而定型效果不是十分理想，操作中易产生"回圆"现象。

（2）用起脊块挤出书脊。由于采用碾辊式起脊效果不够理想，现代起脊机构多采用起脊块挤压的方法，其原理如图 14-9 所示。

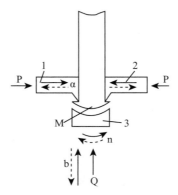

图 14-9　用起脊块起脊

1、2- 夹书块；3- 起脊块

　　首先书芯由夹书块 1、2 夹紧，而后起脊块以 Q 压力压紧书背并向两面摆动，此种摆动实际上近似于以书脊顶部中点 M 为中心的晃动，因而书脊基本上是在起脊块的挤压下产生变形。P、Q 力都要求较大。此种方法由于起脊块与书背全面接触，效果要比碾辊法好。

　　用起脊块起脊所需要的运动如下。夹书块夹紧松开运动 a，起脊块上挤运动 b 和起脊块摆动 n，其中上挤运动的位移大小以及起脊块左右摆动的幅度应根据被加工书芯的规格尺寸及书芯的厚度来调节。

　　用起脊块起脊时，起脊块应适合不同书芯尺寸的要求，因此需准备不同尺寸的起脊块，而碾辊式起脊中的辊子则可以适应不同书芯而不需更换。

（六）书芯贴背机的工作原理

　　书芯经过扒圆起脊之后，书脊产生了较大的变形，这有利于硬壳封面与书芯书背的服帖和成书后的翻阅。但书帖的这种变形是不能持久的，不采取有效的保形措施，扒圆起脊后的书背很快就会恢复原形，产生所谓"回圆"现象。同时，书壳与书芯之间的黏结力仅靠一张衬纸是不够的，加之书芯的两端也需要加固和装潢，因而就需要贴背即"三粘"工序。

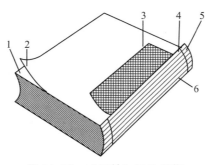

图 14-10　"三粘"后的书芯

1- 书芯；2- 衬纸；3- 纱布；4- 背胶；5- 堵头布；6- 背脊纸

　　"三粘"在专门的贴背机上进行，它的作用是对起过脊的书芯进行贴纱布、贴背脊纸和堵头布等各项加工处理，旨在固定书背形状，提高书帖与书帖之间、书壳与书芯间的连接牢度，使上壳后的书籍耐用、美观和便于翻阅。

"三粘"后的书芯如图 14-10 所示。按照工艺顺序进行排列，书芯贴背机位于扒圆起脊机之后，其一般的加工次序如下。①上胶；②贴纱布；③上二遍胶；④贴背脊纸；⑤贴堵头布；⑥托实。

目前的书芯贴背机几乎都是先将堵头布贴在背脊纸的两端，然后裁成所需的宽度一起贴向书背。这使堵头布的定位更加简便可靠。

书芯贴背机的工作原理如图 14-11 所示，书芯从扒圆起脊机出来后被输送翻转机翻成书背朝下，接着进入 TB 型书芯贴背机的辊式进本机构，开始进行三粘工作。

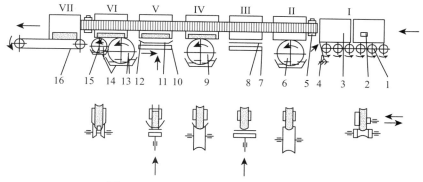

图 14-11　TB 型书芯贴背机工作原理图

1- 凹形辊；2- 挡书闸块；3- 书芯；4- 探针；5- 履带式传送链条；6- 胶辊；7- 托布台；8- 纱布；9- 二胶辊；
10- 托纸台；11- 背脊纸；12- 堵头布；13- 一托辊；14- 水盒；15- 二托辊；16- 出书传送带

工位 I，进本。书芯进入由十一个转动着的凹形辊 1 组成的传送装置后，被强制送往履带式传送链条 5。为保证机器正常工作，书芯在进本工位要进行分本，使书芯按照一定间隔一本一本地进入履带式传送链条 5。为此，当前一本书芯 3 撞歪探针 4 时，操纵挡书闸块 2 的电磁铁立即得电，挡书闸块 2 则把书芯压在固定的墙板上，直到书芯 3 通过探针（或光电管），挡书闸块 2 才开始放开，并继续下一个工作循环。

为了防止缺帖的书芯进入机器，在进书通道中放有一测厚装置。当缺帖的书芯不能将测厚杠杆推开时，进本即自动停止。

工位 II，上胶。书芯进入履带式传送链条 5 后，被具有足够夹紧力的两组链条的两个边夹持着向前运行，在行进中给书背上胶。为防止胶水沾污书背两端，上胶辊需在规定的时间内抬起或落下。为此，当书芯碰到限位开关（或遮住光电管）时，转动着的胶辊 6 即抬起压向书背，给背脊部上胶。书芯行过等于其长度的距离后，胶辊 6 落下，完成一次上胶动作。

胶辊 6 浸在装有电热器并能进行温度调节的胶锅中，由独立的动力系统驱动，其表面圆周速度接近书芯的行进速度。辊子的表面制成与书脊形状相对应的凹形回转面。为适应不同厚度的书芯，机器备有不同规格的胶辊。

两组履带式传送链条 5 由许多矩形小板组成，在小板的夹书表面上粘有一层非金属弹性物质（如海绵等）。两夹书边的外侧沿长度方向布有可调节的弹簧，因而两边对书芯有足够的夹紧力且不致压伤书芯表面。

工位Ⅲ，贴纱布。书芯从工位Ⅱ上胶工位移向工位Ⅲ时，在预定的位置上遮住了光电管，控制系统得到有书芯信号，控制贴纱布机构开始工作。托布台 7 带着从布卷上切下的纱布条 8 上升，将布条贴到运动着的书背上，然后下降返回原位。

工位Ⅳ，二次上胶。将胶涂在粘有纱布的书芯书背上，原理同前一次上胶。

在Ⅲ、Ⅳ工位之间的书芯两侧布有两条整形导板（图中未示出），在书芯去往二次上胶工位过程中，把书背两边宽出的纱布收拢并服帖地粘在背脊上。

工位Ⅴ，贴背脊纸和堵头布。首先由专门的机构把卷状背脊纸根据书芯的高度裁成所需长度，该长度等于书芯的高度。然后将堵头布粘在背脊纸的两端，接下来是根据书芯厚度切下背脊纸并由托纸台 10 送往运动着的书芯下面，由随动机构将背脊纸和堵头布贴在书背上。

贴背脊纸的机构需要做两个运动，一个是跟随书背的同步运动，另一个是向上的粘贴运动。机构的随动速度应严格与书芯速度同步。

工位Ⅵ，托实。书芯进入工位Ⅵ，由浸在水槽中的成型橡皮辊 13 和两个锥形橡皮辊 15 把背脊纸和堵头布碾实到书背上。辊子 13 和 15 在工作中不间歇地按箭头所示方向转动。

工位Ⅶ，出书。三粘后的书芯，被履带式传送链条 5 送上出书传送带 16，将贴好背的书芯送出机外。

任务二　掌握精装书壳及套合加工

（一）书壳的制作方法

1. 书封壳造型

书封壳造型，指对精装书籍的软质封面或硬质纸板封面的造型加工。如图 14-12 所示。

（1）全面

全面也称整面，指用一张织品或皮革等料，将两块书壳纸板联结糊制在一起的书壳造型方法，如图 14-13（a）。

（2）半面

半面也称接面，是指先用一张较小的织品或皮革（称腰）把两块书壳纸板连接起来，再用织品或纸张糊上两面的书壳造型方法。用半面法制作精装书壳节省材料，但加工过程较复杂，与全面书皮相比，坚固耐用性也差，如图 14-13（b）。

（3）圆角、方角书封壳

书壳纸板前口两角切成圆形为圆角，不切圆角即为方角，如图 14-13 所示，其中图（a）为全面，图（b）为半面，图（c）为包角半面。

（4）包角与不包角

在加工书封壳特别是加工纸面封壳时，为使书壳经久耐用，常在书封壳的前口两角包上一层皮革或织品，如图 14-13（c）所示为包角书壳。不经此种处理的书壳即为不包角书壳。

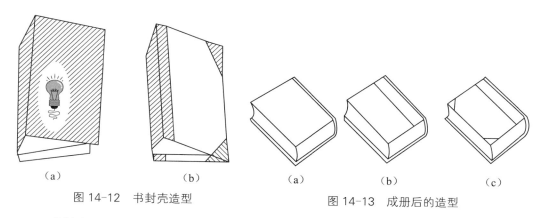

图 14-12　书封壳造型　　　　　　　　图 14-13　成册后的造型

2. 书封壳制作

常见的精装书壳是由硬质纸板、软质封面、中径纸等加工而成。

封面的表面所用材料为软质材料,如皮革、织品,各种涂布料中的漆涂布、漆涂纸、覆膜纸、特种纸等制成。可以整幅面制作成整面的书封壳,也可用两种材料拼接制成接面的书封壳。

在封面里层被封面包裹的纸板称为封骨,封骨材料较硬、较厚。厚度一般为 1.5 ~ 2.5mm。圆背书籍的中径纸可以用厚度为 0.7mm 的薄纸板或 250g/m² 以上的灰白卡纸。方背书籍可采用硬质纸板进行装饰造型。通过表层封面、里层纸板、中径纸的粘接,组成有前、后封和有脊背的精装书封壳。

制封壳加工有全面封壳与半面封壳加工两种方法。半面书壳在加工时比全面书壳工序多,操作方法基本相同,以下说明全面书壳制作过程。

全面书壳制作包括涂胶、组壳、包壳、压平四道工序。

（1）涂胶

涂胶是精装书壳加工的第一道工序,软质封面料的反面为着胶面。涂胶应均匀,胶层厚薄适当。

（2）组壳

指将硬纸板和中径纸板摆放在着胶封面一定位置的操作。它是组壳的关键工序,它不但影响书壳的造型,还直接影响到书壳的外观质量。

（3）包壳

指将软质封面经摆壳后包住硬质纸板的操作。包括包四边和塞角两项内容。顺序是先包天头、地角,再塞角,最后包其余两边。

（4）压平

为使包壳后封面与纸板黏合紧密牢固不起泡,外观平整,包壳后需对书壳进行加压。加压的方式可根据书壳粘料干燥性能以及天气的温度、干燥情况而定。如书壳过于干燥,出现翘角等现象,则需用压平机逐个进行加压。一般情况可用堆放成叠,自然压平法压平。

（二）套合造型加工方法

套合的造型加工是精装书装帧的最后一道工序,即待书芯和书封壳经过各种造型加工后所进行的组合加工。套合造型除进行活套和死套外,还有以下几种形式。

1. 方背书籍套合造型

如图 14-14 所示，方背书籍套合造型有如下三种。一种是利用书封壳中径部分糊上相当于书芯与书封壳厚度的高进行的造型，称为方背假脊，如图（a），即书芯不经造型只通过套合压沟成有脊的方背书册。另两种都是方背平脊，如图（b），即按书芯的实际厚度糊上中径纸板，套合时压出阶梯或不压阶梯的造型。图（c）为方背方脊。

2. 软背、硬背、活腔背

套合后的书背有软、硬、活腔背三种。如图 14-15 所示。

图（a）为软背，即利用书封中径纸的柔软性，在套合时与书芯的后背纸直接粘连的形式。这种套合在翻阅时容易打开铺平，但由于书背部分与书封壳中径直接粘连，翻阅次数增多时，书背所烫的字迹等容易掉落，影响外观质量。

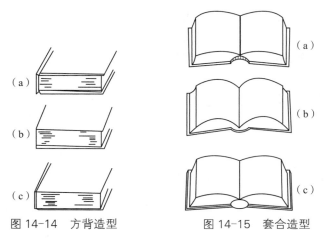

图 14-14　方背造型　　　　图 14-15　套合造型

图（b）为硬背，即将书封壳中径部分粘上硬质纸板后再与书芯后背纸直接粘连。这样书背不变形，保持了烫印的耐久效果，但由于书背被中径硬纸板固定，阅读时不易铺平。

以上两种套合造型也可称死背造型。由于死背造型套合方式缺点较多，现多改为活腔背套合造型。

图（c）为活腔背，也称活背或腔背。它是将书芯背部与书封壳中缝相粘连，利用环衬作用，将书册套合牢固。这种套合加工的书册，在阅读时既能翻得开、摊得平，又不影响烫印效果，是常用的一种精装书套合形式。

（三）上书壳机的工作原理

精装书芯加工完毕后要粘上一层硬壳书皮，其方法是在书芯两衬纸表面涂上胶液，然后套上预先制好的书壳，再施以一定的压力后书壳便粘在书芯上。夹在衬纸与书壳间的纱布增强了书芯与书壳的黏结力。

上书壳机是给三粘后的书芯包粘硬壳书皮的多工位自动机。在它的上面完成的工序有进本、上侧胶、上衬页胶、送书壳、上书壳、液压定形和出书等。在精装生产线中，上书壳机位于书芯贴背机之后。它接收来自贴背机的书芯，经其在各工序的加工处理，最后输出带硬壳书皮的精装书本，再经过压槽成型机整形后，即成为精致的成品书籍。

图 14-16 所示为 SQ 型上书壳机的加工工艺流程图，依照加工顺序如下。Ⅰ进本；Ⅱ上侧胶，使书芯两侧纱布处涂有较充足的胶液；Ⅲ分书，为挑书板 7 进入书芯做好准备；Ⅳ上衬页胶；Ⅴ送书壳；Ⅵ书壳烙圆；Ⅶ上书壳；Ⅷ滚压，使衬页与书壳黏结平整牢靠；Ⅸ出书。

SQ 型上书壳机的工作原理如图 14-17 所示，书芯 2 从输送翻转机的传送带落入上壳机的辊式进本机构 1 中。在辊式进本机构的末端有一同步挡板 3，它受电磁铁控制，按照机器的工作循环逐本地放过书芯。当书芯沿着进书槽 4 向前运行时，上侧胶装置 5 把胶液涂在书背两侧的纱布和衬纸上。书芯继续向前，固定在进书槽上的分书刀 6 插入书芯将书打开。随链条 8 上升的挑书板 7 从下方穿过分书刀 6 中间的缝隙将书挑起，垂直地带往各加工工位。在通过挑书板两侧的胶辊 9 时，书芯的两衬纸上便涂满了胶液。

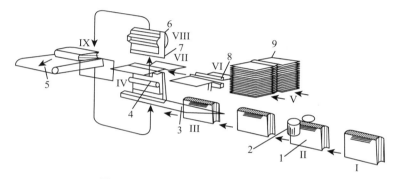

图 14-16　SQ 型上书壳机工艺流程图

1- 书芯；2- 上侧胶装置；3- 分书刀；4- 上胶辊；5- 出书传送带；6- 压辊；
7- 挑书板；8- 书壳烙圆装置；9- 书壳

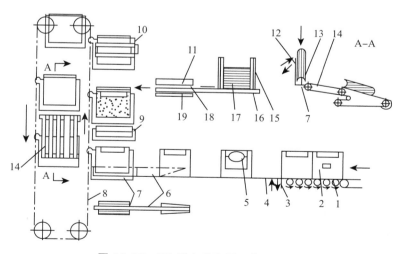

图 14-17　SQ 型上书壳机工作原理图

1- 进本机构；2- 书芯；3- 挡板；4- 进书槽；5- 上侧胶装置；6- 分书刀；7- 挑书板；8- 链条；
9- 上胶辊；10- 压辊；11- 压刀；12- 挡板；13- 收书台；14- 出书传送带；15- 书壳槽；16- 导轨；
17- 书壳；18- 推爪；19- 烙圆模块

在书芯完成上述运动的同时，硬壳书皮从书壳槽 15 中被做往复运动的推爪 18 推出送至电热烙圆模块 19 处，在停歇中进行脊背部烙圆。在烙圆的同时模块 19 向上运动，将书壳的脊背部压在两条固定的压刀 11 上，两压刀的间隔与烙圆的弧长相对应。烙成后模块 19 下降，书壳仍落在送壳通道上，由送壳装置送向套壳工位。书壳在套壳工位上首先完成定位运动，这时，刚刚通过上胶辊两衬纸上涂满胶液的书芯在上升中将书壳自然地套上并把此书壳带走。当通过四个做垂直往复运动的压辊 10 之间的空当时，书本从两侧受到均匀滚压，书壳被套紧粘牢。

挑书板 7 铰接在三条套筒滚子链条上做平面平行运动。套完壳的书本被挑书板带到收书台 13 上，至此挑书板向下抽出，书本被挡板 12 翻到出书传送带 14 上，然后送往压槽成型机进行压槽和整型工作。

（四）压槽成型机的工作原理

上完书壳的书本还要再经压槽成型工序以完成精装书的最终加工。成型工序的作用是把上壳后衬页与书壳之间残留的空气排除掉，使书壳与书芯粘接得更牢固和平整。一般采用向书本两侧加压的方法。为了使书脊部分与书壳贴合，还需用成型模板从书的切口处向脊背方向加压。

压槽是在硬封精装书刊的前后封皮与背脊连接的部位压出一条约宽 3mm 的沟槽，如图 14-18 所示，目的是使书芯不变形且便于翻阅，书本外形更加美观。

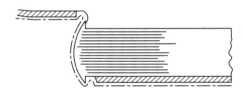

图 14-18　压槽后的书本

压平和压槽工序都需较长时间，在流水生产线中为了跟上全线节拍，多采用工序分散的方法，将压平和压槽工序各分成若干相同的短工序，在若干工位上平行进行。因此压槽成型机是一个进行同样工序的多工位加工机，书芯连续运送到若干个工位上进行同样的加工。

图 14-19 为 YC 压槽成型机的工艺流程图，上完书壳的书本被传送到书本翻转器上由翻转器将平放的书本翻转成直立状态，且书背向下。接着成型模板下落，从书的切口处脊背方向加压。接下来是压平板对挤书本排挤空气，最后是压槽板从书本两面对挤，在书脊背附近压出沟槽。

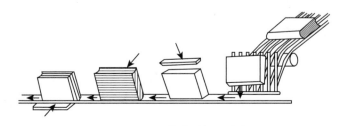

图 14-19　YC 压槽成型机工艺流程图

图 14-20 为该机工作原理图。由图可知，在机器上共分为 9 个工位。上完书壳的书本由传送带 1 传给压槽成型机进本机构的传送带 3，由于书本的到来遮断了光电管 6 的光路，进本电磁铁 7 动作使挡书板 2 下降，把这本书放进压槽成型机，送进时书本平躺，书背向前。传送带 3 把进来的书本送到翻书部分时，翻书栅板 5 把书翻起使之直立，书脊向下（工位 I），然后由与溜板一同动作的运送推进器 8 把书送到成型工位 II。板沿机器推向做间歇往复运动。

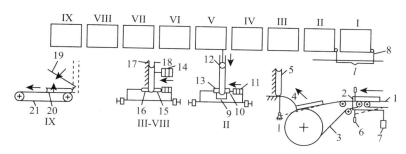

图 14-20 YC 压槽成型机工作原理

1- 传送带；2- 挡书板；3- 传送带；4- 托板；5- 翻书栅板；6- 光电管；7- 电磁铁；8- 推进器；
9- 下模板；10、13- 夹紧爪；11、14- 液压油缸；12- 上模板；15、16- 压槽器；17、18- 压平板；
19- 推书板；20- 托书栅板；21- 出书传送带

在工位 II 书本被放置在呈凹形的下模板 9 上，在书本停留时间内，上模板 12（凸形）下降压向书的切口使书籍压紧成型并紧贴书壳模板 12 与 9 可根据书的厚度调换。当书籍被压紧成型时，溜板和推进器 8 一起返回原位（图中向右运动），并停在那里以便运送下一本书；同时，装在溜板上的夹紧爪 10、13 也被送到工位 II 的书本两侧，在液压作用下，夹紧爪 10、13 将书在近书脊处夹紧，接着溜板又反向向左运动，于是书本被夹爪带到工位 III。夹紧爪 10 装在液压油缸 11 的活塞杆上，可被液压推动前进或后退，夹紧爪 13 则相对滑板不动。

整个溜板被安装在机身的两排滚动轴承上，可以轻快地做往复运动。其上装有 7 对结构相同的夹爪装置，其中 4 对装有压槽器，其余做仅用以运送书本。在第 III 工位停止时间内，固定在机身上的一对压平板 17、18（不随溜板做往复运动）在液压油缸 14 的作用下把书本压紧，随后夹紧爪 10、13 松开退回，下一个夹紧装置上的压槽器 15、16（松开状态）被溜板带到工位 III 书本两侧压平板下面，接着压槽器夹紧，压平板松开，溜板带着压槽器将书本带到工位 IV。

压平板共有 6 对，各装在工位 III～VIII 上，其压力用液压缸加压并控制在 1080～1470kg；压槽器共有 4 对，其压力在 120～145 kg。每个压槽器中装有一个 0.3kW 的电热管，温度高低由书壳的材料和书壳厚薄确定。

每本进入压槽成型机的书本在工位 III、VIII 工位上的停止时间内进行压平，压槽则在运送时间内进行。最后，加工完毕的书本被送到出书工位 IX，由推书板 19 及托书栅板 20 配合作用将书翻到出书传送带 21 上送出。

任务三　了解精装生产线

精装生产线的任务是对需精装的已锁好线的书芯进行后阶段的加工，直至成书为止。将若干台完成不同精装加工工序的单机及中间连接装置按照预定的工艺流程连接起来，形成精装生产线。调整好的自动线可以把书芯自动加工成书，操作工人只需在线外看管，调整机器，排除故障，添加用完的材料如胶、纱布、卡纸、书壳等，大大提高了劳动生产率和降低了劳动强度。

（一）在精装线上完成的工序

（1）压平

对书芯整个幅面用压板进行压实，其目的是将书芯书页间残留的空气挤出，使书芯平整、结实、厚度均匀，以利于后面工序的加工和提高书籍质量。压平的压力应适当，以保证书芯不产生过大的变形。压平后的书芯厚度应与制成的书壳相适应。

（2）刷胶烘干

书芯压平之后在书背上刷胶，把书帖黏结在一起，使书芯基本定形，防止后序加工时书帖之间的相互错动。胶固的程度应使书芯在后面起脊工序的压力下不致散开，刷胶后应进行干燥，一般在扒圆时书芯以干燥到80%左右较合适，过分干燥会影响扒圆质量。在手工精装中常用自然干燥法。在生产线中，为了缩短干燥时间，常采用专门的烘干设备，使刷胶后的书芯在规定的时间内干燥。

（3）压脊

经过刷胶烘干的书芯书脊部分往往有少许膨胀，叠在一起后造成书芯倾斜影响裁切质量。为此，在生产线中，常在刷胶烘干与三面切书之间增设一压脊工位。

（4）裁切

刷胶烘干、压脊后的书芯放到三面切书机上进行裁切。为了提高工效，薄的书芯几本叠在一起在切书机上进行裁切，故生产线中三面切书机前应附加堆积装置，裁切后又有将叠起的书芯分成单本的分本装置。

（5）扒圆

把书背做成圆弧形，使书芯的各个书帖以至于书页相互均匀地错开，切口形成一个圆弧以便于翻阅，同时也提高了书芯与书壳的黏结牢度。

在有的机器上，为了提高扒圆质量，在扒圆之前又加上"冲圆"或"初扒圆"工序。

（6）起脊

为了防止已扒好圆的书芯回圆变形，也为了装上硬质书壳后书籍外形整齐美观，将书芯在较大压力下把扒圆后的书脊揉倒，起脊高度一般与书壳纸厚度相同，起脊是精装书装订中的一道关键工序，提高了书籍的耐用性。

（7）贴背

包括在书脊上粘纱布、粘背脊纸（又称卡纸）、粘堵头布（又称花头）三道工序，故又称"三粘"，在扒圆起脊后进行。前两粘的目的在于掩盖书脊的线缝，提高书脊牢固程度；堵头布贴在书脊两头，使书帖连接得更加牢固，并起装饰作用。在生产线中，贴纱布为单独工序，堵头布先粘贴在背脊纸上，裁切成适当宽度，再连同背脊纸一起贴到已粘纱布的书脊上去。

（8）上书壳

把加工好的书壳套到书芯外面，书壳由另外的制壳机制成。

（9）整形压槽

加上书壳的书籍再次加压定形，并在前封和后封靠近书脊边缘处压出一道凹槽，使书籍更加美观和便于翻阅。

在精装生产线上，压平、刷胶烘干、裁切、压脊、扒圆、起脊、贴背等工序都是自动完成的，为此专门设有压平机、刷胶机、压脊机、三面切书机、扒圆起脊机、贴背机、上书壳机、整形压槽机等。根据不同情况这些机器部分合并，如刷胶和烘干合并为刷胶烘干机、扒圆起脊和贴背合并合为扒圆起脊-贴背机（也有称为书芯加工联动机的）等。西德柯尔布斯公司的"紧凑-25"及"紧凑-40"型又进一步合并了扒圆起脊、贴背和上书壳机。在一台机器上完成较多的工序可以缩小占地面积，但工序合并越多，对机器可靠性就要求越高，一道工序发生故障将造成全机停车。

除上述完成各道工序的单机外，生产线中还需要有中间连接运输装置如输送翻转机，两头的进本和收本装置如自动供书芯机、自动堆积机等。

（二）精装生产线简介

国内外应用较多的精装生产线主要有 JZX-01 型精装自动线、德国柯尔布斯 70 精装自动线、美国司麦斯（Smyth）精装自动线、柯尔布斯紧凑-25（Compact-25）精装自动线及德国 BL100 精装自动线等。

1. JZX-01 型精装生产线

JZX-01 型精装生产线是我国自行研制的一条自动生产线。全线从 GX 型供书芯机开始，经 YP 型书芯压平机、SJ 型刷胶烘干机、YJ 型书芯压紧机、DJ 型书芯堆积机、QS 型三面切书机、BY 型扒圆起脊机、FZI 型输送翻转机、TB 型书芯贴背机、FZ2 型输送翻转机、SQ 型上书壳机到 YC 型压槽成型机为止。图 14-21 为其平面布置图。

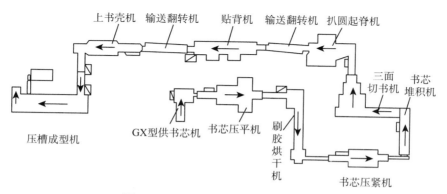

图 14-21　JZX-01 型精装书籍自动线

全线由机械、电气、液压组成控制系统，能全线联动、分段联动或单机使用。在全线使用过程中，若某一单机发生故障时，能发出信号，使该机前面各机自动停车，而后面机仍继续工作，待故障排除后，再恢复全线联动。在 JZX-01 型精装自动线工作过程中，从供书芯到上书壳后的压槽整形，书芯需进行书背向上向下的两次翻转。翻转次数越多，越不利于书背的扒圆起脊造型。

JZX-01 型精装自动线可装订 16 开至 64 开的精装书，装订速度 18 ～ 36 本 / 分，全线占地面积 22.05m×7.52m。

图 14-22 为其工艺流程图。经过锁线的书芯用人工成叠放在供书芯机 1 上，由机器一本本地送到书芯压平机 2 上，在此工序书芯先振齐再经三次压脊和两次压平后输入刷胶烘干机 3，在机上先进行书背刷胶，再经红外线烘干后转入书芯压紧机 4 进行四次压脊。至此为止，书芯都是书背向下直立着加工的。

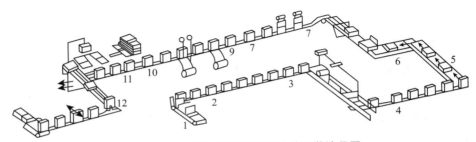

图 14-22　JZX-01 型精装自动线工艺流程图

1- 供书芯机；2- 书芯压平机；3- 刷胶烘干机；4- 书芯压紧机；5- 书芯堆积机；6- 三面切书机；
7- 扒圆起脊机；8- 输送翻转机；9- 书芯贴背机；10- 输送翻转机；11- 上书壳机；12- 压槽成型机

书芯经压脊后应进行裁切工序，为此先将书芯躺倒、书背朝后送入书芯堆积机 5，堆积高度根据书芯厚度及生产速度而定，最高可达 90mm。堆积好的书芯进入三面切书机 6 裁切切口与两侧（天头地脚），然后翻转成书背向上输入扒圆起脊机 7。在扒圆起脊机中书芯先进行冲圆和扒圆，然后再用起脊块起脊后经带式输送翻转机 8 翻转成背脊向下送入贴背机 9，在此经刷胶、贴纱布、二次刷胶、贴背脊纸与堵头布、托打等工序后输出。经输送翻转机 10 再次翻转成书脊向上输入上书壳机 11，书芯先上侧胶然后被分书刀分开，翼板（又称挂书板）从分书刀中间隙缝中穿过将书挑起上升，此时书壳（先由制书壳机制成放在送壳器中）经书背烙圆后送到书芯上方，书芯被翼板带动上升的过程中经上胶、套壳、胶辊压紧后升到顶端，在下降过程中被翻转成书背向前输入压槽成型机 12。

装好书壳的书本进入压槽成型机后翻转成书脊向下，先用凸形模块下压书籍切口使书芯进一步紧贴书壳再前行经 4 次压槽，6 次压平后送到出书传送带上，人工将书取下完成全部工序。

2.德国柯尔布斯 70 精装生产线

德国柯尔布斯 70 精装自动线能够完成的工序与 JZX-01 型精装生产线相似。其工艺流程如图 14-23 所示。在这条生产线中，经过压平、刷胶、烘干、裁切后的书芯从扒圆起脊机的星轮翻转进书装置（Ⅰ）进入扒圆工位（Ⅱ）经起脊工位（Ⅲ）到输送翻转机（Ⅳ）并入贴背机，在贴背机中经一次刷胶（Ⅴ）、贴纱布（Ⅵ）、二次刷胶Ⅶ、贴背脊纸与堵头布（Ⅷ）和托打（Ⅸ）后送到皮带运输机（Ⅹ）上分成两种进入上书壳机（Ⅺ），由上书壳机两面输出Ⅻ经带式传送装置进入压槽成型机（ⅩⅢ），两列书本平行移动经整型压槽、压平等工序后输出。自扒圆开始至压槽成型为止，共由六台机器组成，包括扒圆起脊、贴背、上书壳和压槽成型四台主机以及贴背机前后的输送翻转机。最高装订速度为 70 本 / 分。

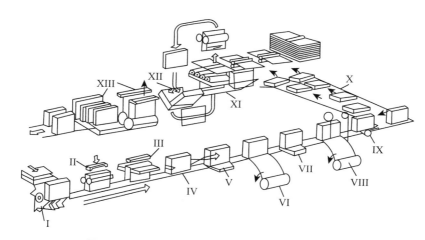

图 14-23　柯尔布斯 70 型精装自动线工艺流程图

精装联动线视频见视频 14-2（精装联动生产线），请扫描本页二维码观看。

视频 14-2

3. 德国柯尔布斯紧凑 -25 型精装生产线

柯尔布斯紧凑 -25（Compact-25）精装自动线由扒圆起脊机、贴背机和上书壳机三台单机联成。该线采用统一的传动和传送装置，结构紧凑，占地面积小。其工艺流程如图 14-24 所示。在这条生产线中，扒圆起脊、贴背和上书壳三个工位，书芯均是书背向上直立进行加工的。与 JZX-01 型精装线相比，从扒圆至贴背、从贴背至上壳，均减少了一套翻转机构，所以称之为紧凑型生产线，占地面积小。另外，因减少了翻转次数，扒圆起脊后的书芯不易"回圆"，因而扒圆效果好。该生产线的缺点是刷胶时因书背朝上，所以刷胶结构较复杂，同时多余的胶液易流到书芯表面。

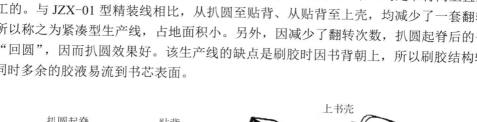
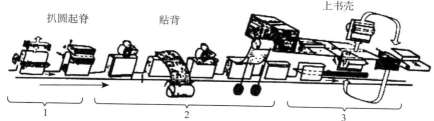

图 14-24　德国柯尔布斯紧凑 -25 型精装自动线工艺流程图

任务四 掌握精装书加工的质量标准及要求

（1）精装书芯压平的质量标准与要求

①根据书芯实际厚度调定好压力的大小，试压无误后再进行压平；

②书芯要碰撞整齐，无缩帖不齐、歪斜倾倒现象才可加压；

③压平后的书芯堆放整齐，四边不溢出，裁切后，书的四角基本呈 90°，并保持书芯厚度一致。

（2）扒圆的质量标准与要求

①手工扒圆入手正确，用力得当，圆势按规定始终一致；

②扒圆的圆势即圆弧所对的圆心角一般应在 90°～ 120°。

（3）起脊的质量标准与要求

①手工起脊时夹紧定位平整，书背露出部分平行一致；

②砸脊时用力得当，不砸皱、砸裂，砸后的书册保持正确的圆势，不变形；

③起脊的高度为 3 ～ 4mm，书脊的凸出面与书面之间的夹角倾斜度为 120°±10°。

（4）粘书签带、堵头布的质量标准与要求

①书签带的长为书芯对角线长度加上（20±3）mm；

②书签带粘在书脊上方中间 10 mm 处，粘正、粘牢、粘平；

③堵头布的长为书背弧长（圆背）或书背宽（方背）±1mm；

④堵头布粘好后线棱平整外露，无皱褶、弯曲，不歪斜、不脱落。

（5）粘书背布和书背纸的质量标准与要求

①书背布的长比书芯的长要短 20 mm，宽比书背宽（方背）或书背弧长多 40 mm；长和宽在粘贴时均两端平分；

②书背纸的长比书芯的长短 4 mm，宽与书背弧长（圆背）或书背宽相同（8 开以上画册可与书背布的宽度相同）；

③书背布和纸粘贴牢固、平整，粘正不歪斜。

（6）糊制封壳的质量标准与要求

①糊制封壳选用动物骨胶或聚乙烯醇热性胶，要使用套锅水浴热；骨胶使用温度 65 ～ 85℃；聚乙烯醇胶为 45℃±10℃；

②涂胶均匀，不溢、不花；

③组壳正确、尺寸规格准确，上下允许误差为 ±1.5mm，左右允许误差为 ±2mm；

④包边紧实平整，无空泡、皱褶，塞角正确，大角棱角整齐，圆角打褶不少于 5 个，圆角光滑无棱形；

⑤制壳后表面平整，面对面堆积，压平后要立放，自然干燥至 8 成后，堆积存储。

（7）精装书加工后外观的质量标准与要求

①加工后的精装书表面平整，无明显翘曲，书的四角垂直，符合要求；

②烫印图文清晰，不糊、不花，牢固有光泽；

③书槽整齐牢固，环衬无皱褶；

④全套书的书背字上下误差≤ 2.5mm。

※ 思考题

1. 精装的特点是什么？

2. 精装书造型加工分为几种？

3. 什么是书芯扒圆？

4. 书芯扒圆的作用是什么？

5. 书芯扒圆的原理是什么？

6. 什么是书芯起脊？

7. 书芯起脊的作用是什么？

8. 什么是书芯"三粘"，其作用是什么？

9. 书芯贴纱布操作如何进行？

10. 书芯贴堵头布操作如何进行？

11. 书芯贴书背纸操作如何进行？

12. 精装封面材料分为几种？

13. 什么是精装压槽加工？

14. JZX-01 型精装生产线的工艺流程是怎样的？

项目十五 糊盒

学习目标:

1. 掌握糊盒机的分类和性能。
2. 掌握糊盒机的结构形式及工作原理。
3. 掌握糊盒机的工艺和操作。
4. 掌握糊盒机输料、折叠、上胶、本折、压折、收料的调节方法与要求。
5. 掌握糊盒质量标准与要求。
6. 掌握糊盒加工中对外观的质量要求。
7. 掌握糊盒工序对外观瑕疵的正确处理方法。
8. 能正确分析和排除糊盒机的常见故障。
9. 掌握糊盒机的维护和保养。

任务一 认识糊盒

糊盒是纸张或纸板通过模切压痕后,按纸盒成型要求在纸盒侧边(俗称糊边)、纸盒底部、纸盒四个角、六个角在黏合剂(胶水)的作用下黏合在一起,再折叠并压合成型的工艺过程。在纸盒加工环节活动中,糊盒是最后一个环节,其质量好坏直接影响最终成品率。

(一)纸盒分类

纸盒是用纸板经折叠、粘贴或其他连接方式制成,主要用于产品的销售包装。纸盒的分类根据材料的使用特征、制作方式、形状、结构形式、包装对象不同而不同。

①按纸盒制作方式来分,有手工纸盒和机制纸盒。

②按纸盒形状来分,有方形、圆形、扁型、多角形、异形纸盒,如图15-1所示。

图 15-1 纸盒形状 1

③按包装对象来分,有食品、药品、化妆品、日用百货、文化用品、仪器仪表、化学药品包装纸盒。

④按材料特征来分,有平板纸盒、全粘盒纸板盒、细瓦楞纸板盒、复合材料纸盒,如图15-2所示。

图 15-2　纸盒形状 2

⑤按纸板的厚度来分，有薄纸板盒（如卡纸盒类）、厚纸板盒（如纸板类盒），如图 15-3 所示。

图 15-3　纸盒形状 3

⑥按纸盒结构及封口形式来分，有折叠式纸盒、摇盖式纸盒、天地盖式纸盒、抽屉式纸盒、包折式纸盒和压盖式纸盒，如图 15-4 所示。

图 15-4　纸盒形状 4

⑦按运输方式来分，有折叠纸盒和固定纸盒。

（二）糊盒设备分类

由于糊盒工艺流程长，工序多，各工序操作动作很多，而糊盒设备完全是模仿人的手工操作，因此糊盒设备一般有两大特征：一是结构形式多，二是机械运动状态多。

从糊盒设备的结构、性能及自动化程度的不同，糊盒设备可分为半自动糊盒机和全自动糊盒机。

1. 半自动糊盒机

①主要应用于大型的包装盒和瓦楞盒（或理瓦楞箱）以及其他全自动糊盒机所不能糊制的纸盒。

②半自动糊盒机结构简单，设备外形较大、结实、可靠，使用和调试简便，使用频率高，几乎所有盒子都可以在半自动糊盒机上完成。

③半自动糊盒机的工作程序是：自动进纸、磨边、涂胶，而后经皮带送出、人工折叠成型，再由一侧的气压压台定形。半自动糊盒机的产量和质量取决于工人的熟练程度。

2. 全自动糊盒机

全自动糊盒机的结构比较复杂，自动化程度高，生产效率高，劳动强度低，具有良好的工作性能和使用性能。

全自动糊盒机按纸张材料的不同厚薄可分为两种：纸板类糊盒机和卡纸类糊盒机。纸板类糊盒机和卡纸类糊盒机的构造、用途、性能各不相同。

（1）纸板类糊盒机

纸板类糊盒机有两种：天地盖盒糊盒机和翻盖折叠盒糊盒机。纸板类盒子最大的优点就是抗冲击力强，纸盒承载物品的重量大，不易变形及牢度高等优点。

①天地盖盒糊盒机

图 15-5　天地盖盒糊盒机

全自动天地盖纸盒成型机（图 15-5）采用 PLC 可编程序控制器、光电跟踪系统、液压气动系统、触摸屏人机界面，实现自动送面纸、面纸上胶、纸板自动输送、纸板成型贴四角、定位贴合、纸盒成型等动作一次性完成，整机全自动联机生产效率高。常用于鞋盒、衬衫盒、手饰盒、礼品盒等高档纸盒的生产。

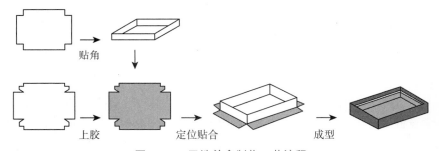

图 15-6　天地盖盒制作工艺流程

天地盖纸盒制作工艺比较复杂，其工艺制作流程（图 15-6）如下。

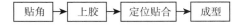

天盖与地盒也需分开由两次制作才能完成。

②翻盖折叠盒糊盒机

翻盖折叠盒的制作机器（图 15-7）相对简单和小型化，而且在一台制盒机上完成三次包封壳的制作，而包封材料又可批量采用单面刀裁切，无须模切。简化了糊盒的工艺流程还能避免较大的误差出现，提高制盒产品的生产精度。常被用于食品、酒类、化妆品、珠宝、高级礼品、电子产品等高档包装盒的生产。

翻盖折叠盒制作工艺（图 15-8）较简单，主要是由三个包封壳组合而成，其中两个是5 块板的包封壳，一个是 3 块板的包封壳，此包封壳类似于精装的书封壳或台历包封板。纸盒采用了展开盒形式，大大节省了储放空间，有利于纸盒的堆叠、储存与运输，还能有效地防止由于成型盒占空间，易受挤压而造成的变型及损坏。

图 15-7　翻盖折叠盒糊盒机

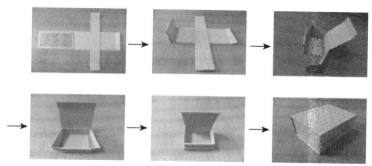

图 15-8　翻盖折叠盒制作工艺流程

（2）卡纸类糊盒机

卡纸类糊盒机按其不同功能有三种类型：普通型边贴糊盒机、带预折的糊盒机和带勾底的糊盒机。

①普通型边贴糊盒机

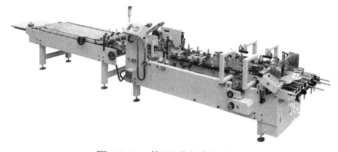

图 15-9　普通型边贴糊盒机

普通型边贴糊盒机（图 15-9）具备最基本的两边折叠和两边边贴功能，这种糊盒机占市场比例最高，适用范围最广，是代替手工糊盒最基本的糊盒设备。

②带预折糊盒机

普通纸盒基本上是方型（即四条边）的，普通型糊盒机和手工糊盒只能折两条边，另外两条边只有压痕却没有折过，因此打开纸盒不太容易，在自动装货流水线上容易卡机。而经过带预折糊盒机（图15-10）的预折后纸盒容易打开，适合自动装货包装机，尤其是药盒，基本上都采用预折糊盒机。

图 15-10　带预折糊盒机

③带勾底糊盒机

它是各类糊盒机中最复杂的设备，调试难度也最高。它不但具备以上两种糊盒机的功能，而且还可以对盒子的底部进行折叠和粘贴。以这种方式糊制的盒子在使用时打开特别容易。并且底部已粘好，不用人工再插底，业内称之为自动底。目前勾底盒所占比例达到五成以上，一般高档包装盒均采用勾底结构糊盒机（图15-11）。

视频 15-3

视频 15-4

图 15-11　带勾底糊盒机

糊盒机视频见视频15-3（制盒机运行），视频15-4（糊盒机折边）和视频15-5（糊盒机自锁底盒的制作），请扫描本页二维码观看。

视频 15-5

任务二　掌握糊盒质量要求和检测标准

糊盒产品质量要求和检测标准可参考国家标准《平版装潢印刷品》（GB/T7705—2008）中相关内容。

（一）胶黏剂质量要求

对于由胶黏剂引起的糊盒不牢问题，应选择与纸盒材料相适应的胶黏剂。

（1）黏度要求

我们不能错误地认为胶黏剂的黏度越高，糊盒效果越好。黏度高，胶黏剂强度也变高，起皱率也会随之升高。在全自动糊盒机的涂胶辊以每分钟112转的高速运转的情况下，胶黏剂的推荐黏度是500～1000cP。

（2）涂层厚度

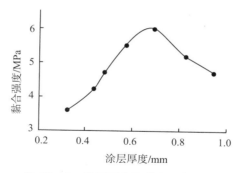

图 15-12　涂层厚度和黏合强度关系

从图表中可以清晰看出，胶水的涂层厚度在 0.7mm 左右最佳，过薄或过厚都不会降低黏合强度。

（3）涂胶位置

涂胶位置要恰当，离折痕线太远，成盒不美观，太近则可能使不该涂胶的位置涂上了胶水，导致成盒困难。

（4）粘口位置

折叠部分配有折叠变速器，必要时需通过调节折叠变速器，确保粘口对位准确。

注意事项：已涂有胶黏剂的粘口绝不能再碰到机器的其他部位，否则胶液会在这个部分越积越多，最终蹭到不该涂胶的部位。

（二）糊盒质量

糊盒工序是印刷加工流程中的最后一个工序，一般纸盒的糊盒加工质量分为表观质量和功能质量。表观质量是指纸盒的外观质量，功能质量是指成型质量。

1. 外观质量

纸盒外面质量是指纸盒的主要面和次要面。主要面包括纸盒正面上反映主题的部位，如 LOGO、图像、文字等。次要面是指在纸盒内衬面，纸盒摇盖面等一些次要部位。

①糊盒产品的外观质量要求做到如下。

光洁，无擦伤，无划伤，无脏污，无黏脏，无脱墨等。

②影响糊盒产品外观质量的因素。

皮带、压轮的压力过大或过小，弯钩、托杆、压杆的边缘刮伤，胶水涂布不当，成型压力过大。

2. 成型质量

纸盒的成型质量分为黏合质量和成型质量。

①黏合质量指纸盒所有上胶位置准确，上胶牢度良好，能够按照设计的要求成型。

黏合质量要求做到：无脱胶、无内黏、无外黏、上胶厚薄均匀适当、黏结处牢度高。

②成型质量指纸盒形状好，不变形、不爆角。

成型质量要求做到：机包盒开合力适中、自锁底盒自动锁底流畅、摇盖插放自如等。

任务三　掌握糊盒设备使用和调节

（一）糊盒设备的工作原理

1. 勾底糊盒工艺流程

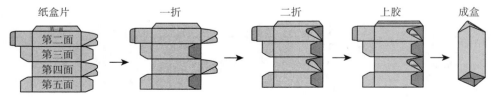

图 15-13　勾底糊盒制作流程

勾底糊盒制作流程（图 15-13）如下。

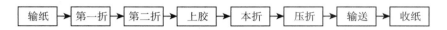

2. 勾底糊盒机工作原理

纸盒片由输纸机构输出，一折和二折是通过挂钩将折翼勾起，再经过上下皮带的挤压而折叠成型。一折是简单折、二折是复合折叠。上胶轮对折翼和粘口位置进行上胶。本折是对第二和第四折进行折叠。压折是对粘接处加压定型。收纸是纸盒的收集、堆叠和计数的装置（图 15-14）。整机动力由一台整流无级变速电机提供，并配有多台调速电机驱动。

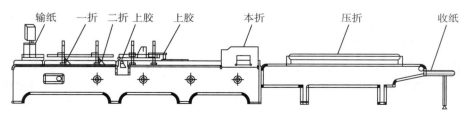

图 15-14　勾底糊盒机示意图

（二）糊盒设备的操作

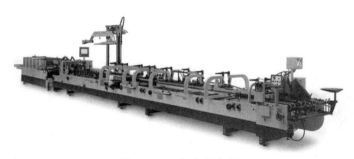

图 15-15　勾底糊盒机

卡纸类糊盒设备类型繁多，结构多样，但基本上都由输纸机构、折叠机构、上胶机构、本折机构、压折机构和收料机构组成（图15-15）。操作前要检查机器各部件和气路供应是否正常，进行开机前的例行检查和润滑，掌握好糊盒工作原理、工艺参数、质量要求，各种生产辅料及调试工具已准备到位。

1. 输料机构的结构和调节

输料机构（图15-16）由给纸皮带、前挡板、侧挡板、给纸速度、输送带压轮、纸堆后挡板、振荡器等组成。

①输料机构是将纸堆上的纸盒片一张一张地分开，传递到预折部分去。其利用的是皮带摩擦传动原理（图15-17、图15-18）。

图 15-16　糊盒机输料机构

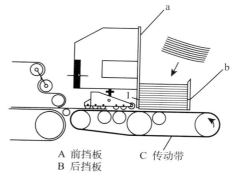

A 前挡板
B 后挡板
C 传动带

图 15-17　输纸机构传动原理图 1

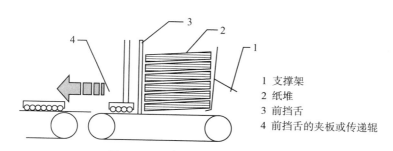

1 支撑架
2 纸堆
3 前挡舌
4 前挡舌的夹板或传递辊

图 15-18　输纸机构传动原理图 2

②输料机构是通过摩擦完成纸盒片的传递输入，操作时要根据机器的独自驱动的情况支配和调节输入设备的传动带和机器其他部分的传动带，使之符合机器的运行速度。

操作时将纸盒片堆放在送纸皮带上。按照纸盒片尺寸，应尽可能多使用输纸皮带。需上底胶的折边应放置于左侧，并与送纸皮带接触，然后按纸板大小尺寸设置好左右侧挡板，应避免使纸盒片在两块侧挡板之间太挤，一般要留出 1～2mm 的间隙。

输纸机构有二块前挡板（也叫出纸刀），尽可能使前挡板自动靠近纸盒片中间；尽可能放在最长的前纸板对面。调整时根据纸盒片的厚度，旋转前挡纸板上方的手轮，设定该挡纸板的高度，使二块挡纸板下沿与输纸皮带之间仅能通过一张纸为佳。按顺时针方向旋转手轮，挡板下降；按逆时针方向旋转手轮，挡板上升。

③自动输纸机构的给纸速度，可通过侧面的转动手轮（图 15-19）来调节，按顺时针方向旋转手轮，给纸速度减慢；按逆时针方向旋转手轮，给纸速度加快。一般输纸速度略低于机器折叠传送皮带速度，以达到需要的二张纸盒片之间的相隔距离。

④上下传送带夹紧机构是通过偏心轴和弹簧片构成，当增大距离时直接改变压力部分的偏心位置即可。上抬手柄（图 15-20）能使偏心机构提高 1mm，相对应传送带也上抬1mm；下压手柄，传送带下降 1mm，增加了压力。

图 15-19　皮带调节手轮　　　图 15-20　传送带压力调节机构

⑤根据盒型的要求传送带要进行不同的组合，在拆卸和安装时，只要将张力调节机构（图15-21）上定位螺钉松开，移动其位置，进行重新组合即可。

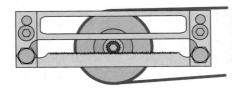 

图 15-21　传送带张力调节机构

视频 15-1

视频 15-2

输纸机构视频见视频 15-1（制盒机摩擦式飞达）和 15-2（制盒机气动飞达 1），请扫描本页二维码观看。

2. 折叠机构的结构和调节

（1）预折装置

预折装置由预折器、上部输送带、无带预折器等组成。

预折就是将盒片在对应压痕线的位置将其折叠再展开。预折器分有带预折器和无带预折器，折叠和展开一般都在 1 和 3 压痕线处（图 15-22）。预折导向板的高度按纸盒片的厚度来调节，导向板不应使纸盒片的速度减缓。

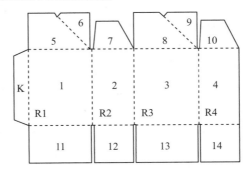

图 15-22　纸盒预折示意图

预折机构是利用模切压痕线将纸盒片弯曲120°或150°，再通过导杆返回到原来的形状，获得预折效果。对于一个简单的折叠纸盒，通常在第1折（如图15-23中的①）和第3折痕线处完成预折，这种预折对于自动填充的折叠纸盒非常必要，能使纸盒更容易打开，易于实现自动填充。这种预折可以通过皮带和导杆来完成，对于一些特殊的折痕还须借助不同的角度器和折杆来完成。

图 15-23　预折机构折盒流程图

（2）一折装置

一折是用挂钩对纸盒片第三面和第五面（图15-24）的简单折叠。

锁底挂钩（图15-25）安装时应保持30°～60°倾斜角度，折角处应比纸盒片高2～3mm，总体原则是既保证纸盒片通过时能被锁底挂钩勾起向内折叠，又要使纸盒片在经过一定时间和距离后安全脱钩。

点动机器，使纸盒片进入机器，使钩底装置上挂钩将纸盒片上第三面和第五面的折翼勾起，被勾起纸盒片再经过上下皮带的挤压而折叠成型。

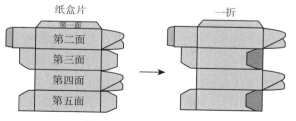

图 15-24　一折示意图

图 15-25　一折机构装置

（3）二折装置

二折是用挂钩和弯纸导板相配合，对纸盒片第二面和第四面（图15-26）进行复合折叠。

在挂钩附近放置弯纸导板机构（图15-27），具体位置需通过调试后方能确定，这是由纸盒片的厚度、硬度、长度决定的。

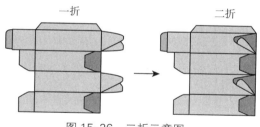

图 15-26　二折示意图

图 15-27　二折机构装置

点动机器，使纸盒片进入机器，使勾底装置上挂钩将纸盒片上第二面和第四面的折翼勾起，此时折翼上的舌片会与弯纸导板机构上的圆弧面接触，并迫使其与折翼相折叠，当挂钩松开复合折翼时，舌片会在弯纸导板机构上的平直部分作用下压紧。

当挂钩勾起折翼时，为了使纸盒片平稳输送并得到满意的折叠效果，应采用弯纸导板机构或压纸附件来压紧纸盒片。

3. 上胶机构的结构和调节

上胶机构由胶锅、胶轮、压轮、引导板、胶量控制器等组成。

上胶装置是通过胶轮或喷胶装置给纸盒黏合部上胶完成黏合。上胶装置既可以采取机械滚轮式，也可以选用电子喷胶装置。在勾底糊盒中，上胶过程直接影响到产品质量、生产效率和生产成本。

当纸盒片折叠涂上胶水后要进行黏合，靠黏合剂的特性来完成黏合时间比较长，而且黏合质量也不理想，所以一般糊盒机都配有一些辅助设备，如折叠位置调节器、压辊、压送带等。

勾底糊盒机的上胶锅对纸盒粘口上胶，下胶锅对两个折叠襟片上胶（图 15-28）。

（1）上胶锅上胶装置

滚轮式上胶锅机构（图 15-29）由胶斗和胶轮构成。胶轮旋转从胶斗中带出胶，再将胶轮上的胶涂布到纸盒片粘口舌片上，形成一条胶带完成涂布。胶量的多少可以通过胶轮的厚薄来控制，通常胶轮的厚度为 3mm。滚轮式上胶机构操作时应注意以下几点。

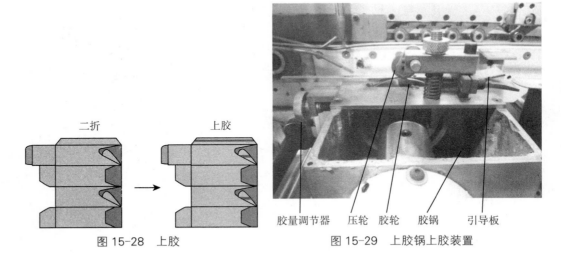

二折　　　　　上胶

图 15-28　上胶

胶量调节器　压轮　胶轮　胶锅　引导板

图 15-29　上胶锅上胶装置

①胶轮是 3mm 或 5mm 厚的金属胶轮。根据不同上胶要求选择不同厚度的胶轮；3mm 厚用于常见的盒型，5mm 用于需求胶量多的黏合盒片。

②胶锅是用来储存和补给胶量的。

③压轮是用来对盒片厚度调节其压力，保证上胶量的。

④胶量调节器是用刮刀刮去胶轮上多余胶量，可以调节其与轮片的距离和间隙。

⑤引导板是引导盒片与胶轮接触，其高度可以根据盒片的厚薄来调节。

调整上胶锅机构时，将纸盒片引入上胶机构的涂浆槽进口处，通过移动上胶锅在长槽中的前后位置，可以改变上胶的相对位置，将上胶轮中心与纸盒片的粘口舌片中心重合。通过转动上胶机构的胶量调节器，能改变刮胶刀与上胶轮边缘之间的间隙距离，以满足各种胶层厚度之需要。按顺时针方向转动旋钮，间隙小，胶量少；按逆时针方向转动旋钮，间隙大，胶量大。

（2）下胶锅上胶装置

滚轮式下胶锅机构（图15-30）由胶斗和胶轮构成。胶轮旋转从胶斗中带出胶，再将胶轮上的胶涂布到纸盒片复合折叠的襟片上，形成一条胶带完成涂布。

调整下胶锅装置时，将纸盒片引入下胶机构的涂浆槽进口处，通过用摇手柄转动操作墙板上的螺杆调整，改变上胶机构的位置，使胶轮中心与纸盒片需涂胶的复合折面中心重合。下胶锅的上胶轮固定在转动轴上，下胶锅的前端开有弧型长槽，上胶轮正好镶嵌在圆弧型槽中。胶量的大小就是调节胶锅与上胶轮的接触距离。

按顺时针方向转动调节旋钮，下胶锅后退，与上胶轮距离增大（缝隙增大），上胶量大；按逆时针方向转动调节旋钮，下胶锅前进，与上胶轮距离减小（缝隙增减小），上胶量减小。

（3）磨边机

在上胶锅前端装有磨边机，磨边机（图15-31）由磨边轮、压轮和导纸板等组成。磨边轮的作用是打磨纸张表面，拉出纸张纤维，增加胶水的黏合力；压轮的作用是防止粘口受力后移位；引导板是引导粘口与磨边轮接触。

图 15-30　下胶锅上胶装置

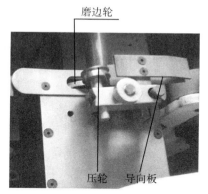

图 15-31　磨边机装置

磨边适用于经过 UV 上光和覆膜的纸盒片，将黏合部位的光油和薄膜打磨干净，使用普通胶黏剂就可以黏合，可以节约上胶成本。在磨边机操作时应注意以下事项。

①磨边的位置要恰好是涂胶的位置，这个位置应在粘口上离折痕线 1 ～ 2mm 处。

②磨边时应将纸板表面的涂层稍稍磨破，但不能磨得太深，以免痕迹过于粗糙，不利于涂胶。

③在磨边部分应加装纸粉、纸毛的收集装置，因为磨边产生的纸粉、纸毛会导致纸盒表面不平整，影响糊盒质量。

4. 本折机构的结构和调节

本折机构（图15-32）由折叠器、导向杆、传送皮带及折叠变速器等组成。

图 15-32　本折机构装置

本折机构是通过上下传输带利用纸盒片上第二和第四折痕线完成纸盒的折叠合拢，让黏合襟片、粘口舌片与粘墙板搭接上，完成黏合的初步工作。这部分特别要注意折痕部位的平行和对齐，防止粘斜和露胶。

（1）折叠器操作

折叠器是根据纸盒片的输送情况及上胶方向进行相应的调节，即对折叠皮带和压轮进行调节，使纸盒片在折叠过程中两条折痕向内折叠的角度变化平稳。

操作时点动机器，使纸盒片进入左、右传送机构的进纸口。用摇手柄旋动螺杆，移动左部的折叠装置到纸盒片的第三折面上，并调节折叠板边缘与第二折缝对准。调整左剑架和左螺旋导杆，使左剑架的左边缘在纸盒片的第二折缝上。用类似方法，移动右部的折叠装置到纸盒的第四折面上，并调节折叠板边缘与第四折缝对准。调整右剑架和右螺旋导杆，使右剑架的右边缘在纸盒片的第四折缝上。按顺序连续并调整各锥型滚轮，使纸盒片能进行180°的折叠。在左右传送机构的中间，装有一长托条，在折叠较宽的纸盒时，可起支撑纸盒片的作用。

（2）折叠变速器操作

在折叠阶段，折叠变速器对纸盒片的对准有很大作用。折叠完成后，纸盒应当沿着折痕线折拢，糊口部位正好对准并初步黏合，但折痕线不能被压死，以防纸盒不方便打开。

左右输送皮带的同步距离，应根据纸张尺寸的规格进行调整。当折叠出现误差时，就要对折叠变速器进行调整。通过调节锥形轮侧边的转动手轮，以调节翻折皮带的单边速度，提高纸盒的糊合精度。按顺时针方向转动手轮，皮带速度减慢；按逆时针方向转动手轮，皮带速度加快。

注意事项，不要在停机时使用折叠变速器。

5. 压折机构的结构和调节

压折机构（15-33）由加压装置、调节点、入口压轮、出口压轮、弹射器等组成。

经上胶和折叠后的纸盒，被输送至出盒传送机构并加压。加压的作用是把折好纸盒的折缝压实，而后加速弹射到收料机构。

压折机操作时通过转动机器上相应的圆手柄，根据纸张的厚度，来调整压轮对纸盒的压力。通过摇手柄转动机器操作侧面相应的螺杆，根据纸张的尺寸，来调整该机构的左右传送皮带之间的距离。按顺时针方向转动手轮，压轮对纸盒的压力增加；按逆时针方向转动手轮，压轮对纸盒的压力减小。

图 15-33　压折机构装置

压折机构作用：一是对纸盒加压定型；二是加快出盒速度，使一定数量的纸盒在下传送带上呈鱼鳞状顺序叠起来。

6.收料机构和调节

收料机构（图 15-34）由上下传送带、压力调节轮和调速器等组成，其作用是将一个个已糊制成型的纸盒重叠在一起，在上、下传送带之间的压力作用下继续运行一段距离，为相互挤压提供条件。同时降低传送带的速度，增加成型和胶水干燥时间，让黏合更加牢靠。

图 15-34　收料机构装置

视频 15-6

视频 15-7

视频 15-8

收料系统视频见视频 15-6（真空吸气带收纸系统）。糊盒制袋机视频见视频 15-7 和视频 15-8（制袋机运行），请扫描本页二维码观看。

任务四　糊盒机运行操作步骤

（一）试运行

1.试运行前，把所有工具拿离运转部位稳妥放回原位，避免工具掉进运转机器内部。

2.由于糊盒机机身长、速度快，要养成试机用坏纸的好习惯。

3.检测胶水的位置及浓度是否适当。

4.试运行下的纸盒要进行全面检查，是否与工单要求或样稿相符合。操作时从批量产品中抽出五个符合要求之纸盒，进行首件确认。

首件检查如下项目。

①是否大小边、喇叭口、超边。

②是否溢胶、内部粘胶。

③是否有爆色、爆线。

④纤维撕裂效果。

⑤上胶量是否合适。

⑥输送过程中有无擦伤。

（二）正式运行

1. 上纸工序检查

①注意区分不同批次的印刷产品。

②检查产品是否有混货现象。

③检查产品是否有掉转现象。

④产品是否满足粘盒要求。

2. 上胶

上胶时，应对使用的胶水进行检查，是否在使用期限内、是否有粘块、杂质，务必用搅拌器具对胶水进行搅拌 5 次以上，胶水均匀后，方可上胶水机台。

3. 运行

生产过程中前 3 分钟，机长应把速度控制在 3000 只 / 时；由于高速生产时对机器的调整精度比试运行时要求更高，因此每隔 1 分钟后，应抽检 1 次，发现误差需即时修正，合格后方可生产。对纸张较厚或张力较大的纸盒，在经过机器压折后，收料员应再次对纸盒用手进行着压，让胶水与面接触充分。

4. 检查

注意机器各部件运转有无异常，若有应立即停机修复，预防大量不合格品产生。随时注意胶筒的胶水干固和无胶水情况，并检查粘口的对准精度。

任务五 糊盒机常见故障及解决方法

糊盒工序通常容易产生的问题缺陷有：糊盒脱胶、糊盒错位、糊盒擦伤、糊盒外粘、糊盒内粘、糊盒脏污等。其中糊盒脱胶、糊盒错位、糊盒擦伤出现频率最高。

①脱胶产生原因和解决方法如下。

产生原因：胶水不匹配、胶水的涂布量少、胶水杂质堵塞胶水盘、压力皮带的压力不正确、包装箱内压力不够等。

解决方法：调整胶水型号、调整涂布量、清洗过滤网及胶水斗、调整皮带压力、调整包装箱内压力等。

②错位产生原因和解决办法如下。

产生原因：

飞达后接纸轮的速度和高度有差异、成型刀定位不正确、成型上压皮带速度有差异、加压接纸轮的压力与位置有差异。

解决办法：

调节飞达后接纸轮的速度和高度、调整成型刀的定位、调节成型上压皮带速度、调节加压接纸轮的压力与位置。

③擦伤的产生原因和解决办法如下。

产生原因：

加料过多、飞达刀门过紧、辅助配件表面不光洁、托挡的位置不准确等。

解决办法：

调整加料的数量和频次、调节飞达高度、清洁辅助配件的表面、调整托挡高度、减少纸片之间的摩擦等。

任务六　糊盒设备的维护、保养及安全操作

（一）设备维护、保养

1. 机器保养

①定期擦洗机器上的废纸屑，特别是光电上的纸屑。

②机器上所有的加油口，应定期加适量的润滑油，不能污损皮带。

③定期检查空气压缩机的油标，定期加入润滑油。

④定期检查传送带的松紧程度，并随时调节。

⑤定期检查并润滑链条及链轮、齿轮等传动装置。

2. 胶水桶保养

①往胶水桶倒胶水前，先在胶水桶内涂一层黄油，以便于清洗。

②为了防止由于胶水盘的离合力而使胶水溢出，胶水不能倒入太多，应保证胶水量为桶内容积的二分之一左右。

③如为连续工作，工作完毕后用注满水的塑料薄膜覆盖于加胶口上，防止胶水变干。

④如为断续工作，工作结束后应清洗胶水桶，以防止胶水干燥与结块。

3. 输送皮带保养

①皮带表面粘有油污或胶水后，应用沾有肥皂水的软布擦拭。

注意事项：表面不得用丙酮、酒精等刺激性物质清洗，以防表面老化。清洗时，肥皂水不得流入轴承中。

②机器开动应低速运行，检查是否有尖锐硬物碰擦皮带，尤其检查输送皮带的折叠皮带部分，以防止皮带表面拉出横线，损坏皮带。应用光滑压轮的表面压着皮带。

③每天工作完毕后，应检查皮带外表情况，如有碰擦应马上检查碰擦部分，进行调整。

④皮带为易损件，皮带的寿命与工作情况、保养好坏直接有关。

⑤皮带如磨损厉害，会影响走纸不准，需及时更换。

（二）安全操作

①按开车准备按钮，蜂鸣器响过后，按寸动按钮，机器寸动运转。寸动运转是看机器跑料是否正常，待正常后方能加速开机。

②各转动部位在处理异常或保养时必须先断开电源再做处理。

③机器开动时，不得手摸任何活动部件，保养转动部位严禁戴手套工作。

④机器横走部装有横走电机开关及调速器，可根据需要调节。机器的收盒部附近还装有急停按钮盒，以备紧急情况时使用。

⑤检查机器防护装置及其周围有无杂物，紧固部位螺丝有无松动，供气压力是否达到工作状态。

⑥防护装置不准随便拆除，经修理拆除防护装置，待正常生产时必须装好。

※ 思考题

1. 糊盒的方式有哪些？各自的特点是什么？

2. 正确选择糊盒胶水要注意哪些问题？

3. 自动糊盒设备主要有哪些装置组成？

4. 简述糊盒的工艺流程。

5. 简述勾底糊盒机的工作原理。

6. 影响糊盒的主要因素有哪些？

7. 糊盒常见问题及解决方法有哪些？

8. 输送皮带保养要点有哪些？

参考文献

［1］陕西机械学院印刷机械教研室.装订机械概论.北京：印刷工业出版社，1986.

［2］张海燕等.印刷机与印后加工设备.北京：中国轻工业出版社，2004.

［3］曹华等.最新印刷品表面整饰技术.北京：化学工业出版社，2004.

［4］王淮珠.精、平装工艺及材料.北京：印刷工业出版社，2000.

［5］钱军浩.印后加工技术.北京：化学工业出版社，2003.

［6］金银河.印后加工口袋书.北京：化学工业出版社，2004.

［7］中国印刷及设备器材工业协会.印刷科技实用手册（下）.北京：化学工业出版社，1992.

［8］翁洁.印后加工机械.北京：化学工业出版社，2005.

［9］金银河.印后加工.北京：化学工业出版社，2001.

［10］张逸新.现代标签印刷技术.北京：化学工业出版社，2005.

［11］金银河.印后加工 1000 问.北京：印刷工业出版社，2005.

［12］金银河.实用包装印后加工技术指南.北京：印刷工业出版社，2006.

［13］魏瑞玲.印后原理与工艺.北京：印刷工业出版社，1999.

［14］朱梅生等.印刷品上光技术.北京：化学工业出版社，2005.

［15］沈晓辉等.覆膜、上光、烫金、模压.北京：印刷工业出版社，2000.

［16］陈昌杰.塑料薄膜的印刷与复合.北京：化学工业出版社，2004.

［17］唐万有等.印后加工技术.北京：中国轻工业出版社，2001.

［18］张逸新.防伪印刷原理与工艺.北京：化学工业出版社，2004.

［19］徐建军.实用印后加工.上海：浦东电子出版社，2003.

［20］柯成恩.印后装订工.北京：化学工业出版社，2007.

［21］沈国荣.印后装订工艺及设备.北京：印刷工业出版社，2014.